机器学习入门

[日] 须山敦志　著

杉山 将　监修

王卫兵　杨秋香　等译

机械工业出版社

作为机器学习的核心，本书介绍了基于贝叶斯推论的机器学习，其基本思想是将数据及数据产生的过程视为随机事件，从数据的固有特征开始，通过一系列假设来进行数据的描述，进而构建出与机器学习任务相适应的随机模型，然后通过模型的解析求解或近似求解得出未知事件的预测模型。通过贝叶斯学习，我们可以了解到更多关于数据的信息，进而可以大致清楚进行学习的神经网络的规模和复杂程度。更重要的是，当神经网络学习中出现问题时，通过贝叶斯学习可以找到解决问题的方向和途径。因此，可以说贝叶斯学习是深度神经网络学习的理论基础，也是进行神经网络学习的必修课。

本书在内容安排上，尽可能对概率统计和随机过程的基础进行了较为完整的介绍，并对常用的概率分布进行了详尽的分析。在此基础上重点介绍了单一模型及混合模型的贝叶斯推论方法，并结合具体应用进行了扩展和分析。在注重理论介绍的同时也考虑到了实际的应用扩展，从而保证了读者学习的完整性。其所给出的随机模型分析、构建及求解方法力图详尽，对读者进行贝叶斯方法的学习和实际应用具有较高的指导和参考价值。

图书在版编目（CIP）数据

机器学习入门/（日）须山敦志著；王卫兵等译. —北京：机械工业出版社，2020.9
书名原文：Introduction to Machine Learning by Bayesian Inference
ISBN 978-7-111-66360-7

Ⅰ.①机… Ⅱ.①须…②王… Ⅲ.①机器学习 Ⅳ.①TP181

中国版本图书馆 CIP 数据核字（2020）第 157460 号

机械工业出版社（北京市百万庄大街 22 号 邮政编码 100037）
策划编辑：任 鑫 责任编辑：李小平
责任校对：王 欣 封面设计：马精明
责任印制：张 博
三河市宏达印刷有限公司印刷
2020 年 10 月第 1 版第 1 次印刷
184mm×240mm · 12 印张 · 266 千字
0001—2200 册
标准书号：ISBN 978-7-111-66360-7
定价：69.00 元

电话服务　　　　　　　网络服务
客服电话：010-88361066　机 工 官 网：www.cmpbook.com
　　　　　010-88379833　机 工 官 博：weibo.com/cmp1952
　　　　　010-68326294　金 书 网：www.golden-book.com
封底无防伪标均为盗版　机工教育服务网：www.cmpedu.com

译 者 序

人工智能技术起源于 20 世纪 50 年代末和 60 年代初，虽然经历了几次大的起伏和冷热交替，但终究没有实现突破性的应用。究其原因：一是计算能力的限制；二是早期基于知识库和规则的知识推理，需要人工搭建具体的知识表示和知识推理的模型，难以实现高效的学习。当今人工智能的热潮得益于计算性能的提高，使得深度学习（deep learning）成为可能，可以用通用的模型从大量的数据中学习到复杂的知识。在较短的时间内，取得了机器战胜人类顶尖专业棋手这样突破性的成就，并且在文本识别、语音识别、人脸识别以及自动驾驶等领域取得了长足的进步。但是深度学习作为机器学习（machine learning）的方法之一，其核心是基于数据统计规律的学习，目前存在的主要问题是学习中的过度学习以及应用中的样本敏感和泛化性能不足，因此，为了更好地开展人工智能技术的研究和应用，仍然需要对机器学习技术进行深入的研究。

机器学习是一门专门研究计算机怎样模拟或实现人类学习行为的多领域交叉学科，涉及概率论、统计学、优化理论和算法复杂度等多个方面。它是人工智能的核心，是使计算机具有智能的根本途径，其应用遍及人工智能的各个领域。

本书的可贵之处在于，其出发点并不是直接进行深度学习的人工神经网络的学习，而是从机器学习的核心、从数据背后蕴藏的统计规律的分析入手，从理论深度介绍机器学习的原理和方法，为解决机器学习的问题找到了可行的方向。

本书介绍的基于贝叶斯推论的机器学习，其基本思想是将数据及数据产生的过程视为随机事件，从数据的固有特征开始，通过一系列假设来进行数据的描述，进而构建出与机器学习任务相适应的随机模型，然后通过模型的解析求解或近似求解得出未知事件的预测模型。通过贝叶斯学习，可以了解到更多关于数据的信息，进而可以大致清楚进行学习的神经网络的规模和复杂度。更重要的是，当神经网络学习中出现问题时，通过贝叶斯学习可以找到解决问题的方向和途径。因此，也可以说贝叶斯学习是深度神经网络学习的理论基础，也是进行神经网络学习的必修课。

本书在内容安排上，尽可能对概率统计和随机过程等基础理论进行了较为完整的介绍，并对常用的概率分布进行了详尽的分析。在此基础上重点介绍了单一模型及混合模型的贝叶斯推论方法，并结合具体应用进行了扩展和分析。在注重理论介绍的同时也考虑到了实际的应用扩展，从而保证了读者学习的完整性。所给出的随机模型分析、构建及求解方法力图详尽，为读者进行贝叶斯方法的学习和实际应用具有较高的指导和参考价值。

本书由王卫兵、杨秋香、徐倩等翻译，其中原书序、原书前言由徐倩翻译，第 1~4 章由王卫兵翻译，第 5 章由杨秋香翻译，全书由王卫兵统稿，并最终定稿。刘泊、吕洁华、房国志、张宏、代德伟、赵海霞、徐速、田皓元、张维波也参与了本书的翻译工作。在本书的翻译过程中，全体翻译人员为了尽可能准确地翻译原书的内容，对本书的相关内容进行了大量的查证和佐证分析，以力求做到准确无误。为方便读者对相关文献的查找和引用，在本书的翻译过程中，保留了所有参考文献的原文信息以及所有引用作者姓名的原文，并对书中所应用的专业术语采用了中英文对照的形式。

鉴于本书较强的专业性，并且具有一定的深度和难度，因此，翻译中的不妥和失误之处在所难免，望广大读者予以批评指正。

译　者

2020 年 3 月于哈尔滨

原 书 序

当前，我们正处于人工智能的热潮当中。信息及网络企业的情况自不必说，即使与信息技术没有直接关系的各类企业也对人工智能极具兴趣，网络新闻和报纸每天都充斥着人工智能的文字。在学术界，不仅是信息科学，理学、工学、医学、农学、药学等各个自然科学领域也在进行人工智能的研究。此外，法学、伦理学、经济学等社会科学领域，也在积极进行人工智能的探讨。受到如此高涨的人工智能热潮的影响，我作为这个领域的一名研究者，每一天都无比地兴奋。

但是，我们所看到的许多关于人工智能的信息大多是关于人工智能能做什么，人工智能对我们生活会有什么影响这类非技术性的内容。而对本书充满好奇的读者，我想一定会对人工智能是如何实现的这一技术领域充满兴趣。本书的目的就是为满足大家的求知探索欲而编写的，同时也希望为大家提供实用性的技术帮助。

目前，最尖端的人工智能是由被称为机器学习的技术来支撑的，从而使得计算机能够像人一样具有学习能力。近20年来，机器学习的研究处于飞跃式的发展时期，相继出现了内核法、贝叶斯推论以及深度学习等实用的人工智能技术。近几年也陆续出版了许多详细讲解这些技术信息的书籍，但这些专业书籍通常都含有许多高深的数学内容，从而为进入这一领域的学习带来了障碍。

本书是一本关于贝叶斯推论的入门书，对从机器学习的基础到尖端的贝叶斯推论算法的详细内容进行了通俗易懂的介绍。只要具备大学水平的数学知识，就可以逐一地从数学角度推导出高级的机器学习的方法，并能理解其原理。我想，如果自己在学生时代有这样一本教科书该有多好。

日本理化学研究所创新智能综合研究中心 CEO
东京大学大学院新领域开拓科学研究科　教授
杉山 将
2017 年 6 月

原书前言

近年来，随着计算机和通信技术的飞速发展，能够处理前所未有的大量多维数据的环境正在变得越来越完善。随之而来的是，通过对安装在汽车和工厂等处的各种传感器获得的数据进行分析，即能实现机器异常的检查；将网络上存储的文本数据的内容进行归纳，就能有效地将其利用到市场营销策略上，这些应用对相关实际数据分析的要求也变得越来越高。而这些数据，实际上只是整齐的数值罗列，因此，如果不进行技术处理的话，则无法进行有效的分析。正是在这样的背景下，机器学习作为一种对数据进行语义提取的技术发展起来了，并作为对未观测到的现象进行预测的方法。

但现状却是，尽管对如此大量数据的分析提出了很高的应用要求，并且在技术上也取得了惊人的进步，但能够运用机器学习很好地解决现实问题的技术人员并不是很多。之所以出现这样的局面，是因为在机器学习的基础研究以迅猛势态发展的同时，应用领域的技术掌握却难以跟上发展的步伐。另外，机器学习技术领域本身也存在着诸多的工具群或算法群，因此会认为这些多种多样的各个技术构成，也必须通过一项一项的学习来理解，这也是其中的原因之一。再有，在国际学会和产业界，每年都会开发出新的算法和新的方法，因此，技术与人员始终把大量的时间花费在每一个算法的学习上，很难全面把握运用数据解决问题的本质性原理和原则。

正是意识到以上问题的存在，我特地编写了这本书来进行数据分析方法的讲解。从历史的角度来看，数据分析领域存在几个流派。就当前的面向问题的研究来说，大体可以分为统计学和机器学习两个大类。具体到通过数据进行推定和预测的方法则可分为频度主义和贝叶斯主义。本书将对这些流派中近年来倍受瞩目的贝叶斯主义机器学习（贝叶斯学习）的实践性数据分析方法进行讲解。除此之外，现有的机器学习书籍大多以某一个工具或者某一种算法的工作原理和使用方法为焦点展开论述，而本书的独特之处在于，把重点放在了技术人员亲手进行的算法设计上。就像作曲家将头脑中构建的美妙旋律能够融入乐谱中一样，优秀的设计者能够将自己想要实现的功能合乎逻辑地写入到源代码中。机器学习算法的开发也是完全如此。如果运用数据能够一定程度地把握想要实现的目标和数据特征的话，那么后面就可以根据通常的方法，无论采用随机模型构建还是采用推论算法均能导出问题的解决方案。对于正在解决的课题来说，如果对已有的算法再稍下些功夫，则能进一步提高预测精度和计算速度；或者通过模型的灵活拓展，使得同一模型能够同时实现多个应用要求等。

本书面向以下的读者：

• 在今后的研究中想要利用机器学习和贝叶斯学习的学生。

• 从事数据相关业务和基础科学研究，想要灵活运用最新的机器学习技术的技术员以及研究者。

- 已经掌握了一些机器学习技术，但还想根据问题自由地进行算法构建和改进的技术人员和研究人员。

本书的学习需要具备线性代数、微积分、统计学和程序设计等理工科大学一、二年级的数学和计算机知识。但也不一定是在完全掌握这些知识的基础上才可以开始学习，在内容理解中出现障碍时，适当地参考相关的教科书即可。本书中的数学公式看起来似乎很多，但其实是因为在进行算法推导时，不厌其烦地、逐一详细地给出了其计算过程。另外，本书根据贝叶斯学习的基本原理，采用一致的"模型的构建→推论的推导"这一顺序来进行算法的给出。尽管在擅长计算的人看来，这么做似乎显得有些重复，但详细的展开式可以使算法推导的基本步骤保持连贯性。

本书的最终目标是实现根据目的和具体情况进行的算法自由编写，因而省略了多余的不相关内容，并把基本思想按顺序逐一加以介绍。本书的构成是基于从最初的章节开始依次推进阅读这一设想的，但也可以作为参考资料加以利用。图0.1所示为本书的学习内容和章节顺序的概览。第1章介绍机器学习和概率论的相关知识，明确算法的基本概率计算、图模型、决策等重要的概念。第2章和第3章介绍各种概率分布（高斯分布等），设计学习算法所必备的工具，并利用它们实现回归（连续值的预测）等最简单的学习算法。在第4章，运用第2章介绍的各种概率分布尝试进行混合模型这种稍微复杂的随机模型的构建。另外，为了从混合模型导出高效计算的推论算法，还引入了吉布斯采样和变分推论（变分贝叶斯）这些实用性很高的近似算法。第5章是前述介绍方法的大量应用展示；将第4章介绍的模型构建方法和近似算法的导出方法直接应用到更广泛的问题上；并尝试将近年来应用发展迅速的

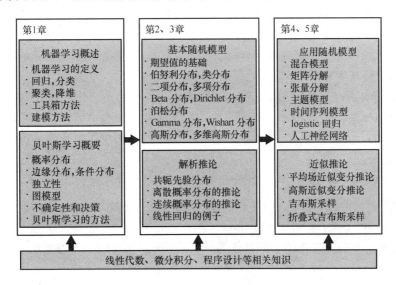

图 0.1　本书覆盖的内容

图像压缩、时间序列模型、自然语言处理、推荐技术、人工神经网络等各种算法全部用贝叶斯推论的框架进行导出。对于全书所有章节的数学基础（线性代数、微积分）和程序设计等的实现手段，认为需要补充的部分，通过附录、脚注、编码等方式给出了恰当的说明。

另外，本书为了使说明简洁，在不导致误解的情况下，尽量避开严密的数学讨论，这一点请在阅读时注意。本书还是保留了在应用上非常重要的有关强化学习、贝叶斯非参数理论和深度学习的最新技术等相关的内容，但没有过多深入，只是个别有关联地方的适度接触。之所以这么做的理由是，与内容的完整性相比，本书更注重方法的一致性和用最少量的知识覆盖最大限度的应用范围。

本书采用以下的符号表示。但是根据上下文的连贯性的不同，有时也会增设例外和新的表示，请在每个章节开头的文字定义中加以确认。

- 一维的变量采用普通的字体 x 表示。想要强调具有多个内部元素的向量和矩阵等时，采用 $\mathbf{x}$ 或 $\mathbf{X}$ 等的粗体字来表示。另外，将向量看作垂直向量时，采用如 $\mathbf{x} = (x_1, x_2, x_3)^\top$ 这样的形式表示，来表示向量及其元素。零向量也用粗体字 $\mathbf{0}$ 来表示。
- 大括号表示集合。例如，N 个向量 $\mathbf{x}_1, \mathbf{x}_2, \cdots, \mathbf{x}_N$ 的集合表示为 $\mathbf{X} = \{\mathbf{x}_1, \mathbf{x}_2, \cdots, \mathbf{x}_N\}$。
- $\mathbb{R}$ 表示实数的集合，$\mathbb{R}^+$ 表示正的实数的集合。
- 开区间用括号表示。例如，实数 a 满足 $0 < a < 1$，表示为 $a \in (0, 1)$。
- 有限数量的离散值用大括号表示。例如，a 只取 0 或 1 两个值时，表示为 $a \in \{0, 1\}$。
- 维度为 D 的实向量表示为 $\mathbf{x} \in \mathbb{R}^D$，一个 $M \times N$ 的实矩阵表示为 $\mathbf{A} \in \mathbb{R}^{M \times N}$。
- 矩阵 $\mathbf{A}$ 的转置表示为 $\mathbf{A}^\top$。
- D 维的单位矩阵，表示为 $\mathbf{I}_D$。
- e 表示自然对数的底，指数函数表示为 $\exp(x) = \mathrm{e}^x$。
- 各种概率分布，分别表示如下：高斯分布为 $\mathcal{N}$，伯努利分布为 Bern，二项分布为 Bin，类分布为 Cat，多项分布为 Mult，泊松分布为 Poi，Beta 分布为 Beta，Dirichlet 分布为 Dir，Gamma 分布为 Gam，Wishart 分布为 $\mathcal{W}$ 等。
- 从分布 $p(x)$ 中获得的样本表示为 $x \sim p(x)$。
- 符号 "$\approx$" 表示近似相等。例如，$\mathbf{X} \approx \mathbf{Y}$ 表示 $\mathbf{X}$ 近似等于 $\mathbf{Y}$。
- 式子中的 "const." 表示所有不需要计算项的综合。例如 $x \propto y$ 的对数表示为 $\ln x = \ln y + \mathrm{const.}$。
- 式子中的 s.t. 是 subject to 的缩略，表示的是"在某个条件下"。

本书介绍的部分算法的源代码和内容的勘误表，将在下面网页中进行公布。

https://github.com/sammy-suyama/

在执笔之际，本书从整体内容到具体的算式和用语均得到了东京大学理化学研究所创新智能综合研究中心首席执行官杉山 将教授的悉心指导。剑桥大学教授 Zubin Garamani 先生还共同参与了本书执笔之前的讨论，确定了本书应该编入的内容，并在理论方面提供了许多建议。另外，市川清人先生、伊藤真人先生、小山裕一郎先生、近藤玄大先生、只野太郎先生、鹤野瞬先生、陈非凡先生和宝理翔太郎先生对原稿的完善都给予了极大的帮助。还有讲谈社科学专员横山 真吾对本书编写工作的全过程给予了极大的关照。我想如果没有各位的热心帮助，本书不会顺利出版。在此，表示衷心的感谢！

须山敦志

2017 年 7 月

目　　录

第 1 章 机器学习与贝叶斯学习

本章首先介绍本书中机器学习的定义与相关的典型任务。其次，为了理解本书的主题"基于贝叶斯推论的机器学习"，将引入必备的基本概率计算和模型图表表现。最后本章还将简单介绍一下贝叶斯推论的数据解析方法与实际应用时的优点与缺点。

1.1 什么是机器学习？

近年来，随着计算机的发展以及数据的快速增长，机器学习（Machine Learning）迅速成为计算机科学中的一项基础研究，并有着极其广泛的应用领域。研究者和技术人员之间关于机器学习的定义和目标还没有达成统一的认识，2017 年 6 月的日文版维基百科对机器学习做了如下定义。

> **（维基百科的机器学习定义）**
>
> 所谓机器学习，是人工智能中的一个研究课题，希望通过计算机来实现与人类自然进行的学习能力具有同样机能的技术和方法。

在此，所谓的人工智能（Artificial Intelligence）指的是试图在计算机上实现与人类同等智能的研究领域。因此，机器学习也可以说是在实现人的智能这一重大课题当中，特别聚焦于人的"学习"技能的一个研究领域。

近年来，机器学习的应用范围从传统的图像识别、语音识别等人工智能领域的一些传统的任务开始向信号分析、机器人技术、系统辨识、心理学、语言学、经济学、金融工程学、社会学和生命信息学等许多领域拓展。特别是最近的几年，随着大数据、物联网（IoT）等为代表的新技术的不断涌现，各种传感器和运行日志数据会大量积累在计算机上。可以预见的是，人类从未遇见过的这种基于多维、庞大数据的应用领域还将进一步扩展。基于这一背景，我想无需将机器学习局限于"人的学习能力的实现"这一个层面。因此，本书以数据的运用为重点，从技术的角度来认识机器学习。

> **（本书对机器学习的定义）**
>
> 所谓机器学习，是通过对数据当中隐藏规律和分布的提取，从而对未知的现象进行预测和判断的计算技术的总称。

⊖ htpp://ja.wikjpedia.org/。

在此，没有沿用"学习"这一术语，而采用了更一般的"规则和分布的提取"来表述。除此之外，与机器学习研究目的类似的还有数据挖掘（data mining）和模式识别（pattern recognition），但其目的和发展的过程多少还是有一些不同。由于其运用的技术和方法与机器学习基本相同，因此，本书对其不做特别的区分。

1.2   机器学习的典型任务

那么，机器学习究竟能解决一些什么样的具体问题呢？在此，对机器学习领域经常列举的典型任务进行简单介绍。各个任务均以本书的主题，即以基于贝叶斯推论的框架为基本方法，学习算法的具体推导将在后面的章节加以介绍。

1.2.1   回归

所谓回归（regression）即为通过数据进行函数 $y = f(\mathbf{x})$ 的求取，该函数可进行某一 M 维输入向量 $\mathbf{x} \in \mathbb{R}^M$ 所对应的连续输出值 $y \in \mathbb{R}$ 的推测。假设 N 个输入数据为 $\mathbf{X} = \{\mathbf{x}_1, \cdots, \mathbf{x}_N\}$，与其相对应的 N 个实数值的输出数据为 $\mathbf{Y} = \{y_1, \cdots, y_N\}$，决定函数形状的 M 维参数用 $\mathbf{w} \in \mathbb{R}^M$ 来表示，那么线性回归（linear regression）模型可以通过式（1.1）所示来表示。

$$y_n = \mathbf{w}^\top \mathbf{x}_n + \epsilon_n \tag{1.1}$$

其中，假设第 n 个数据的输出值 $y_n \in \mathbf{Y}$ 附带有随机噪声 ϵ_n。利用现有的数据 $\mathbf{X}$ 和 $\mathbf{Y}$ 来进行 $\mathbf{w}$ 的求取，就可以很好地捕捉各个变量 $\mathbf{x}$ 与 y 之间的关系，这就是线性回归学习的目标。

举个简单的例子。假设 $M = 1$，我们就可以制作一个如图 1.1 所示的多个数据点关系模型。如通过原点的模型 1 即为直线 $y = wx$ 的线性关系。如此构建的预测模型，如果通过现有的数据能够对模型的参数 w 进行学习的话，则在给定新的输入点 x_* 时，就可以预测出相应的未知输出 y_*。

再如将 M 设定为 $M = 3$ 时的 3 维扩展模型。此时，如果将 $(w_1, w_2, w_3)^\top$ 作为参数的向量，3 维向量 $(1, x, x^2)^\top$ 作为输入变量的话，则如式（1.2）所示的二次函数就可以作为预测模型来使用。

$$y_n = w_1 + w_2 x_n + w_3 x_n^2 + \epsilon_n \tag{1.2}$$

如图 1.1 所示，与此前所采用的直线所示的模型相比，模型 2 所示的二次函数模型能够更好地进行数据特征的捕捉。这两个具体例子在线性回归中也被称为多项式回归（polynomial regression）⊖。另外，运

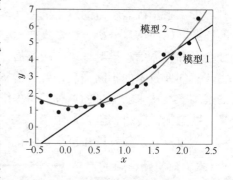

图 1.1   多项式回归

⊖ 需要注意的是，即使利用直线以外的复杂曲线，也仍然属于线性回归。这是因为无论怎样变换，事先算出的输入向量，最终都会通过参数 $\mathbf{w}$ 将其添补成一个线性函数。

用这种多项式对数据进行拟合，很容易进行原有观测数据的解析，所以有时也称其为数据的特征提取（feature extraction）。在第 3 章的最后将介绍线性回归的具体学习方法，第 5 章将介绍可从数据自动获取拟合曲线的神经网络（neural network）模型。

1.2.2　分类

在回归问题中，我们假定了输出值 y 是一个连续值，而分类（classification）问题的模型则将输出值限定在几个有限的值上（比如与给定图像对应的输出为是猫或者不是猫）。例如假设输出值为 $y_n \in \{0, 1\}$，y_n 取 1 的概率为 $\mu_n \in (0, 1)$。与回归问题一样，由 M 维的输入值 $\mathbf{x}_n$ 和参数 $\mathbf{w}$ 表现 μ_n 的模型，可以表示为如式（1.3）所示的形式。

$$\mu_n = f(\mathbf{w}^\top \mathbf{x}_n) \tag{1.3}$$

式中，函数 f 通常使用如式（1.4）所定义的 sigmoid 函数。

$$f(a) = \mathrm{Sig}(a) = \frac{1}{1 + \mathrm{e}^{-a}} \tag{1.4}$$

如图 1.2 所示，利用 sigmoid 函数，式（1.3）所示中的实数值 $\mathbf{w}^\top \mathbf{x}_n$ 无论取什么值，都可以把 μ_n 限定在（0，1）的区间之内。而且，对于实际观测值 $y_n = 0$ 或 $y_n = 1$ 的概率，是由 μ_n 的取值来决定的。在此要实现的目标与回归时的情况是完全相同的，即通过给定的数据集（data set）$\mathbf{X}$ 和 $\mathbf{Y}$ 进行参数 $\mathbf{w}$ 的学习，以此来推测新输入 x_* 所对应的未知输出 y_* 取某一个值的概率。如图 1.3 所示为输入维度 $M = 2$ 时的一种被称为 logistic 回归（logistic regression）模型⊖的学习结果。其中的各个点为学习数据，通过参数的 $\mathbf{w}$ 学习，可以得到表示概率值的曲面 $\mu = f(\mathbf{w}^\top \mathbf{x})$。

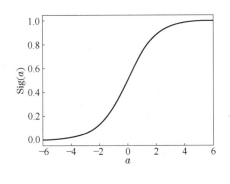

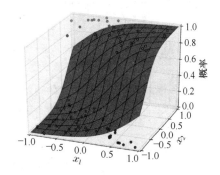

图 1.2　sigmoid 函数　　　　　　　　　图 1.3　logistic 回归的 2 元分类

另外，将这种方法进行简单扩展，即能适用于多元的分类。例如，想要把输入的图像分类为猫、狗、鸟等类别时，只要将原来的 sigmoid 函数替换为输入 $\mathbf{a} \in \mathbb{R}^K$ 的 softmax 函数，

⊖　这是应用 sigmoid 函数进行的二元分类模型，该分类模型被称为 logistic 回归多少有一些奇怪，但是作为统计学的惯例，一般都采用这一术语。

就可以实现一个 K 元的分类器，如式（1.5）所示。

$$f_k(\mathbf{a}) = \mathrm{SM}_k(\mathbf{a}) = \frac{\mathrm{e}^{a_k}}{\sum_{k'=1}^{K} \mathrm{e}^{a_{k'}}} \tag{1.5}$$

上式从定义上看，显然满足 $\sum_{k=1}^{K} f_k(\mathbf{a}) = 1$ 的条件。本书第 5 章将介绍一种被称为变分推论（Variational Inference）的最优化算法，这是一种利用多元 logistic 回归算法进行的学习方法。

1.2.3 聚类

将给定的 N 个数据 $\mathbf{X} = \{\mathbf{x}_1, \cdots, \mathbf{x}_N\}$ 按着某一标准分成 K 个子集的任务被称为聚类（clustering）。如图 1.4 所示为将 $N = 200$ 的二维数据按照 $K = 3$ 的高斯混合模型（Gaussian mixture model）进行聚类的结果。其中，对于数据 $\mathbf{X}$ 的每一个元素均分配有一个簇隶属度的估计值，可表示为 $\mathbf{S} = \{\mathbf{s}_1, \cdots, \mathbf{s}_N\}$。在图 1.4b 中给出了 3 个簇，$\mathbf{S}$ 的每个元素 $\mathbf{s}_n$ 给出了对应数据隶属于各个簇的隶属度。在聚类任务中，第 k 个簇的均值 $\boldsymbol{\mu}_k$ 和协方差矩阵 $\boldsymbol{\Sigma}_k$ 等参数，通常需要通过数据来学习。通过聚类得到的数据隶属度估计值 $\mathbf{S}$ 除了用于分类和数据可视化这样的简单用途外，通常还会用于各种不同目的的数据建模。在第 4 章中将采用泊松混合模型、高斯混合模型等介绍聚类算法的实现及应用。

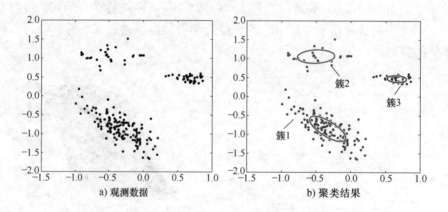

a) 观测数据　　　　　　　　　　　b) 聚类结果

图 1.4　高斯混合模型的数据聚类

1.2.4 降维

线性降维（linear dimensionality reduction）是将以矩阵 $\mathbf{Y} \in \mathbb{R}^{D \times N}$ 表示的数据采用矩阵 $\mathbf{W} \in \mathbb{R}^{M \times D}$ 和矩阵 $\mathbf{X} \in \mathbb{R}^{M \times N}$ 进行近似表达的一项任务，如式（1.6）所示。

$$\mathbf{Y} \approx \mathbf{W}^{\top}\mathbf{X} \tag{1.6}$$

其中，一般 $M < D$。图 1.5 给出了式（1.6）所示矩阵分解思想的直观表示。

由于利用这种近似将数据 $\mathbf{Y}$ 通过 $\mathbf{W}$ 和 $\mathbf{X}$ 两个矩阵来表示，则可将与 N 对应的十分庞大的数据量从 DN 压缩到 $MD + MN$。例如将 $D = 100$，$N = 1000$ 时的数据采用 $M = 10$ 进行降维的话，即可将原来 $DN = 100000$ 的数据压缩为 $DM + MN = 11000$，大约可减少 90% 的数据量。一般来说，$\mathbf{W}^{\top}\mathbf{X}$ 的近似表示很难完全复原原来的数据 $\mathbf{Y}$，但是可以设计一种学习算法来有效地保留 $\mathbf{Y}$ 的特征信息。举一简单例子，首先以 $\mathbf{Y}$ 与 $\mathbf{W}^{\top}\mathbf{X}$ 的误差为标准，再进行 $\mathbf{X}$ 和 $\mathbf{W}$ 的确定，设法使得该误差变得最小。

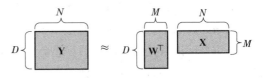

图 1.5　矩阵分解的思想

图 1.6 所示为将 iris 数据集利用线性降维法转换为二维或者维图像的结果。iris 数据集是统计学和机器学习领域此前经常采用的较小规模的数据集，数据集中包括了 3 种花卉（setosa，virginica，versicolor）的数据，每一种花卉的数据个数分别为 $N = 50$ 个，每个数据均为一个 $D = 4$ 维的向量（花瓣儿的宽与长，花叶萼片的宽与长）。如上例所示的那样，原有的高维数据可采用低维的变量 $\mathbf{X}$ 进行成像，这样就可以采用小维度的变量归纳出数据的趋势。另外，iris 数据集的每个数据点都是有标签（花卉的种类）的，因此可通过颜色来实现数据的可视化。即使在不采用标签进行数据标注的情况下，通过上述降维也可以从视觉上给出数据趋势的理解。除此之外，降维后的 $\mathbf{X}$，还可以保留数据 $\mathbf{Y}$ 去除了噪声后的本质性信息，此时的 $\mathbf{X}$ 经常用于其他分类算法的输入，这在实践中经常被采用。

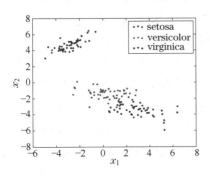
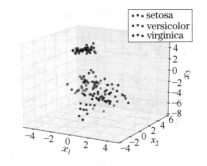

图 1.6　iris 数据集通过线性降维实现的可视化

此外，作为惯例，常写成如式（1.6）所示的矩阵。如果仔细观察的话，则可以发现矩阵 $\mathbf{Y}$ 的第 n 列可以表示为式（1.7）所示的形式。

$$\mathbf{y}_n \approx \mathbf{W}^{\top}\mathbf{x}_n \tag{1.7}$$

由此可知，降维除了必须要根据数据来估计各个 $\mathbf{x}_n$ 以外，在本质上其与线性回归式（1.1）所示的关系形式是相同的。

作为降维的常用方法，除了线性降维外，本书在第 5 章还将介绍非负值矩阵因子分解（Nonnegative Matrix Factorization，NMF）和张量分解（Tensor Factorization）两种方法。

1.2.5　其他典型任务

除了基于统计模型进行信号解析这种典型的语音信号分析任务外，还有应用于一些电子商务网站的商品推荐以及对普通记录数据解析的缺失值内插等任务。另外，本书的后半部分还将介绍自然语言处理中的对话模型，主要讲解自然语言表达的文本潜在语义是如何通过数据和随机模型来进行提取的。此外，还有一些有趣的任务，通过模型的模拟实现假想数据的生成。例如，通过大量数据进行学习的模型来人工生成新的图像。除此以外，还有一些实际的应用，如通过某个人的实际操作数据对某一模型部分参数的学习，来探索该人对某一系统的操作习惯和行动偏好等。本书介绍的许多模型一般被称为生成模型（generative model），如果模型能够直接记录原始数据的生成过程，那么就可以进行人工数据的模拟。

1.3　机器学习的两类方法

本节介绍应用领域目前常用的两类代表性的机器学习方法。

1.3.1　基于工具箱的机器学习

工具箱方法是对已有的各种预测算法提供数据，根据某一标准从中选取性能好的算法进行最终的预测与判断。例如，最近邻（nearest neighbor）法即为一种最简单的预测算法。该方法单纯地检索最接近过去数据的输入数据，并把对应数据的标签（输出值）作为预测结果。在应用领域，经常使用的算法还有支持向量机（support vector machine）、分类器增强（boosting）和随机森林（random forest）等。这些预测算法通常采用输入数据以及与其相对应的输出数据（正确答案，即数据标签）作为训练数据来对预测函数进行训练，因此也被称为监督学习（supervised learning）。这种情况下，算法本身并不是针对特定领域或数据进行设计的，多数情况下均需要首先进行特征量提取，如图1.7所示。其目的是为了提高任务的性能。特征量提取有时会利用上述多项式函数和傅里叶变换等常规变换，有时也通过数据降维等机器学习方法来进行。

这种方法的优点是，即使不具备高级的数学知识，只要有些许的计算机编程技术就可以构建机器学习系统。特别是近年来，这些方法已经通过程序库在网站上免费提供，同时还可以发现大量的应用指南和开发案例。另外，这些程序库对每个算法的设计，通常都注重了存储效率和计算速度的优化，因此，只需要进行简单的模型调优，就有可能得到预期的结果。

这种方法缺点在于需要针对所解决的问题进行合适算法的选取。因此，为了达到自如的运用，通常需要逐一理解具有不同构思的各个算法的运行原理。此外，尽管有许多方法可用，但在解决实际问题时，恰当合适的算法往往却还是很少。与下面将要介绍的建模的方法相比，该方法在精度和使用范围上还是有很大的局限性。

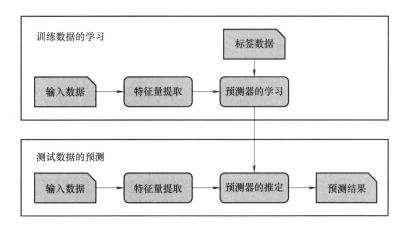

图 1.7　基于特征量提取的监督学习

1.3.2　基于建模的机器学习

本书主要进行该类方法的介绍。该方法针对给定的数据预先建立一个数据模型（假说），然后通过数据对模型的参数及分布进行学习，从而实现有效的预测和判断。该方法是对研究对象和数据，从数理上记述可假设、制约的事项，基于推论和优化等方法来提取隐含在数据背后的目标特征。

下面列举几个基于这种思想开发的典型的模型及其应用示例。例如，自然言语处理中的主题模型（topic model）。假设文本中包有几个潜在（不能直接观测）的话题或主题，根据这些主题，将文本中出现的各个单词进行模型化，再根据主题模型提取文本数据中隐含的语义，这样就可以进行新闻报道分类或通过给出的单词来检索与其密切相关的网页。另外，还有时间序列模型（time series model）或状态空间模型（state-space model）等众多模型，其应用领域也非常广泛。具体的例子有：可实现数据离散变换的隐马尔可夫模型（Hidden Markov Model，HMM）以及可实现状态连续变换的线性动态系统（linear dynamical system）。线性动态系统导出的推论算法就是所熟知的卡尔曼过滤器（Kalman filter），可用于目标的跟踪。此外，近年来，以社交网络分析为代表的关联数据模型的重要性也在不断增加。其相关的具体模型有随机成块模型（stochastic block model）等，可用于根据社交网络服务中的好友数据关联进行社区发现，或基于此进行新的好友推荐等。近年来，还有部分深度学习模型将人脑级的信息处理进行模型化，在图像识别和语音识别任务中表现出了极高的精确度。当然，这样的一些著名算法也是由工具箱提供的。但是，建模方法的核心聚焦在，根据要解决的问题及解析的对象从数理上进行模型的扩展或者组合设计。

图 1.8 所示是基于概率的建模以及基于贝叶斯推论方法的概念性框图。这种方法也需要为分析及预测结果评价（结果要素的可视化以及基于某参考值的性能评价等）准备所需要的数据，这与工具箱的方法相同。但这种方法的特征是在其主要算法开发过程中，"模型构

建×推论计算"分别进行的。

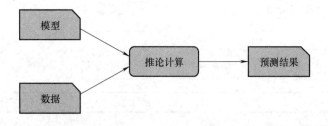

图 1.8　基于概率的建模方法

　　这种方法与工具箱方法相比主要在精度和柔性上更为优越。由于该方法将焦点放在符合任务的模型的设计上，因此与利用准备好的机器学习方法相比，在理论上可以达到更高的性能。在柔性方面，由于在数理上明确了有关数据的假定，因此，相应的任务（如数据缺失的插值等）能够自然地解决，同时还能够进行其他模型或不同种类数据的整合。

　　另外，本书还将单独介绍利用随机模型进行的建模和推论（贝叶斯学习）。该方法的最大特点是，可以很好地表达解析对象系统的不确定性。而且，还可以将熟知的具有良好特性的各种概率分布（高斯分布和多项分布等）以模块的方式进行灵活组合，从而为各种不同的问题提供相适应的通用解决方案。

　　建模机器学习的缺点是，要想灵活地运用这种方法，需要具备一定程度的数学知识，而且模型和算法的结果运算通常需要花费大量的时间和存储成本。目前，减少数学的繁杂计算以及提高近似算法的效率已经成为建模方法的中心研究课题。本书的目的就是要提供部分能够真正进行实际应用的研究成果，以指导实际应用。

1.4　概率的基本计算

　　本节将介绍本书学习所需要涉及的基本概率计算，这也是我们进行随机建模所需要的基本工具。在此，首先从概率分布的定义开始，再引入同时分布、条件分布、边缘分布、独立性等推论实践所需要的重要概念。

1.4.1　概率分布

　　当各个元素为连续值的 M 维向量 $\mathbf{x} = (x_1, \cdots, x_M)^\top \in \mathbb{R}^M$ 的函数 $p(\mathbf{x})$ 满足式（1.8）和式（1.9）所示的两个条件时，将 $p(\mathbf{x})$ 称为概率密度函数（probability density function）。

$$p(\mathbf{x}) \geqslant 0 \tag{1.8}$$

$$\int p(\mathbf{x})\mathrm{d}\mathbf{x} = \int \cdots \int p(x_1, \cdots, x_M)\mathrm{d}x_1 \cdots \mathrm{d}x_M = 1 \tag{1.9}$$

　　以 $M = 1$ 高斯分布（Gaussian distribution）或正态分布（normal distribution）的概率

密度函数为例。对实数值变量 $x \in \mathbb{R}$，设均值 $\mu \in \mathbb{R}$ 和方差 $\sigma^2 \in \mathbb{R}^+$ 为决定高斯分布形状的参数，则其概率密度函数定义如式（1.10）所示。

$$p(x) = \frac{1}{\sqrt{2\pi\sigma^2}}\exp\left\{-\frac{(x-\mu)^2}{2\sigma^2}\right\} \tag{1.10}$$

这个式子看起来有些复杂，但这个函数可以保证式（1.8）和式（1.9）所示的条件成立。

另外，各元素为离散值的 M 维向量 $\mathbf{x} = (x_1, \cdots, x_M)^{\top}$ 对应的函数 $p(\mathbf{x})$ 满足式（1.11）和式（1.12）所示的两个条件时，把 $p(\mathbf{x})$ 称为概率质量函数（probability mass function）。

$$p(\mathbf{x}) \geqslant 0 \tag{1.11}$$

$$\sum_{\mathbf{x}} p(\mathbf{x}) = \sum_{x_1} \cdots \sum_{x_M} p(x_1, \cdots, x_M) = 1 \tag{1.12}$$

例如，通过硬币投掷实验可得到我们所知道的伯努利分布（Bernoulli distribution）。此时，二值变量 $x \in \{0, 1\}$，可通过参数 $\mu \in (0, 1)$ 来定义其概率质量函数，如式（1.13）所示。

$$p(x) = \mu^x(1 - \mu)^{1-x} \tag{1.13}$$

如果以 $x = 1$ 表示硬币出现正面，$x = 0$ 表示硬币出现背面，则根据式（1.13）可得到如式（1.14）和式（1.15）所示的结果。

$$p(x = 1) = \mu \tag{1.14}$$

$$p(x = 0) = 1 - \mu \tag{1.15}$$

其中，参数 μ 表示硬币正面出现的概率，亦即 $p(x = 1)$。另外，由式（1.14）和式（1.15）可知，此时的 $\mu \geqslant 0$，$1 - \mu \geqslant 0$，$p(x = 1) + p(x = 0) = 1$。因此，也满足如式（1.11）和式（1.12）所示的条件。

尽管不是一个严密的数学定义，但在本书中，将这种如高斯分布和伯努利分布所代表的用概率密度函数和概率质量函数定义的分布称为概率分布（distribution）。另外，对比式（1.9）和式（1.12）所示的形式可知，概率密度函数与概率质量函数的处理方法只是积分运算 $\int \mathrm{d}\mathbf{x}$ 和求和运算 $\sum_{\mathbf{x}}$ 的不同，因此，在之后的讨论中主要采用积分的形式来表示。

1.4.2　概率分布的推定

关于某两个变量 x 和 y 的概率分布 $p(x, y)$ 被称为同时分布（joint distribution）。对于如式（1.16）所示，通过对其中的一个变量 x 的积分，进行的该变量消除的操作称为边缘化（marginalization），结果获得的概率分布（$p(y)$）称为边缘分布（marginaly distribution）。

$$p(y) = \int p(x, y)\mathrm{d}x \tag{1.16}$$

另外，在同时分布 $p(x, y)$ 中，在 y 为某一个特定值的情况下，决定变量 x 的概率分布被

称为条件分布（conditional distribution）。条件分布 $p(x|y)$ 的定义如式（1.17）所示。

$$p(x|y) = \frac{p(x,y)}{p(y)} \tag{1.17}$$

条件分布 $p(x|y)$ 也可以解释为变量 x 的概率分布，y 为决定这一分布特性的参数。由式（1.16）和式（1.17）可得式（1.18）所示的结果。

$$\int p(x|y)\mathrm{d}x = \frac{\int p(x,y)\mathrm{d}x}{p(y)} = \frac{p(y)}{p(y)} = 1 \tag{1.18}$$

如果将 $p(x|y)$ 和 $p(y)$ 都看作非负数的话，那么条件分布同样也满足如式（1.8）和式（1.9）所示的概率分布条件。另外，在 x 给定时，y 的条件分布同样也可表示为式（1.19）所示的形式。

$$p(y|x) = \frac{p(x,y)}{p(x)} \tag{1.19}$$

将上式与式（1.16）和式（1.17）相结合，则可推导出式（1.20），其称为贝叶斯定理的等式。

$$p(x|y) = \frac{p(y|x)p(x)}{p(y)} = \frac{p(y|x)p(x)}{\int p(x,y)\mathrm{d}x} \tag{1.20}$$

如果对贝叶斯定理进行直观解释的话，那就是通过原因 x 得到的结果 y 的概率分布 $p(y|x)$ 来反推得到结果为 y 时原因 x 的概率分布 $p(x|y)$ 的过程。通过贝叶斯定理进行的概率计算非常方便，因此在本书还会多次应用到。但需要注意的是，在应用中并非必须使用它的绝对原理，它归根到底只是由式（1.16）所示的边缘化和式（1.17）所示的条件分布两个定义而得到的一个公式而已。

再有，考虑同时分布时，有一个重要的概念叫作独立性（independence）。在同时分布满足如式（1.21）所示的条件时，则可以说变量 x 和 y 是独立的。

$$p(x,y) = p(x)p(y) \tag{1.21}$$

另外，如将式（1.21）两边同时除以 $p(y)$，再运用如式（1.17）所示条件分布的定义，可将独立性表示为如式（1.21）所示的形式。

$$p(x|y) = p(x) \tag{1.22}$$

从语言上可以解释为，不管条件 y 是否给定，变量 x 的概率分布保持不变。

那么，出现了这么多的概念和术语，最重要的是要牢牢记住并学会使用如式（1.16）所示的边缘化和如式（1.17）所示的条件分布。基于概率推论的机器学习方法，主要以这两个计算规则为基础。另外，在给出某一同时分布的情况下，进行兴趣对象的条件分布和边缘分布的计算，在本书被称为贝叶斯推论（Bayesian inference 或 Bayesian reasoning）或简单地称其为（概率）推论（inference）。

1.4.3　红球和白球问题

在此，我们利用同时分布和条件分布来考虑一个简单的概率计算问题。如图 1.9 所示，有 2 个袋子 a 和 b，假设 a 袋子中放有 2 个红球 1 个白球，b 袋中放有 1 个红球 3 个白球。我们进行以下的试验。首先，按随机概率（各 1/2）选取袋子 a 或 b，再从选取的袋子中取出 1 个球。这里，将选中 a 袋的情形表示为 $x = a$，选中 b 袋的情形表示为 $x = b$，则其概率可以分别表示为如式（1.23）和式（1.24）所示的形式。

图 1.9　放入红球和白球的 2 个袋子

$$p(x = a) = \frac{1}{2} \tag{1.23}$$

$$p(x = b) = \frac{1}{2} \tag{1.24}$$

另外，当取出的球为红色时，表示为 $y = r$，为白球时表示为 $y = w$。如果已经知道选择的是 a 袋 $(x = a)$，那么红、白球取出的概率也可根据袋中所放入球的比例来进行估算。此时，其概率可看作为条件概率，可分别表示为如式（1.25）和式（1.26）所示的形式。

$$p(y = r | x = a) = \frac{2}{3} \tag{1.25}$$

$$p(y = w | x = a) = \frac{1}{3} \tag{1.26}$$

同理，如果已经知道选择的是 b 袋的话，那么红、白球取出的概率可分别表示如式（1.27）和式（1.28）所示的形式。

$$p(y = r | x = b) = \frac{1}{4} \tag{1.27}$$

$$p(y = w | x = b) = \frac{3}{4} \tag{1.28}$$

如果利用如式（1.17）所示的条件分布的定义，则选择的袋子是 a，且在 a 袋中取出红球的概率可以通过如式（1.29）所示的同时概率求得。

$$
\begin{aligned}
p(x = a, y = r) &= p(y = r | x = a)p(x = a) \\
&= \frac{2}{3} \times \frac{1}{2} \\
&= \frac{1}{3}
\end{aligned}
\tag{1.29}
$$

同理，如选择的袋子是 b，且在 b 袋中取出红球的概率可以通过如式（1.30）所示的同时概率求得。

$$p(x = b, y = r) = p(y = r | x = b)p(x = b)$$
$$= \frac{1}{4} \times \frac{1}{2}$$
$$= \frac{1}{8} \tag{1.30}$$

实际上，b 袋中的红球数量较少，因此可知，出现这种情况的可能性也较小。

如果不考虑袋子的选取，那么取出红球的概率又会是怎样的呢？与这种情况对应的是边缘概率 $p(y = r)$ 的求取，如果利用式（1.16）所示边缘分布的话，则可将其分解为如式（1.31）所示的形式。

$$p(y = r) = \sum_x p(x, y = r)$$
$$= p(x = a, y = r) + p(x = b, y = r) \tag{1.31}$$

其中，$\sum\limits_x$ 表示变量 x 所有取值时的求和，因此在此就变成 2 项之和了。运用此前如式（1.29）和式（1.30）的计算结果，则可得到如式（1.32）所示的边缘概率计算。

$$p(y = r) = \frac{1}{3} + \frac{1}{8} = \frac{11}{24} \tag{1.32}$$

到此，我们所介绍的都是中小学常见的基本概率问题。下面我们利用条件概率来考虑一个更有意思的问题。例如，当取出的球是红色时，如何计算选中的袋子为 a 的概率呢？如果用算式表示的话，即为条件概率 $p(x = a | y = r)$ 的计算。利用式（1.17），则可将其变换为如式（1.33）所示的形式。

$$p(x = a | y = r) = \frac{p(x = a, y = r)}{p(y = r)} \tag{1.33}$$

之后，将式（1.29）和式（1.32）所示已经得到的计算结果代入这个式子，则可得到如式（1.34）所示的结果。

$$p(x = a | y = r) = \frac{8}{11} \tag{1.34}$$

在上述同样条件下，如果考虑选中的袋子为 b 时又该如何计算呢？因为 $p(x | y = r)$ 是变量 x 的概率分布，所以如果对变量 x 所有取值情况下的概率值进行求和的话，其结果是自然为 1，如式（1.35）所示。

$$\sum_x p(x | y = r) = p(x = a | y = r) + p(x = b | y = r)$$
$$= 1 \tag{1.35}$$

将该式与式（1.34）所示的结果结合的话，则可求得如式（1.36）所示的结果。

$$p(x = b | y = r) = 1 - p(x = a | y = r)$$
$$= \frac{3}{11} \tag{1.36}$$

作为结果，在此可得出如下直观且恰当的结论：当取出的是红球时，与 b 袋相比，红球

多的 a 袋被选中的可能性大。当然，这也是在事先已知的相同选取概率（1/2）条件下得出的结论，并不是单纯地凭球的数量比来决定的，这一点需要加以注意。

如上所述，很好地利用相关的边缘分布和条件分布计算规则，就可以从结果（取出红球）来进行原因（选择的袋子）概率的反推。另外，将式（1.34）和式（1.36）所计算的概率，称为数据 $y = r$ 被观测后变量 x 的后验分布（posterior）。相应地，如式（1.23）和式（1.24）所示的概率为观测数据前的概率，我们称其为变量 x 的先验分布（prior）。这两个都是关于袋子选中的概率，但由于附带的条件不同，因此会得到完全不同的概率分布，这一点也需要加以注意。

顺便说一下，这里进行的计算对应着 3 个如式（1.13）所示的伯努利分布的概率分布，并将其组合进行推论。从第 3 章开始，我们将以伯努利分布和具有连续值的高斯分布等各种概率分布为题材，介绍更一般的概率分布计算方法。

1.4.4　多个观测数据

下面，我们对之前的问题进行一下拓展。假如某个街道居民委员会，利用之前的袋子 a 和 b 来进行一个内部抽签大会。举办方事先以等概率选取了某一个袋子作为本次抽签大会之用，但选取的结果并不告诉参会者。然后，每一个参会者从选取的袋子 x 中取球，并在确认球的颜色之后，再将其放回到原袋子中（放回抽样）。现在，有三个挑战者参加了这种抽签，并得到了如式（1.37）所示的结果。

$$\{y_1, y_2, y_3\} = \{r, r, w\} \tag{1.37}$$

此时，要想知道举办方所选择的袋子 x 是 a 还是 b，该如何做呢？这个问题，如果用式子表达的话，即为如式（1.38）所示概率的推论问题。

$$p(x|y_1 = r, y_2 = r, y_3 = w) \tag{1.38}$$

此外，由于采用放回抽样，因此可以假定在袋子已被确定的情况下，每个参加者取球的结果与参加者的取球顺序没有关系，因此可以得出如式（1.39）所示。

$$p(y_1 = r, y_2 = r, y_3 = w|x) = p(y_1 = r|x)p(y_2 = r|x)p(y_3 = w|x) \tag{1.39}$$

在此，如果采用式（1.20）所示的贝叶斯定理和式（1.39）所示的假设的话，则可给出如式（1.40）所示的表示。

$$
\begin{aligned}
&p(x|y_1 = r, y_2 = r, y_3 = w) \\
&= \frac{p(y_1 = r, y_2 = r, y_3 = w|x)p(x)}{p(y_1 = r, y_2 = r, y_3 = w)} \\
&= \frac{p(y_1 = r|x)p(y_2 = r|x)p(y_3 = w|x)p(x)}{p(y_1 = r, y_2 = r, y_3 = w)}
\end{aligned}
\tag{1.40}
$$

为了进行该式的计算，首先将分母表示为 $p(y_1 = r, y_2 = r, y_3 = w) = \sum_x p(x, y_1 = r, y_2 = r, y_3 = w)$，再将 $x = a$ 和 $x = b$ 分别代入分子，式（1.40）所示的分布就变得清楚。但是，在这里可以省略一些计算。如果仔细观察一下式（1.40）的话，就可以发现其分母与

x 的取值是无关的，因此可以进行如式（1.41）所示的省略计算。

$$p(x|y_1 = r, y_2 = r, y_3 = w)$$
$$\propto p(y_1 = r|x)p(y_2 = r|x)p(y_3 = w|x)p(x) \tag{1.41}$$

分别将 $x = a$ 和 $x = b$ 代入式（1.41）的话，则可得到如式（1.42）和式（1.43）所示的结果。

$$p(x = a|y_1 = r, y_2 = r, y_3 = w)$$
$$\propto p(y_1 = r|x = a)p(y_2 = r|x = a)p(y_3 = w|x = a)p(x = a)$$
$$= \frac{2}{3} \times \frac{2}{3} \times \frac{1}{3} \times \frac{1}{2} = \frac{2}{27} \tag{1.42}$$

$$p(x = b|y_1 = r, y_2 = r, y_3 = w)$$
$$\propto p(y_1 = r|x = b)p(y_2 = r|x = b)p(y_3 = w|x = b)p(x = b)$$
$$= \frac{1}{4} \times \frac{1}{4} \times \frac{3}{4} \times \frac{1}{2} = \frac{3}{128} \tag{1.43}$$

由于变量 x 只有 2 种取值，因此将 x 分别取 2 个值时的概率分布 $p(x|y_1 = r, y_2 = r, y_3 = w)$ 进行综合，其结果一定为 1。进而可以进行如式（1.44）和式（1.45）所示的计算。

$$p(x = a|y_1 = r, y_2 = r, y_3 = w) = \frac{2/27}{2/27 + 3/128}$$
$$= \frac{256}{337} \tag{1.44}$$

$$p(x = b|y_1 = r, y_2 = r, y_3 = w) = \frac{3/128}{2/27 + 3/128}$$
$$= \frac{81}{337} \tag{1.45}$$

虽然结果是一个非常复杂的分数，但是恰好有 $256/337 + 81/337 = 1$。如上例所示，在进行变量 x 的后验分布计算时，如先忽略不含 x 的分母部分，只计算分子的话，计算会简单一些。当然，进行如此计算的前提是需要那些进行计算结果求取的所有条件概率分布均恰好满足式（1.21）所示的条件。此外，如这个例子所示，为了使各种情况下所有实现值的和为 1，必须进行一个规格化（normalization）操作。这种先计算分子，然后再进行规格化的计算技巧，本书中还会多次出现。

在这个例子中，如果进一步增加抽签参与者的数量，并得到相应的观测值时，情况又会怎样呢？比如此时我们得到了如式（1.46）所示的数据。

$$\{y_1, y_2, y_3, y_4, y_5, y_6, y_7, y_8\} = \{r, r, w, w, r, r, w, r\} \tag{1.46}$$

省略计算过程，会得到如式（1.47）所示选中袋子 a 的概率。

$$p(x = a|y_1, \cdots, y_8) \approx 0.92 \tag{1.47}$$

同理，如果进行 50 次抽签，观测到红球 29 个、白球 21 个的话，则会得到如式（1.48）所示的选中袋子 a 的概率。

$$p(x = a | y_1, \cdots, y_{50}) = 0.9999 \cdots \tag{1.48}$$

如果观测到这样数据的话，即有 $p(x = a | y_1, \cdots, y_{50}) \approx 1$ 的近似置信度，我们就基本可以确定选中袋子 a 这一事实。像这样，通过大量数据的观测，就可以对现象后面的根本原因（选择了哪个袋子）进行高准确度的推定。尽可能地利用更多的数据来进行无法观测的未知值的表示，是本书的主题——基于概率推论进行机器学习的目标所在。

1.4.5　逐次推论

接下来我们简单接触一下利用多个独立数据所具有的重要性质进行的逐次推论（sequential inference）。假设现在获得了一个变量的观测值 y_1，则变量 x 的后验分布利用贝叶斯定理并忽略分母后，可按式（1.49）进行计算。

$$p(x | y_1) \propto p(y_1 | x) p(x) \tag{1.49}$$

在此，可将此式看作通过数据 y_1 的观测，将先验分布 $p(x)$ 更新为后验分布 $p(x | y_1)$。再有，在得到了 2 个观测数据 $\{y_1, y_2\}$ 时，同理可以得到如式（1.50）所示的表示。

$$
\begin{aligned}
p(x | y_1, y_2) &\propto p(y_2 | x) p(y_1 | x) p(x) \\
&\propto p(y_2 | x) p(x | y_1)
\end{aligned}
\tag{1.50}
$$

我们观察一下上式的第 2 行，如果将 $p(x | y_1)$ 看作是某种先验分布的话，那么通过数据 y_2 的观测，可以发现该先验分布已更新为后验分布 $p(x | y_1, y_2)$。一般地，当观测值 $\mathbf{Y} = \{y_1, \cdots, y_N\}$（在给予条件 x 下）独立时，其同时分布可表示为如式（1.51）所示的形式。

$$p(x, \mathbf{Y}) = p(x) \prod_{n=1}^{N} p(y_n | x) \tag{1.51}$$

因此，获得第 N 个数据后的后验分布可利用前 $N-1$ 个数据学习到的后验分布来表示，如式（1.52）所示。

$$
\begin{aligned}
p(x | \mathbf{Y}) &\propto p(x) \prod_{n=1}^{N} p(y_n | x) \\
&\propto p(y_N | x) p(x | y_1, \cdots, y_{N-1})
\end{aligned}
\tag{1.52}
$$

因此，利用概率推论，可以把以前得到的后验分布作为下一个推论的先验分布，从而实现一种渐进的学习方法。特别是在要求应用的实时性或重视存储效率的情况下，经常使用这种依次更新的手段。在机器学习术语中，将这种方法称为逐次学习（sequential learning），或增量学习（incremental learning）和在线学习（online learning）等。

1.4.6　参数未知的情况

将之前介绍的红球和白球抽签问题，用于实际应用问题的处理时，还显得过于简单。例如，或许有时参与者会怀疑抽签主办方是否真正按 1/2 的等概率进行袋子的抽取，红球出现的概率是否是如前例所知道的那样准确的 2/3、1/4 的比例，如此等等。事实上，甚至也可能必须考虑诸如"袋子原本就是两种吗?",或者"会不会出现红白以外颜色的球?"之类的问题。

在此,我们来看一个特殊情况下的取球,即在袋中红白颜色球的比例这个参数⊖未知情况下,根据取出球的个数来进行该参数的推测。本次只准备 1 个装有多个红球和白球的袋子,从中取出球,确认颜色后再放回袋子,反复进行 N 次实验。目的是根据贝叶斯推论来推定未知的红球、白球概率 $\theta \in (0,1)$ 的概率分布 $p(\theta)$,通过概率论从数据中获得关于 θ 的相关知识。设观测数据为 $\mathbf{Y} = \{y_1, \cdots, y_N\}$,如果将这个问题具体作为同时分布来表示的话,则可得到如式(1.53)所示的表示。

$$p(\mathbf{Y}, \theta) = p(\mathbf{Y}|\theta)p(\theta) = \left\{ \prod_{n=1}^{N} p(y_n|\theta) \right\} p(\theta) \tag{1.53}$$

其中,$p(y_n|\theta)$ 为由 θ 决定的各个数据点 y_n 的生成概率分布。$p(\theta)$ 是参数 θ 的先验分布,可反映参数 θ 可取值的一些先验知识。所谓的先验知识,指的是诸如"红球容易出现""红球白球同样出现""无法掌握出现的情况"之类的信息,这实际是在进行数据观测之前就确定下来的信息。如果能够给出如 $\theta = 2/3$、$\theta = 1/4$ 这样的固定值,自然是非常完美的先验知识。本章之前的例子其实就是运用这种极强的先验知识计算出了被选袋子的后验分布。关于那些能够进行参数先验知识计算的具体方法,将会应用到在第 2 章进行介绍的 β 分布(Beta distribution)和 Dirichlet 分布(Dirichlet distribution)等概率工具。

我们现在的目的是,通过观测数据 $\mathbf{Y}$ 来进行 θ 取值的推定。在此,可利用如式(1.53)所示的同时分布,将问题归结到条件概率的计算。如式(1.54)所示。

$$p(\theta|\mathbf{Y}) \propto p(\mathbf{Y}|\theta)p(\theta) \tag{1.54}$$

其中,$p(\theta|\mathbf{Y})$ 是参数 θ 的后验分布,通过数据 $\mathbf{Y}$ 的观测,先验知识 $p(\theta)$ 被更新。这里还没有进行具体后验分布的计算,但是,在运用贝叶斯推论的机器学习中,会对未知的参数值 θ 进行概率 $p(\theta)$ 的假设,并根据观测数据不断进行该假设更新。通过这一过程,逐渐弄清楚无法直接观测的现象。

1.5 图模型

图模型(graphical model)是把随机模型⊖上的多个变量关系用节点和箭头来表现的一种表示方法⊜。使用该方法的优点是可以从视觉上进行模型关系的表达,如以回归为代表的

⊖ 本书中的参数(parameter)是指决定某概率分布形态的变量。在其他机器学习文献中,将影响算法和系统行为的值也叫参数,这一点需要加以注意。

⊜ 在本书中,随机模型(probabilistic model)和概率分布的意思几乎相同,在大多数时候都可以互换。作为细微的差别,通过设计实现的多个基本概率分布的组合被称为随机模型。

⊜ 一般说到图,会想象到线或圆的图形,但在计算机科学领域,多数情况下是指像本书这样的由节点和箭头或者线组成的数据构造。

基本模型，以及本书后半部将要出现的各种各样的随机模型等。另外，在大多数情况下，模型变量之间独立性的判断等与手写计算相比，在图中观察将更为方便。下面介绍一下没有循环构造的有向图（directed acyclic graph，DAG）（带箭头的图）的表现形式。

1.5.1　有向图

在之前的红球白球问题中，出现了 x 和 y 两个变量。如果采用式子来表示的话，其同时分布可表示为如式（1.55）所示的形式。

$$p(x, y) = p(y|x)p(x) \tag{1.55}$$

也可以说，式（1.55）的右侧表达了变量 x 和 y 的具体关系。如果采用图模型表示的话，则如图 1.10 所示。式（1.55）中出现的各个变量，恰好与图中的各个节点相对应，通过条件分布 $p(y|x)$ 表示的关系在图中用箭头 $(x \to y)$ 来表示。另外，在图中，箭尾（tail）一侧的节点被称为父节点（parent），箭头（head）指向的节点被称为子节点（child）。

其中，x 即为 y 的父节点，y 为 x 的子节点。

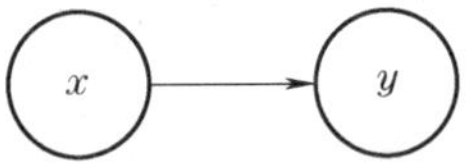

图 1.10　红球和白球
问题的图模型

再来看一个稍微复杂些的随机模型。下面以如式（1.56）所示的具有 6 个变量的同时分布为例进行说明。

$$p(x_1, x_2, x_3, x_4, x_5, x_6)$$
$$= p(x_1)p(x_2|x_1)p(x_3|x_1)p(x_4|x_2, x_3)p(x_5|x_2, x_3)p(x_6|x_4, x_5) \tag{1.56}$$

与其对应的图模型如图 1.11 所示，从图中我们可以确定式（1.56）的各项与节点及箭头的对应关系，同时还可以看出该图模型不存在循环结构（沿着箭头方向前进不能返回到根节点）。

再有像如式（1.51）所示抽签大会的同时分布那样，有 N 个变量时，可采用如图 1.12 所示的簇节点来进行简化，这是一种很方便的表示方法。另外，如果想要在随机模型上标明哪个变量被给定附加条件的话，可采用如图中变量 y_n 一样的表示方法，将对应的节点用颜色进行填充。这种表示方法除了主要用于已观测数据在图中的注明以外，还可延伸应用于后面一章将要介绍的推论算法中，作为解析条件分布的手段。

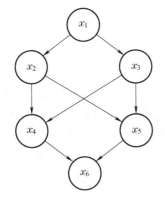

图1.11　与式（1.56）相对应的图模型

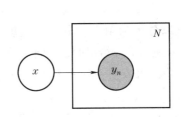

图 1.12　抽签大会用图模型

参考 1.1   多任务学习

在进行多任务学习（multi-task learning）时，图模型是一个方便的工具。所谓多任务学习，其思想是通过多个相关任务的同时处理，来提高每个任务的预测精度。例如，在设计预测第二天天气的算法中，分别构建预测雨天的算法和预测雪天的算法，显然不太切合实际。这是因为，两个预测任务均包含了今天的气温、风向与云的状况等共同的分析对象。另外，除去像雨夹雪等特殊情况，如果出现降雪就不会同时出现下雨的天气，所以在两个预测分布中，存在着极强的排他关系。这种情况下，如果将预测任务看作是一个多元分类（晴、雨、雪）是不是更合适呢？总之，将多个预测对象和观测数据整合成一个模型来提高预测精度，可以说是构建机器学习算法的本质之一。

如果利用图模型进行相关的多个数据的整合，将不同的任务作为同时分布来处理的话，与数据模型相比，图模型可以大大提高提取有用特征的可能性。当然，这也必须考虑对实现成本带来的影响。尽管如此，一次性将所有与数据、问题相关的事项进行图式化整理，是数据解析中非常重要的实践过程。

1.5.2   节点的附加条件

本节将探讨某个随机模型上条件分布的计算和图中的对应关系。首先考虑如图 1.13 所示具有三个变量的随机模型。

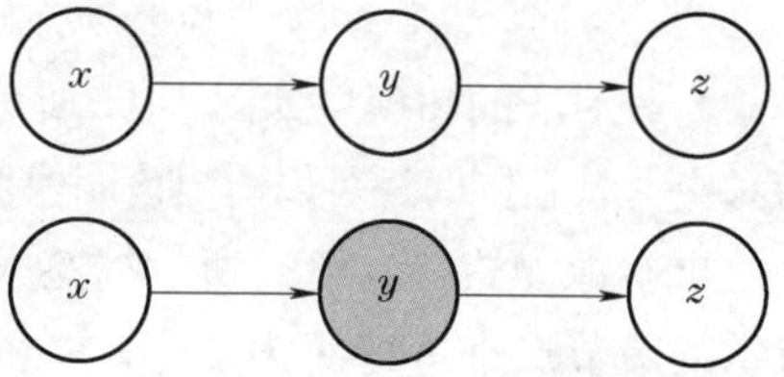

图 1.13 上部给出的是与式（1.57）对应的图模型，这种变量的关系被称为 head-to-tail 型。现在假设如图 1.13 下部表示的那样，已经观测到了节点 y，那么剩下的两个结点 x 和 z 的后验分布则如式（1.58）所示。

图 1.13   head-to-tail 型模型

$$p(x, y, z) = p(x)p(y|x)p(z|y) \tag{1.57}$$

$$
\begin{aligned}
p(x, z|y) &= \frac{p(x, y, z)}{p(y)} \\
&= \frac{p(x)p(y|x)p(z|y)}{p(y)} \\
&= p(x|y)p(z|y)
\end{aligned}
\tag{1.58}
$$

观察这一结果可以发现，在式（1.57）的模型上，当节点 y 被观测后，剩下两个节点的后验分布可以分解为独立的分布，这就是附带条件的独立性（conditional independence）。如果 y 值作为观测值被给定的话，那么在 x 和 z 的出现值之间，彼此就没有关系了。

下面，我们再来看一个另外的随机模型，该模型与式（1.59）相对应，称为 tail-to-tail 型。

$$p(x, y, z) = p(x|y)p(z|y)p(y) \tag{1.59}$$

如果使用图模型的话，其关系图如图 1.14 上部所示。与前例一样，这里也假设 y 已被观测到，此时，剩下的两个节点的后验分布则如式（1.60）所示。

$$
\begin{aligned}
p(x,z|y) &= \frac{p(x,y,z)}{p(y)} \\
&= \frac{p(x|y)p(z|y)p(y)}{p(y)} \\
&= p(x|y)p(z|y)
\end{aligned}
\tag{1.60}
$$

这与前例的结论完全相同。因此，在如式（1.59）所定义的模型中，当 y 被给定时，x 和 z 的分布，其条件附带独立性成立。

最后，再考虑一个例子，如式（1.61）所示。

$$
p(x,y,z) = p(y|x,z)p(x)p(z)
\tag{1.61}
$$

这是一个被称为 head-to-head 型的模型，如图 1.15 所示。在该模型的节点没有被观测的情况下，虽然无法直观地从图 1.15 上部的图中读取，但是，x 和 z 的同时分布可以被分解为两个独立的分布，这一点，通过如式（1.62）所示的边缘化计算可以得到证实。

$$
\begin{aligned}
p(x,z) &= \sum_y p(x,y,z) \\
&= \sum_y p(y|x,z)p(x)p(z) \\
&= p(x)p(z)
\end{aligned}
\tag{1.62}
$$

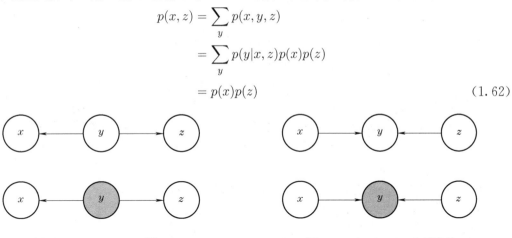

图 1.14　tail-to-tail 型模型　　　　　　　图 1.15　head-to-head 型模型

下面，我们再来研究一下如图（1.15）下部所示的图，即当 y 被观测时的后验分布情况。剩下的两个节点的后验分布如式（1.63）所示。

$$
\begin{aligned}
p(x,z|y) &= \frac{p(x,y,z)}{p(y)} \\
&= \frac{p(y|x,z)p(x)p(z)}{p(y)}
\end{aligned}
\tag{1.63}
$$

这与之前的两个例子不同，它没有被分解成两个独立的概率分布。这意味着，原本独立的 x 和 z，由于节点 y 的观测而具有了依存关系。在机器学习中常被使用的许多模型，由于具有这种节点关系，在数据观测后的后验分布变成了变量错综复杂的分布。

1.5.3　马尔可夫覆盖

下面考察一下如图 1.16 所示的马尔可夫覆盖（Markov blanket）图模型上的某种特殊情况。在此，我们将图 1.16 看作是从比其更大的随机模型中只提取了以 x 为中心的部分，而且假设 x 以外的节点已全部被观测。接下来，考查 x 和模型上的其他变量间的条件独立性。

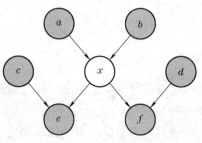

图 1.16　马尔可夫覆盖

首先，a 和 x 的关系如何呢？这两个节点用箭头连接着，所以当然存在依存关系。但是，即便 a 中存在着 x 以外的子节点和母节点，但它们都与 x 存在 tail-to-tail 型或 head-to-tail 型关系。如果 a 被观测，那么它们与 x 则保持独立。

其次，e 和 x 的关系呢？由于两者之间也有箭头连接，当然也存在依存关系。如果 e 存在子节点时，因为它们与 x 具有 head-to-tail 型关系，所以与 x 也具有条件独立性。但是，当 e 存在如 c 那样的父节点时，情况又会怎样呢？在这种情况下，x、e、c 三者之间存在着 head-to-head 型关系，因此，x 与 c 也会存在某种依存关系。

再有，如果 c 中存在父节点和子节点，情况又会怎样呢？这些节点与 e 是 tail-to-tail 型或 head-to-tail 型关系，因此，c 与 e 具有条件独立性，也因此也与 x 保持独立。

其余节点 b、f、d 的推论过程同上。综合上述情况可知，在图模型上，当 x 以外的变量均被观测时，与 x 存在依存关系的节点将变成直接的父节点 a 和 b，以及与 x 直接的子节点 e 和 f 具有共亲（co-parent）关系的 c 和 d。因此，即使在这个马尔可夫覆盖的外侧还存在其他的观测节点，它们也不会影响 x 的条件分布。

马尔可夫覆盖这一思想，对第 4 章将要介绍的抽样算法非常有用。特别是像 e、d 那样与 x 具有共亲关系的节点，很容易忘记它们的依存关系，这一点请加以注意。

1.6　贝叶斯学习方法

运用随机模型构建和概率推论进行机器学习的方法即为贝叶斯学习（Bayesian machine learning），下面对其进行简要介绍。围绕红球白球、线性回归等各种机器学习的典型任务，重点概述如何利用贝叶斯学习框架来进行解决。同时，对贝叶斯学习的根本优点和当前的技术问题也加以阐述。

1.6.1　模型的构建和推论

如本章此前解决红球和白球问题那样，贝叶斯学习可以提供完全相同的方法来解决与数据相关的各种问题。具体有以下两个步骤：

> **基于贝叶斯学习的模型构建和推论**
>
> （1）模型构建：
>
> 通过观测数据 $\mathcal{D}$ 与未观测的未知变量 x 来进行同时分布 $p(\mathcal{D}, x)$ 的构建。
>
> （2）推论的导出：
>
> 后验分布 $p(\mathbf{X}|\mathcal{D}) = \dfrac{p(\mathcal{D}, \mathbf{X})}{p(\mathcal{D})}$ 的解析或者近似求取。

在步骤（1）的模型构建中进行的具体内容为：综合利用第 2 章将要介绍的各种离散分布和高斯分布等概率分布，来描述观测数据与未观测的变量之间的关系。举一个简单例子，本章此前采用如式（1.53）所示的同时分布，对通过球的抽取来推定红白球概率的问题进行了模型化。在这个模型中，表示红球和白球出现情况的数据是观测数据 $\mathbf{Y}$，表示红球和白球比率的参数是被视为未知变量的 θ。在此，利用本章引入的图模型，也可以通过相应图模型的设计，很好地实现问题的描述。

在第 2 步骤的推论导出中，基于步骤（1）构建的模型，求未观测变量的条件分布。分母项 $p(\mathcal{D})$ 被称为模型证据（model evidence）或边缘似然（marginal likelihood），表示模型中出现数据 $\mathcal{D}$ 的证据。条件分布 $p(\mathbf{X}|\mathcal{D})$ 有时会像红球和白球的例子那样成为简单的离散分布，有时也会成为像高斯分布那样的连续分布。但是，在许多实际的随机模型中将无法回归到那种形式明确的概率分布。换言之，就是求后验分布 $p(\mathbf{X}|\mathcal{D})$ 所必需的边缘似然度 $p(\mathcal{D}) = \int p(\mathcal{D}, \mathbf{X})\mathrm{d}\mathbf{X}$ 有时无法进行解析计算。这种情况需要通过本书后半部分将要介绍的抽样或近似推论方法，将复杂的后验分布 $p(\mathbf{X}|\mathcal{D})$ 用较为简单的形式来解释。

1.6.2　各类任务中的贝叶斯推论

下面结合 1.2 节中介绍的各种机器学习的任务，来看一下贝叶斯学习方法。到目前为止，我们还没有具体接触到各种概率分布的设定和后验分布的计算方法，还仅停留在对各种机器学习任务的简单描述上。在此我们只关注一下，各类任务中观测值与未观测值的关系以及进行后验分布推论的表现形式。

首先，我们回顾一下线性回归和分类。在这个问题中，作为观测数据的 N 个输入值 $\mathbf{X} = \{\mathbf{x}_1, \cdots, \mathbf{x}_N\}$ 以及输出值 $\mathbf{Y} = \{y_1, \cdots, y_N\}$ 已经给定。此外，还假设从各输入数据 $\mathbf{x}_n$ 来预测输出 y_n 的参数 $\mathbf{w}$ 是一个未知的向量，希望通过数据来进行推论。这种模型的同时概率分布，可表示为如式（1.64）所示的形式。

$$p(\mathbf{Y}, \mathbf{X}, \mathbf{w}) = p(\mathbf{w}) \prod_{n=1}^{N} p(y_n|\mathbf{x}_n, \mathbf{w}) p(\mathbf{x}_n) \tag{1.64}$$

其中，参数 $\mathbf{w}$ 是我们想要通过数据来学习的未知变量，因此也认为先验分布 $p(\mathbf{w})$ 已经给定⊖。式（1.64）所对应的图模型如图 1.17 所示⊖。在该模型中，当数据 **X** 和 **Y** 被观测之后，参数 **w** 的后验分布可表示为如式（1.65）所示的形式。

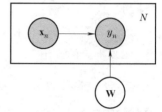

$$p(\mathbf{w}|\mathbf{Y},\mathbf{X}) \propto p(\mathbf{w}) \prod_{n=1}^{N} p(y_n|\mathbf{x}_n,\mathbf{w}) \qquad (1.65)$$

相当于贝叶斯定理的分母部分，因其不是参数 **w** 的函数，因此用比例运算符加以省略。在回归和分类模型中，通常将这个参数 **w** 的后验分布的计算称为"学习"。在实际计算时，需要对式（1.65）右边的计算结果进行规格化〔使分布 $p(\mathbf{w})$ 对 **w** 的积分为 1〕，以求得相应的比例系数。另外，利用学到的 **w** 分

图 1.17　回归分类的图模型

布，通过如式（1.66）所示的预测分布（predictive distribution），进行新的输入值 $\mathbf{x}_*$ 对应的未知输出值 y_* 的求取。

$$p(y_*|\mathbf{x}_*,\mathbf{Y},\mathbf{X}) = \int p(y_*|\mathbf{x}_*,\mathbf{w})p(\mathbf{w}|\mathbf{Y},\mathbf{X})\mathrm{d}\mathbf{w} \qquad (1.66)$$

如果说由观测数据表示的后验分布 $p(\mathbf{w}|\mathbf{Y},\mathbf{X})$ 中的参数 **w** 也存在某种意义上的不确定性的话，那么可以将预测模型 $p(y_*|\mathbf{x}_*,\mathbf{w})$ 想象为对所有可能的 $\mathbf{x}_*$ 到 y_* 的预测，是通过 **w** 进行了附带权重平均值的计算。

与此相对应的是，回归及分类模型将给定输入 $\mathbf{x}_n$ 的条件分布 $p(y_n|\mathbf{x}_n,\mathbf{w})$ 直接进行了模型化。从这个意义上说，也可以称其为条件模型（conditional model）⊖。这与后面将要介绍的同时分布模型（joint model）形成对比。

如图 1.18 所示的聚类模型一样，可以通过观测变量与未观测变量关系的描述进行模型的构建。如果考虑簇数 K 事先已知的较为简单的设定，那么用表示观测数据 $\mathbf{X} = \{\mathbf{x}_1,\cdots,\mathbf{x}_N\}$ 对应簇的分布方法 $\mathbf{S} = \{\mathbf{s}_1,\cdots,\mathbf{s}_N\}$ 和每个簇中心位置等的参数 $\mathbf{\Theta} = \{\theta_1,\cdots,\theta_K\}$，可以像下面这样对数据生成过程进行模型化。如式（1.67）所示。

$$p(\mathbf{X},\mathbf{S},\mathbf{\Theta}) = p(\mathbf{\Theta}) \prod_{n=1}^{N} p(\mathbf{x}_n|\mathbf{s}_n,\mathbf{\Theta})p(\mathbf{s}_n) \qquad (1.67)$$

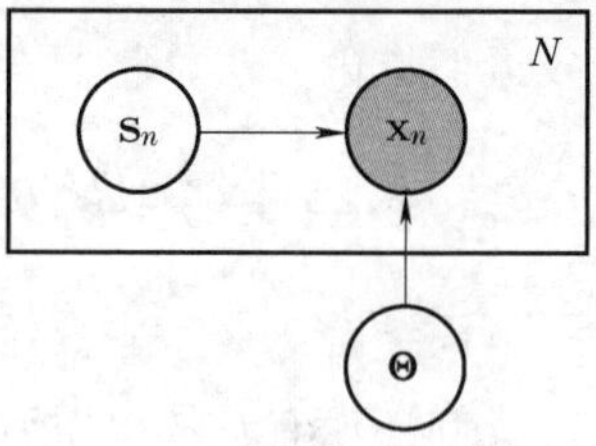

图 1.18　聚类的图模型

其对应的图模型如图 1.18 所示。在这里，某一先验分布 $p(\mathbf{\Theta})$ 决定参数 $\mathbf{\Theta}$；另外，每一

⊖　在此，也可以为 **X** 准备一个先验分布，但在简单设定的回归问题中，**X** 大多都是以训练数据的形式提供，因此，采用 $p(\mathbf{x}_n)$ 进行的推论也不会对实际结果产生影响。

⊖　需要注意的是，一般情况下，某一模型对应的图模型表示在粒度上是任意的。例如，为了 **X** 和 **Y** 的表示，就不需要采用多个节点来取代如图 1.17 所示的簇节点表示。相反，如果要对多维向量 **w** 的每个元素进行描述的话，就可以用多个节点来进行。

⊖　被称为识别模型（discriminative model）的情况也非常普遍，这种称呼有时会理解为仅指分类，因此也容易引起误解，故在本书中不采用。

数据点 $\mathbf{x}_n$ 以由 $\mathbf{s}_n$ 决定的概率 $p(\mathbf{s}_n)$ 来依次决定簇的分布。再假设各个 $\mathbf{x}_n$ 是以 $\mathbf{s}_n$ 指定的参数 $\boldsymbol{\theta}_k$ 为基础，随着 $p(\mathbf{x}_n|\mathbf{s}_n, \boldsymbol{\Theta})$ 的分布而生成。还因为各个 $\mathbf{s}_n$ 是由数据点 $\mathbf{x}_n$ 的生成分布决定的未观测变量，所以也被称为隐性变量（hidden variable）或潜在变量（latent variable）$^{\ominus}$。其实利用现有的数据 $\mathbf{X}$ 计算后验分布 $p(\mathbf{S}|\mathbf{X})$ 及 $p(\boldsymbol{\Theta}|\mathbf{X})$，就可以从该模型获得关于数据 $\mathbf{X}$ 的簇分配和中心位置等的概率表现。关于这种模型和学习方法将在第 4 章进行详细介绍，所以在这里把聚类问题作为可通过随机模型和推论实现的概念来认识。

最后，在进行线性降维时，可通过式（1.68）来进行模型化。

$$p(\mathbf{Y}, \mathbf{X}, \mathbf{W}) = p(\mathbf{Y}|\mathbf{X}, \mathbf{W})p(\mathbf{X})p(\mathbf{W})$$

$$= p(\mathbf{W}) \prod_{n=1}^{N} p(\mathbf{y}_n|\mathbf{x}_n, \mathbf{W})p(\mathbf{x}_n) \tag{1.68}$$

其中，虽然 $\mathbf{W}$ 形成了矩阵，但是本质上与式（1.64）所表达的线性回归模型是相同的式子。不过，线性降维是以不观测潜在变量 $\mathbf{X}$ 为前提的，所以在如图 1.19 所示的图模型中，$\mathbf{X}$ 作未观测节点处理。这种模型的目标是通过参数的后验分布 $p(\mathbf{W}|\mathbf{Y})$ 的计算来求取潜在变量 $\mathbf{X}$ 的后验分布 $p(\mathbf{X}|\mathbf{Y})$。特别是以数据压缩和可视化为目的时，多使用后验分布 $p(\mathbf{X}|\mathbf{Y})$ 的平均值。

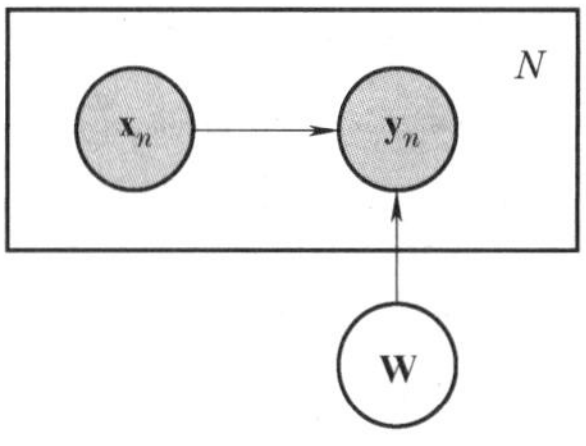

这里介绍的聚类和线性降维的模型，均为记述所有观测数据背后的生成过程。基于这个意义，一般称其为生成模型（generative model）。如果将它们与回归、分类等作为附带条件的模型进行对比的话，这些模型又都可以被称为同时分布模型（joint model）。这意味着通过所有的数据和未观测变量直接进行同时分布的构建。

图 1.19　降维的图模型

参考 1.2　监督学习和无监督学习

机器学习方法分为监督学习（supervised learning）、无监督学习（unsupervised learning）和半监督学习（semi-supervised learning）。在本书的例子中，回归和分类的学习是直接通过输入 $\mathbf{x}$ 和已标注的预测输出 $\mathbf{y}$ 进行的，属于监督学习。而像聚类和降维那样不提供成对输入、输出数据的机器学习为无监督学习。

贝叶斯机器学习框架的特点是，推论过程是基于已知变量和未知变量的，但在推论完成后，并不对已知变量和未知变量加以区分。实际上，式（1.68）表示的是线性降维的模型，如果假设 $\mathbf{X}$ 为已观测值的话，就变成多维线性回归模型了，这在之前也已提到过。也就是说，首先通过模型化过程的进行得到多个变量之间关系的描述，至于模型究竟是降维还是回归，只不过是模型中观测到的变量（已知变量）的差别而已。因此，作为重要的术语，我们需要记住，但也无需太拘泥于监督与无监督。

　$^{\ominus}$　有时也把包括参数在内的未观测的未知值统一称为潜在变量。

1.6.3　复杂后验分布的近似

之前介绍了运用贝叶斯推论进行回归、分类、聚类、降维等各类机器学习典型任务的一般方法。但是，这些任务比从袋子里取红球、白球那样的问题复杂。实际上，我们知道除了如式（1.65）所示的线性回归模型的推论式以外，无法得到其他问题后验分布的解析式[⊖]。

另外，分类模型虽然与回归模型具有相同的图模型，但是由于其加入了如式（1.4）所示的 sigmoid 那样的非线性函数，因此，也无法获得关于分类任务后验分布的解析式。

如果要获得某随机模型 $p(\mathcal{D}, \mathbf{X})$ 的后验分布 $p(\mathbf{X}|\mathcal{D})$，在比较简单的模型中，这种后验分布则可以归结为像高斯分布和伯努利分布那样熟知的基本概率分布。例如，运用如式（1.64）所示的线性回归模型，假设观测数据和参数的生成为高斯分布时，就可以用高斯分布周密地求出参数的后验分布和新数据的预测分布。

对于聚类和降维问题的推论则不能通过解析计算来进行，其理由是这类问题的推论大多都伴随着边缘化（$\int p(\mathcal{D}, \mathbf{X})\mathrm{d}\mathbf{X}$ 或 $\sum_{\mathbf{X}} p(\mathcal{D}, \mathbf{X})$）的操作，因此通常会遇到诸如连续变量不能进行解析式的积分计算、离散变量必须计算天文数字的组合等情形。

作为了解无法解析计算的未知概率分布 $p(\mathbf{X}|\mathcal{D})$ 的手段，其中一个简便的方法就是抽样。该方法是利用计算机，从这一分布中大量进行样本 $\mathbf{X}^{(i)} \sim p(\mathbf{X}|\mathcal{D})$ 的获取，以此来考察后验分布 $p(\mathbf{X}|\mathcal{D})$ 的均值和方差，或简单通过所获样本的可视化等方法来探究分布的趋势。在贝叶斯推论领域广泛运用了一种被称为马尔可夫链蒙特卡洛（Markov chain Monte Carlo，MCMC）类的抽样调查方法，并提出了吉布斯采样（Gibbs sampling）、哈密尔顿算子蒙特卡洛（Hamiltonian Monte Carlo）、顺序蒙特卡洛（sequential Monte Carlo）等方法。作为从复杂的概率分布中获得样本的简便方法，本书以其中的吉布斯采样法为主来解决问题。

另一类方法是采用便于计算的简单式子进行近似的边缘化计算。该方法是将诸如后验分布 $p(\mathbf{X}|\mathcal{D})$ 计算中存在的复杂积分项，通过部分运用简单的可解析计算的函数近似实现，或直接像 $p(\mathbf{X}|\mathcal{D}) \approx q(\mathbf{X})$ 那样提出较易处理的近似概率分布 $q(\mathbf{X})$ 来表现后验分布本身。这样的方法还有拉普拉斯近似（Laplace approximation）、变分推论（variational inference）[⊖]，期望值传播（expectation propagation）等。本书以其中较为简单且实用性高的变分推论为主进行介绍。

⊖　本书中所称的"解析结果"意味着，某种问题的解无需采用特别的优化算法，仅需通过严密地推导即可获得。但是，即使在这种解析结果给出来的情况下，有时可能会伴随着巨大的逆矩阵的计算等，这种情况即使采用计算机可能也无法进行实际的计算，这一点也需要加以注意。

⊖　也被称为变分近似（variational approximation），有时为了强调对象包含了先验分布的贝叶斯模型，也将其称为变分贝叶斯。

1.6.4　基于不确定性的决策

在许多现实问题当中，我们目的不是仅仅要估计出现未知现象的概率，还要探究相关的未知连续值概率趋势。

概率推论归根到底是要将研究对象的不确定性（uncertainty）作为定量表达手段来使用的，因此，推论结果本身并不是某个决策的决定，而是要将推论结果和推论过程作为不同的过程加以区分。

例如，在构建预测翌日天气这样的推论方法时，我们假设已经得到了如式（1.69）所示的作为预测结果的这一预测分布 $p(y)$。

$$p(y = 晴) = 0.8$$
$$p(y = 雨) = 0.2$$

(1.69)

此时，我们外出时应该带雨伞吗？虽然说晴天的概率比下雨的概率高（$p(y = 晴) > p(y = 雨)$），但是如果决定不带雨伞，仍然有些过于简单。如式（1.69）所示的推论结果仅仅表示了明天天气的不确定性，因此，是否带雨伞外出还要依据决策人的价值判断和具体状况来决定。关于这些因素，需要通过重新考虑损失函数（loss function），对其进行量化。例如，如果 A 讨厌被雨淋湿，则可以将损失函数 $L_A(y, x)$ 表示为

$$\begin{cases} L_A(y = 晴, x = 无伞) = 0 \\ L_A(y = 雨, x = 无伞) = 100 \\ L_A(y = 晴, x = 有伞) = 10 \\ L_A(y = 雨, x = 有伞) = 15 \end{cases}$$

此时，通过如下所示的期望值（expectation）计算，我们就可以估计不同决策所对应的损失。

$$\sum_y L_A(y, x = 无伞)p(y) = 0 \times 0.8 + 100 \times 0.2$$
$$= 20$$

$$\sum_y L_A(y, x = 有伞)p(y) = 10 \times 0.8 + 15 \times 0.2$$
$$= 11$$

对于这种情况，下雨的概率为 0.2，尽管很低，但我们知道 A 带雨伞出门的损失期望还是要小很多。

如此相反，对于不介意被雨淋，反倒讨厌带着雨伞出门的 B，情况又会如何呢？此时，我们为其给出的损失函数为

$$\begin{cases} L_B(y = 晴, x = 无伞) = 0 \\ L_B(y = 雨, x = 无伞) = 50 \\ L_B(y = 晴, x = 有伞) = 20 \\ L_B(y = 雨, x = 有伞) = 25 \end{cases}$$

相应地，不同决策时的损失期望值如下：

$$\begin{cases} \sum_y \mathrm{L_B}(y, x=无伞)p(y) = 10 \\ \sum_y \mathrm{L_B}(y, x=有伞)p(y) = 21 \end{cases}$$

从结果可以看出，对于B来说，在不带雨伞的情况下，损失期望变小。

如上所述，贝叶斯学习的基本思想是明确地将概率推论和与之相应的决策区分开来。这一思想不仅对机器学习，而且对我们的日常决策也是很有效的。我们人类经常对不希望发生的事情的概率估计得很低，同时又对发生可能性极低的事情进行过度的准备，这往往就是混淆了随机预测和与之相应的损失（或者利益）决策。因此，首先应尽可能运用较多的信息和知识来对不确定性$p(y)$进行准确的估计，然后再根据情况考虑损失函数$\mathrm{L}(y, x)$，从而能够更合乎逻辑地给出行动x的决定。另外，本次给出的是"明天"天气的预测分布的例子，在预测分布不确定性很大的情况下，暂缓决策成为重要的选择。例如，如果在实际出门之前，再一次确认天气预报的话，可能会得到像$p'(y=雨)=0.05$这样更新的预测分布，此时再进行决策才能获得确定性更高的决策。如果按照本例计算的话，那么A会基于新的预测，变更为不带雨伞出门这样的决策。

另外，在强化学习（reinforcement learning）的机器学习领域，不确定性的表现也具有非常重要的作用。强化学习的主要目标是，在未知的环境中和有限的条件（如时间）下，获得实现损失最小化（或报酬最大化）的决策过程。如果能够对不确定性进行准确的描述，例如，在对环境信息掌握较少的初始阶段，广泛的搜索、搜集数据，则当信息积累到一定程度时，自然就会运用它，并获取决策的方针。另外，贝叶斯优化（Bayesian optimization）方法也是能够很好地处理不确定性贝叶斯学习的应用之一。贝叶斯优化利用高斯过程（Gaussian process）等随机模型，可以基于不确定性来探索很难解析的系统和函数的最佳参数。

1.6.5   贝叶斯学习的优点与缺点

正如我们所知道的那样，本书介绍的贝叶斯学习方法是基于概率基本计算的机器学习，与其他机器学习算法相比有很多优点，同时也存在着不能解析的积分以及求和运算等技术上的难点。

1.6.5.1   贝叶斯学习的优点

我们知道，贝叶斯学习不仅过程简单，同时还具有许多有效解决实际问题的特性。

1. 各类问题的统一解决

如所看到的那样，贝叶斯学习中针对各种各样传统的机器学习任务，都可以通过模型构建和推论两个步骤完成。除此之外，如数值数据间关系的提取、模型构建的确定、缺失值的处理、异常值的排查等，均可以全部归结为后验分布的推论问题，或者通过分布期望值的计算来进行。

再有，在对真实世界进行数据建模时，有时需要在多个模型中进行最适合数据的模型选择。这样的问题被称为模型选择，这些将在第 3 章的后半部分利用多项式回归的例子加以介绍。在贝叶斯学习中，有时会根据模型证据值的评价来比较模型的好坏。

2. 可定量处理对象的不确定性

在红球、白球问题中，如果被观测数据的数量 N 不断增加的话，就会发现数据背后无法观测现象（所选择的袋子）的不确定性会逐渐减小。像这种基于概率推论的解析方法，对于数据背后的根本原因"袋子 a 或者袋子 b"不是给出一个二选一的结论，而是能够定量表达每个原因有多大的可能性。换句话说，就是在结果预测型的模型本身"无法预测"的情况下，会显示出概率推论的优势。这一点，对于那些不基于随机模型的方法，不论数据量大小和模型好坏，常常会由于过度自信（over confident）出现推定错误的问题，而随机模型方法能够提供有效的解决办法。

再者，在诸如是否携带雨伞的例子中，所得到的预测能够多大程度地表示自信或不确定性，会成为后面进行决策时的重要信息。在实际的机器学习系统中，当算法给出的预测值不确定性很大时，可以考虑，诸如把最终的判断委任给人类专家或者要求追加数据以减少不确定性等的应用方法。

3. 能够自然获取可利用的知识

这一点与第 2 项有密切的关系，但进行贝叶斯推论时，需要对未知的值 θ 设定一些先验分布 $p(\theta)$。也就是说，在观测数据前，借助先验分布可以从数理上获取关于 θ 的知识。当然，如果在没有任何关于 θ 可能取值的先验知识储备的情况下，也可以通过对后验分布结果没有太大影响的先验分布设定，即可以实现对不了解知识的定量表达。另外，关于数据，我们利用先验分布把已经设定的条件进行明确标记，因而也不会有任何隐藏。通过这种前提主张的明确，也有利于实验的透明度和可重复性的提高。

再有，随机模型构建的重要特征是，通过基本概率分布的模块化自由组合，可根据要解决的问题来构建模型，并尽可能多地将可利用的数据和知识纳入推论当中。例如，通过伯努利分布和高斯分布的组合，就可以构建根据状况和数据进行切换的预测模型。还有，在利用降维算法进行数据潜在特征的提取中，在其特征空间里也经常采用聚类和分类的思想。通过伯努利分布和类分布这种离散分布的巧妙组合，就可以实现被称为隐马尔可夫模型的构建，该模型被用于进行时间序列数据的解析。除此之外，通过概率分布的巧妙组合，还可以构建模拟神经回路的函数近似模型（即人工神经网络），从而进行较为复杂的深度学习。与人工神经网络相关的众多技术，都可以作为贝叶斯学习的特殊情况加以解释（参见参考文献 [6]）。

4. 不易出现过拟合

在机器学习中，作为贝叶斯推论以外的学习方法，有时会采用极大似然估计或基于误差函数最小化的优化算法。但是，正如我们所知道的那样，这些方法对所提供的训练数据会出现模型过度嵌入的过度学习或过拟合（overfitting）的现象。图 1.20 所示为对正弦波函数产

生的 10 个观测数据，基于极大似然估计最终将一个 10
次函数嵌入其中的结果。从结果可知，将复杂的 10 次
函数强行嵌入到观测数据中，得到的推定结果很明显
不能捕捉到正弦波的原有特征。除回归问题外，这种
情况也在类似的问题中频繁发生。特别是近年来，广
为应用的参数数量超过数据数量的复杂模型，这种倾
向尤为突出。作为防止这种复杂模型过拟合的手段，
大都引入以正则化（regularization）为代表的方法。

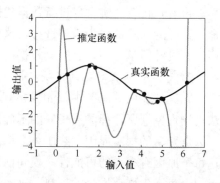

图 1.20　过拟合的例子

　　严格地说，贝叶斯学习本身不存在过拟合这一问
题。这是因为，贝叶斯学习只是单纯地基于观测数据
进行预先假设的更新，并不存在固有的拟合模型。与其他的方法相比，贝叶斯学习能够避免
过拟合这一特性，特别是在观测数据较少、模型处理的数据种类较多的情况下，能够发挥其
威力。但是需要注意的是，对算法给予的数据完全不存在过拟合的断言有时是很危险的。这
里有以下 2 个理由：

　　（1）模型开发者本身可能对有限的数据采取了某种过拟合，尤其在数据量不充分的情
况，或是开发者没有意识到统计偏差的情况下会发生。例如，在编写人脸识别计算法时，即
使对日本人的脸部数据可以详细地解析，做出精准的判断，但是，对欧美人脸部认识的精度
未必会很高，甚至可能会降低。为了避免这种情况，可针对机器学习服务的实际环境，尽可
能地利用相近的数据集，或者对手头没有的数据和场景要充分地运用常识，避免想当然的创
造力发挥而产生的错误判断，这对模型的开发是非常重要的。

　　（2）由于近似方法选取的不同，也不能避免过拟合出现的可能。例如，由于基于变分推
论的算法做了某些极端的假设，因此可能会导入与引起明显过拟合的极大似然估计相同的算
法。实际上，有些大胆的假设也是算法推导过程中不可缺少的，但要知道某些近似算法可能
会丢失贝叶斯推论的优良特性。

1.6.5.2　贝叶斯学习的缺点

如上所述，贝叶斯学习具有许多优点，但也存在以下缺点和技术上的难点：

1）需要数理方面的知识

这与前文简单介绍的利用工具箱进行的机器学习方法形成了鲜明对照。无论运用哪种方
法，最重要的是要认真观察数据和现象，从而探究其背后的特征和趋势。贝叶斯学习方法需
要通过具有复杂数理机理的随机模型来进行。并且，学习模型的构建需要引入解析式推论和
可计算的近似算法等。因此，要完成这一系列的任务必须要有相应的数学功底。

2）计算成本高

在机器学习领域中，对于我们想要解决的问题来说，大多情况下都需要复杂的模型来进
行，因此几乎都不能得到解析的后验分布。说得极端些，贝叶斯学习要解决的问题几乎都是
无多项式解的问题。但是，由于诸如变分推论、MCMC 等许多有效近似算法的提出，与其

他非基于概率推论的机器学习方法相比，其实际计算速度也毫不逊色。只是这种算法归根到底是一种近似计算，因此，有时得到的分布可能会与真正的后验分布相差甚远，从而使得贝叶斯推论的诸多优点不能得到充分发挥。另外，通过近似推论进行的结果导出，在计算成本和精度上是否能够满足预想的要求，这一点也应慎重考虑。

参考 1.3　实际实现时使用何种语言？

机器学习的实现手段多种多样，既有利用具备语音和图像识别等功能的软件包的构建方法，也有采用以具体编程语言为技术手段，在计算机上进行算法详细实现的方法。

在机器学习领域，一般采用具有丰富的程序库，易于编程的 Python⊖进行实现的情况较多。关于算法的开发，通过组合降维和回归算法等已有的机器学习方法来实现时，有一种被称为 Scikit-learn⊜的 Python 开放源代码机器学习程序库也非常受欢迎。

如果要从表达式开始，从头进行机器学习算法的构建时，主要从实现矩阵计算的难易程度和计算效率方面来进行所需语言的选择。本书介绍的模型构建方法也大都是根据数学实现的难易程度和关联关系的充实度来选择的，通常选择的语言为 Python 和 Matlab⊜。另外，从计算效率来看，最近使用 Julia⊗来实际进行算法实现的情况越来越多。

另外，近年来为了简化算法编制中的数学推导，越来越多地采用了一种被称为随机编程语言（probabilistic programming language）的软件。其中，代表性的有 stan⊕，由于为 Python 等程序设计语言提供了接口，因此，近年来迅速聚集了人气。在随机编程语言中，如果进行了随机模型描述的话，则会自动地执行 MCMC 和变分推论等近似推论算法，因此，开发者可以将精力集中在模型的构建上。随着模型构建和推论结果评价效率的不断提升，随机编程已逐渐成为今后可期待的发展领域。但是在现阶段，与人工精心构建的算法相比，其性能还没有达到应有的高度，因此在当前的实际应用中，模型的构建大多情况下仍然需要努力设计出易于推论的算法。因此，一般认为，自身进行推论计算推导所依赖的数理知识在今后一个时期也是必需的。

⊖　https://www.python.org/。

⊜　http://scikit-learn.org/。

⊜　https://www.mathworks.com/products/matlab.html。

⊗　https://julialang.org/。

⊕　http://mc-stan.org/。

第 2 章　基本的概率分布

本章将介绍贝叶斯学习中常用的基本概率分布及其性质。首先，引入对理解各种概率分布非常重要的期望值概念，然后介绍几个具体的概率分布，它们将成为本章后半部出现的复杂概率分布的重要构成工具。在此不必特意记住各种概率分布的定义式和期望值计算结果，但是，需要对这些分布的特征性质及与其他分布的关系有一定程度的把握，以利于对后续介绍的很好理解。

2.1　期望值

期望值（expectation）除了定量表示各种概率分布的特点和推定结果以外，还在后面章节频繁使用的近似推论算法中发挥着重要的作用。

2.1.1　期望值的定义

设 $\mathbf{x}$ 为概率分布为 $p(\mathbf{x})$ 的随机向量，则以 $\mathbf{x}$ 为变量的某函数 $f(\mathbf{x})$ 的期望值 $\langle f(\mathbf{x})\rangle_{p(\mathbf{x})}$ 可通过式（2.1）进行计算[⊖]。

$$\langle f(\mathbf{x})\rangle_{p(\mathbf{x})} = \int f(\mathbf{x})p(\mathbf{x})\mathrm{d}\mathbf{x} \tag{2.1}$$

需要注意的是，期望值 $\langle f(\mathbf{x})\rangle_{p(\mathbf{x})}$ 不是 $\mathbf{x}$ 的函数。这是因为，从其定义可知，在积分运算的结果中 $\mathbf{x}$ 已被消去。另外，需要注意的是，本书在上下文的脉络清晰时，有时对其右下的注脚 $p(\mathbf{x})$ 进行省略。

从期望值的定义可以看出，如式（2.2）所示的线性关系成立。

$$\langle af(\mathbf{x}) + bg(\mathbf{x})\rangle_{p(\mathbf{x})} = a\langle f(\mathbf{x})\rangle_{p(\mathbf{x})} + b\langle g(\mathbf{x})\rangle_{p(\mathbf{x})} \tag{2.2}$$

式中，a 和 b 为任意实数。

2.1.2　基本的期望值

对于某一概率分布 $p(\mathbf{x})$，我们经常需要进行如式（2.3）所示的 $\mathbf{x}$ 自身的期望值计算。

$$\langle \mathbf{x}\rangle_{p(\mathbf{x})} \tag{2.3}$$

通常也称其为概率分布 $p(\mathbf{x})$ 的均值（mean）。

⊖　期望值一般采用 $\mathbb{E}[\cdot]$ 来表示，但本书采用较为简略的 $\langle\cdot\rangle$ 来表示。

同样，也经常需要计算如式（2.4）所示的向量积的期望值。

$$\langle \mathbf{x}\mathbf{x}^\top \rangle_{p(\mathbf{x})} \tag{2.4}$$

如果回到式（2.1）所示的期望值定义，则很容易确认，一般情况下 $\langle \mathbf{x}\mathbf{x}^\top \rangle \neq \langle \mathbf{x} \rangle \langle \mathbf{x}^\top \rangle$。请加以注意。

另外，还有希望进行如式（2.5）所示计算的情况，该计算所得的量称为方差（variance）。

$$\langle (\mathbf{x} - \langle \mathbf{x} \rangle_{p(\mathbf{x})})(\mathbf{x} - \langle \mathbf{x} \rangle_{p(\mathbf{x})})^\top \rangle_{p(\mathbf{x})} \tag{2.5}$$

如果注意到如式（2.2）所示期望值的线性特性，则在省略下标的情况下，方差的计算可以分解为如式（2.6）所示的形式。

$$
\begin{aligned}
\langle (\mathbf{x} - \langle \mathbf{x} \rangle)(\mathbf{x} - \langle \mathbf{x} \rangle)^\top \rangle \\
= \langle (\mathbf{x}\mathbf{x}^\top - \mathbf{x}\langle \mathbf{x}^\top \rangle - \langle \mathbf{x} \rangle \mathbf{x}^\top + \langle \mathbf{x} \rangle \langle \mathbf{x}^\top \rangle) \rangle \\
= \langle \mathbf{x}\mathbf{x}^\top \rangle - \langle \mathbf{x} \rangle \langle \mathbf{x}^\top \rangle
\end{aligned}
\tag{2.6}
$$

请记住这个关系式，它会为后续的学习带来很多方便。

还有如式（2.7）所示针对两个以上不同变量进行期望值计算的情况。

$$\langle \mathbf{x}\mathbf{y}^\top \rangle_{p(\mathbf{x},\mathbf{y})} \tag{2.7}$$

在两个概率分布 $p(\mathbf{x})$ 和 $p(\mathbf{y})$ 为独立分布的限定条件下，期望值可以像如式（2.8）所示那样分别计算。

$$
\begin{aligned}
\langle \mathbf{x}\mathbf{y}^\top \rangle_{p(\mathbf{x},\mathbf{y})} = \langle \mathbf{x} \rangle_{p(\mathbf{x})} \langle \mathbf{y}^\top \rangle_{p(\mathbf{y})} \\
(\text{s.t.} \quad p(\mathbf{x},\mathbf{y}) = p(\mathbf{x})p(\mathbf{y}))
\end{aligned}
\tag{2.8}
$$

在两个变量不是相互独立的情况下，一般通常采用如式（2.9）所示通过内侧的条件分布，依次进行期望值的计算。

$$\langle \mathbf{x}\mathbf{y} \rangle_{p(\mathbf{x},\mathbf{y})} = \langle \langle \mathbf{x} \rangle_{p(\mathbf{x}|\mathbf{y})} \mathbf{y}^\top \rangle_{p(\mathbf{y})} \tag{2.9}$$

其中，所出现的 $\langle f(\mathbf{x}) \rangle_{p(\mathbf{x}|\mathbf{y})}$ 的计算被称为条件期望值（conditional expectation）。在这种情况下，需要注意的是，通过积分计算变量 $\mathbf{x}$ 被消去，运算结果变成 $\mathbf{y}$ 的函数。

2.1.3 熵

针对概率分布 $p(\mathbf{x})$ 的下列期望值被称为熵（entropy），其定义如式（2.10）所示。

$$
\begin{aligned}
\mathrm{H}[p(\mathbf{x})] = -\int p(\mathbf{x}) \ln p(\mathbf{x}) \mathrm{d}\mathbf{x} \\
= -\langle \ln p(\mathbf{x}) \rangle_{p(\mathbf{x})}
\end{aligned}
\tag{2.10}
$$

我们知道，熵是表示概率分布"杂乱"程度的指标。

例如，如果考虑像 $p(x = 1) = 1/3$，$p(x = 0) = 2/3$ 那样的离散分布的话，那么这个分布的熵的计算如式（2.11）所示。

$$
\begin{aligned}
\mathrm{H}[p(x)] &= -\sum_x p(x)\ln p(x)\\
&= -\{p(x=1)\ln p(x=1) + p(x=0)\ln p(x=0)\}\\
&= -\left(\frac{1}{3}\ln\frac{1}{3} + \frac{2}{3}\ln\frac{2}{3}\right)\\
&\approx 0.64
\end{aligned}
\tag{2.11}
$$

同样，如果考虑分布 $q(x=1) = q(x=0) = 1/2$ 的话，则相应的熵的计算如式（2.12）所示。

$$
\mathrm{H}[q(x)] \approx 0.69 \tag{2.12}
$$

在这里，分布的熵变大了。由此也可以说，对熵的感觉好似概率分布生成变量的"预测难度"。

2.1.4 KL 散度

对于任意 2 个概率分布 $p(\mathbf{x})$ 和 $q(\mathbf{x})$，我们将如式（2.13）所示的期望值称为 KL 散度（Kullback-Leibler divergence）。

$$
\begin{aligned}
\mathrm{KL}[q(\mathbf{x})\|p(\mathbf{x})] &= -\int q(\mathbf{x})\ln\frac{p(\mathbf{x})}{q(\mathbf{x})}\mathrm{d}\mathbf{x}\\
&= \langle\ln q(\mathbf{x})\rangle_{q(\mathbf{x})} - \langle\ln p(\mathbf{x})\rangle_{q(\mathbf{x})}
\end{aligned}
\tag{2.13}
$$

对于任意 2 个概率分布的组合，其 KL 散度均满足 $\mathrm{KL}[q(\mathbf{x})\|p(\mathbf{x})] \geqslant 0$。其中，仅当分布 $p(\mathbf{x})$ 和 $q(\mathbf{x})$ 完全一致时，等号成立。KL 散度还可以被解释为两个概率分布之间的距离表示，但是请注意，一般情况下 $\mathrm{KL}[q(\mathbf{x})\|p(\mathbf{x})] \neq \mathrm{KL}[p(\mathbf{x})\|q(\mathbf{x})]$，因此并不满足数学上的距离公理。

2.1.5 抽样的期望值近似计算

对于某一概率分布 $p(\mathbf{x})$ 和函数 $f(\mathbf{x})$，有时无法根据如式（2.1）所示的期望值定义进行期望值的解析计算。这种情况下，可通过从 $p(\mathbf{x})$ 中获得的多个样本点 $\mathbf{x}^{(1)}, \cdots, \mathbf{x}^{(L)} \sim p(\mathbf{x})$，采用如式（2.14）所示的计算，求得期望值的近似值。

$$
\langle f(\mathbf{x})\rangle_{p(\mathbf{x})} \approx \frac{1}{L}\sum_{l=1}^{L} f(\mathbf{x}^{(l)}) \tag{2.14}
$$

在此，我们再以 $p(x=1) = 1/3$，$p(x=0) = 2/3$ 这样的离散分布为例，采用几个样本值来近似地求这个分布的熵。假如我们观测到了 3 次 $x=1$ 的事件，7 次 $x=0$ 的事件，以此则可以如式（2.15）所示近似地求得分布的熵。

$$\mathrm{H}[p(x)] \approx -\frac{1}{10}(3\ln\frac{1}{3} + 7\ln\frac{2}{3})$$

$$\approx 0.61 \tag{2.15}$$

如图 2.1 所示，样品数量 L 越大，抽样计算越接近根据式（2.11）所求得的精确值，两者差值不断缩小。在这种简单的概率分布中，还看不出抽样近似的优势。但是，在复杂的概率分布当中，当期望值计算中存在着较为困难的积分运算或者需要进行天文数字的组合计算时，多采用抽样的方法，以便在可行的时间内得到近似的结果。

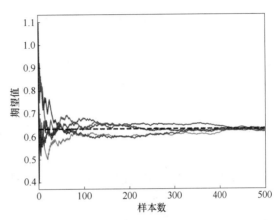

图 2.1　熵的抽样近似计算

2.2　离散概率分布

从本节开始，介绍关于构建各种机器学习算法工具的各种基本的概率分布的定义及其用途和性质。首先，介绍以多项分布和泊松分布为代表的离散值生成的概率分布。

2.2.1　伯努利分布

首先，介绍最简单的离散概率分布，即伯努利分布（Bernoulli distribution）。伯努利分布是生成二值变量 $x \in \{0,1\}$ 的概率分布，由一个参数 $\mu \in (0,1)$ 来决定分布的性质，如式（2.16）所示。

$$\mathrm{Bern}(x|\mu) = \mu^x(1-\mu)^{1-x} \tag{2.16}$$

就像硬币的正反面和抽签的中与不中那样，它用于表达不能同时发生的两个事件。

下面，我们来做个简单的实验。首先将参数设定为 $\mu = 0.5$，然后从这个概率分布当中取出大约 20 个 x 的值作为样本，则得到如式（2.17）所示的序列。

$$\{x_1,\cdots,x_{20}\} = \{1,0,0,1,1,0,1,0,0,1,0,0,1,1,1,0,1,0,1,1\} \tag{2.17}$$

从中可以看出，0 出现了 9 次，1 出现了 11 次，基本上是以半数的比例对 x 进行了样本抽取。那么，当 $\mu = 0.9$ 时情况又会怎样呢？此时的样本序列如式（2.18）所示。

$$\{x_1,\cdots,x_{20}\} = \{1,0,1,1,1,1,1,1,1,0,1,1,1,1,0,1,1,1,1,1\} \tag{2.18}$$

样本的出现值几乎都是 1，可见这样的 μ 值设定，会改变 x 的生成倾向。

该分布的基本期望值如式（2.19）和式（2.20）所示。

$$\langle x \rangle = \mu \tag{2.19}$$

$$\langle x^2 \rangle = \mu \tag{2.20}$$

　　如果按照如式（2.1）所示的期望值定义来计算的话，很容易得到上述这些结果。之所以有如式（2.19）所示的结果，是因为变量 x 只取 0 或 1 当中的一个值。并且 $x^2 = x$ 的解也是这样，因此式（2.20）也很好理解。

　　下面我们采用这两个期望值来尝试一下稍微复杂的期望值的计算，首先要计算的是熵。通过如式（2.10）所示的熵的定义和如式（2.16）所示的伯努利分布定义进行计算的话，则可得到如式（2.21）所示的结果。

$$\begin{aligned}
\mathrm{H}[\mathrm{Bern}(x|\mu)] &= -\langle \ln \mathrm{Bern}(x|\mu) \rangle \\
&= -\langle x \ln \mu + (1-x)\ln(1-\mu) \rangle \\
&= -\langle x \rangle \ln \mu - (1 - \langle x \rangle)\ln(1-\mu) \\
&= -\mu \ln \mu - (1-\mu)\ln(1-\mu)
\end{aligned} \tag{2.21}$$

　　图 2.2 是利用这一结果，对参数 μ 的各种不同取值算出的熵的曲线图。在伯努利分布中，$\mu = 0.5$ 时熵变得最大。这个结果的直观解释即为，当 $\mu = 0.5$ 时，可以说是最难直观预测的情况，或者说仅通过直观预测将得不到任何有价值的信息；反过来，当 μ 取接近 0 或 1 的值时，直观的预测则变得非常容易，熵的值接近于 0。

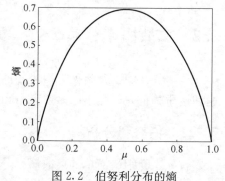

图 2.2　伯努利分布的熵

　　其次，我们计算一下该分布的 KL 散度。在这里，我们考查参数不同的两个伯努利分布 $p(x) = \mathrm{Bern}(x|\mu)$ 和 $q(x) = \mathrm{Bern}(x|\hat{\mu})$ 对应的 KL 散度，如式（2.22）所示。

$$\mathrm{KL}[q(x)\|p(x)] = -\mathrm{H}[q(x)] - \langle \ln p(x) \rangle_{q(x)} \tag{2.22}$$

　　如果将如式（2.21）所示的结果进行 $\mu = \hat{\mu}$ 的置换的话，就可以求得 $\mathrm{H}[q(x)]$。另外，式（2.22）右侧的项也可以只用参数表示为如式（2.23）所示的形式。

$$\begin{aligned}
\langle \ln p(x) \rangle_{q(x)} &= \langle \ln \mathrm{Bern}(x|\mu) \rangle_{\mathrm{Bern}(x|\hat{\mu})} \\
&= \hat{\mu} \ln \mu + (1-\hat{\mu})\ln(1-\mu)
\end{aligned} \tag{2.23}$$

通过一些不同的 μ 和 $\hat{\mu}$ 值的代入，所计算的 KL 散度的结果见表 2.1。

表 2.1　伯努利分布的 KL 散度

μ ＼ $\hat{\mu}$	0.1	0.5	0.9
0.1	0.00	0.51	1.76
0.5	0.37	0.00	0.37
0.9	1.76	0.51	0.00

　　由此可以看出，μ 和 $\hat{\mu}$ 的值相差得越大，两个分布就越不相同，所以相应的 KL 散度也

就越大。另外由于在一般情况下 $\text{KL}[q(x)\|p(x)] \neq \text{KL}[p(x)\|q(x)]$，所以在交换两个分布的参数值时，所得到的结果也基本上是不一样的，这一点请加以注意。

2.2.2　二项分布

之前采用的伯努利分布，表现的是进行一次硬币投掷时出现正反面的概率分布。下面我们把同样的投掷扩展到反复进行 M 次的情况。也就是说，如果在连续进行 M 次的硬币投掷之后，考虑有数字的正面出现的次数 $m \in \{0, 1, \cdots, M\}$ 的概率分布的话，则该分布可表示为如式（2.24）所示的形式。

$$\text{Bin}(m|M, \mu) = {}_M\text{C}_m\mu^m(1-\mu)^{M-m} \tag{2.24}$$

这就是二项分布（binomial distribution）。其中

$$ {}_M\text{C}_m = \frac{M!}{m!(M-m)!} \tag{2.25}$$

在 M 次投掷中出现 m 次正面的某一特定事件，其概率为 $\mu^m(1-\mu)^{M-m}$。同时，出现 m 次正面的情形一共有 ${}_M\text{C}_m$ 种可能。因此，就会得到如式（2.24）所示那样的概率质量函数。因为是关于次数的分布，所以只需要简单地将伯努利分布乘上 M 次即可，但需要注意相乘时变量的变化。图 2.3 所示是各种不同参数 M 和 μ 情况下的分布状况。

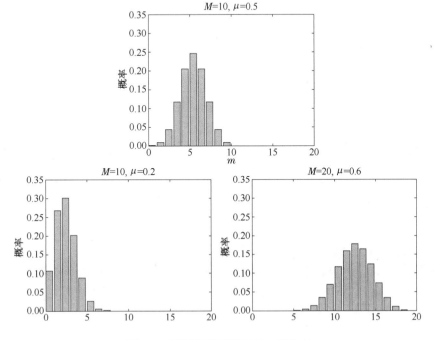

图 2.3　不同参数情况下的二项分布

之所以说二项分布是伯努利分布的一种扩展，是因为当 $M = 1$ 时，二项分布即变为如式（2.26）所示的形式。

$$\mathrm{Bin}(m|M = 1, \mu) = {}_1\mathrm{C}_m \mu^m(1-\mu)^{1-m}$$
$$= \mu^m(1-\mu)^{1-m} \tag{2.26}$$

在这种 $M = 1$ 的情况下，$m \in \{0, 1\}$。再通过 $x = m$ 的替换，则式（2.26）即变为如式（2.16）所示的伯努利分布所定义的同样的分布形式。

二项分布的基本期望值如式（2.27）和式（2.28）所示。

$$\langle m \rangle = M\mu \tag{2.27}$$
$$\langle m^2 \rangle = M\mu\{(M-1)\mu + 1\} \tag{2.28}$$

2.2.3 类分布

下面，我们将伯努利分布扩展为一般的 K 维向量的概率分布。设 $\mathbf{s}$ 为 K 维向量，该向量的各个元素 $s_k \in \{0, 1\}$，并满足 $\sum_{k=1}^{K} s_k = 1$ 的条件。我们把这种向量表示称为 1 of K 表示（1 of K representation）。如果以骰子为例的话，则当骰子 5 个点的面朝上时，即可以表示为 $\mathbf{s} = (0, 0, 0, 0, 1, 0)^\top$。

在此，我们将式（2.29）所定义的向量 $\mathbf{s}$ 上的概率分布称为类分布（categorical distribution）。

$$\mathrm{Cat}(\mathbf{s}|\boldsymbol{\pi}) = \prod_{k=1}^{K} \pi_k^{s_k} \tag{2.29}$$

其中，$\boldsymbol{\pi} = (\pi_1, \ldots, \pi_K)^\top$ 是决定分布的 K 维的参数，需要同时满足 $\pi_k \in (0, 1)$ 和 $\sum_{k=1}^{K} \pi_k = 1$ 两个条件。例如，设 $K = 6$，并对所有的 K 假设 $\pi_k = 1/6$ 的话，就可以表示 6 个面等概率出现的骰子眼数的分布。

相应地，当 $K = 2$ 时，类分布应该与伯努利分布是一致的，下面让我们来确认一下。$K = 2$ 时的类分布如式（2.30）所示。

$$\mathrm{Cat}(\mathbf{s}|\pi_1, \pi_2) = \pi_1^{s_1} \pi_2^{s_2}$$
$$= \pi_1^{s_1}(1-\pi_1)^{1-s_1} \tag{2.30}$$

其中，第二行运用了 $s_1 + s_2 = 1$ 和 $\pi_1 + \pi_2 = 1$ 的限制。如像 $\pi_1 = \mu$，$s_1 = x$ 那样进行字母的替换，我们就可以清楚地看出是伯努利分布了⊖。

期望值计算也基本上和伯努利分布一样，如式（2.31）和式（2.32）所示。

$$\langle s_k \rangle = \pi_k \tag{2.31}$$

⊖ 同样，如果利用变量和 $\sum_k s_k = 1$ 的限制，则类分布就可以被认为是 $K - 1$ 维的变量上的分布，但是，在计算上 1 of K 表现更方便，因此，本书还是采用这种表示方法。

$$\langle s_k^2 \rangle = \pi_k \tag{2.32}$$

类分布的熵也可以如式（2.33）所示的那样，简单地进行计算。

$$\mathrm{H}[\mathrm{Cat}(\mathbf{s}|\boldsymbol{\pi})] = -\langle \ln \mathrm{Cat}(\mathbf{s}|\boldsymbol{\pi}) \rangle$$

$$= -\langle \sum_{k=1}^{K} s_k \ln \pi_k \rangle$$

$$= -\sum_{k=1}^{K} \langle s_k \rangle \ln \pi_k$$

$$= -\sum_{k=1}^{K} \pi_k \ln \pi_k \tag{2.33}$$

2.2.4　多项分布

之前介绍了伯努利分布、二项分布和类分布，实际上，这些分布均可以看作是我们接下来要介绍的多项分布（multinomial distribution）的特例。在此，我们也可以采用与伯努利分布扩展到二项分布一样的思想，将类分布中的试验重复进行 M 次后，对第 k 个事件出现 m_k 次的分布进行考察。

多项分布的定义如式（2.34）所示。

$$\mathrm{Mult}(\mathbf{m}|\boldsymbol{\pi}, M) = M! \prod_{k=1}^{K} \frac{\pi_k{}^{m_k}}{m_k!} \tag{2.34}$$

其中，$\mathbf{m}$ 是一个 K 维向量，m_k 表示第 k 个事件出现的次数。m_k 既满足 $m_k \in \{0, 1, \cdots, M\}$，同时又满足 $\sum_{k=1}^{K} m_k = M$ 的条件。参数 $\boldsymbol{\pi}$ 和类分布的情况一样，各元素的取值既要满足 $\pi_k \in (0, 1)$，同时又要满足 $\sum_{k=1}^{K} \pi_k = 1$。图 2.4 是参数 M 和 $\boldsymbol{\pi}$ 各种不同取值条件下绘制而成的分布图。

多项分布的基本期望值如式（2.35）和式（2.36）所示。

$$\langle m_k \rangle = M \pi_k \tag{2.35}$$

$$\langle m_j m_k \rangle = \begin{cases} M \pi_k \{ (M-1) \pi_k + 1 \} & j = k \\ M(M-1) \pi_j \pi_k & \text{其他} \end{cases} \tag{2.36}$$

如图 2.5 的离散分布的相互关系图所示的那样，多项分布是将之前所介绍的三种离散分布（伯努利分布、二项分布、类分布）一般化的概率分布。当 $M = 1$ 时，多项分布与类分布一致，$K = 2$ 时则变成二项分布。除此之外，在图 2.5 中，还纳入了对应这些离散分布的共轭先验分布（conjugate prior），即 Beta 分布，以及 Dirichlet 分布。共轭先验分布能够用于贝叶斯学习中，实现高效率的参数学习。Beta 分布和 Dirichlet 分布的定义将在本章的后半部分进行介绍，但有关具体的共轭性意义和使用方法，将在第 3 章通过具体的贝叶斯推论案例进行介绍。

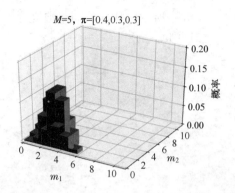

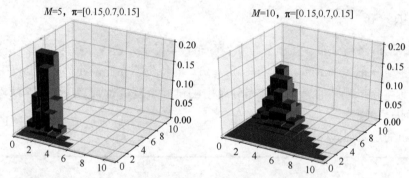

图 2.4　不同参数情况下的多项分布

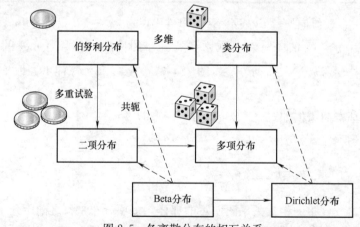

图 2.5　各离散分布的相互关系

2.2.5　泊松分布

泊松分布（Poisson distribution）是为了生成非负整数 x 的概率分布，其定义如式（2.37）所示。

$$\text{Poi}(x|\lambda) = \frac{\lambda^x}{x!}\,\mathrm{e}^{-\lambda} \tag{2.37}$$

其中，$\lambda \in \mathbb{R}^+$，是决定泊松分布形状的参数。另外，如果为泊松分布的概率密度函数事先准备以下的对数表示的话，将会使得后面进行的推论计算变得非常方便，如式（2.38）所示。

$$\ln \text{Poi}(x|\lambda) = x \ln \lambda - \ln x! - \lambda \tag{2.38}$$

为了进一步明确泊松分布的表现，图 2.6 给出了参数 λ 各种不同取值情况下的概率质量函数曲线。

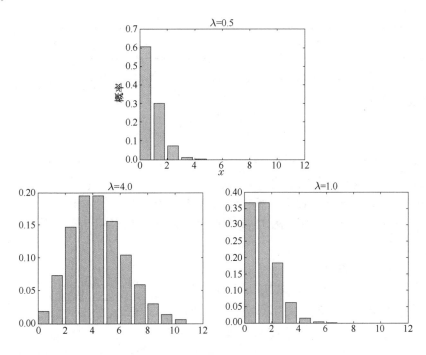

图 2.6 不同参数取值的泊松分布

在各图所示的分布曲线中，随着数据 x 在数轴右方向的增大，泊松分布的概率值则变得越来越小。但与具有取值上限的二项分布不同，无论的 x 值多大，概率的值都不会完全变为 0，这一点请加以意。

泊松分布的基本期望值如式（2.39）和式（2.40）所示。

$$\langle x \rangle = \lambda \tag{2.39}$$

$$\langle x^2 \rangle = \lambda(\lambda + 1) \tag{2.40}$$

2.3　连续概率分布

本节介绍以高斯分布为代表的连续值生成的概率分布。另外，这里引入的 gamma (γ) 分布和 Dirichlet 分布等，在贝叶斯学习中，大都作为其他概率分布的共轭先验分布，成为实现高效率学习算法的必备工具。

2.3.1　Beta 分布

Beta (β) 分布（beta distribution）的概率分布如式（2.4）所示，是可以实现变量 $\mu \in (0,1)$ 的生成概率分。

$$\text{Beta}(\mu|a,b) = C_{\text{B}}(a,b)\mu^{a-1}(1-\mu)^{b-1} \tag{2.41}$$

其中，$a \in \mathbb{R}^+$，$b \in \mathbb{R}^+$，是这个分布的参数，$C_{\text{B}}(a,b)$ 是为保证这个概率分布规格化的项，具体可根据式（2.42）进行参数计算。

$$C_{\text{B}}(a,b) = \frac{\Gamma(a+b)}{\Gamma(a)\Gamma(b)} \tag{2.42}$$

式中，$\Gamma(\cdot)$ 被称为 gamma 函数（gamma function），其定义和性质，请参见附录 A.2。

Beta 分布乍一看有复杂的规格化项 $C_{\text{B}}(a,b)$，但是就像后面例子所看到的那样，在多数情况下，该规格化项并不需要逐一进行计算，因此这里也不必非常在意。图 2.7 是在取各种不同的参数 a，b 的情况下，给出的 Beta 分布的函数曲线。

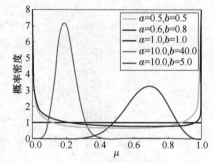

图 2.7　不同参数情况下的 Beta 分布

另外，在 Beta 分布的实际运用中，通常如式（2.43）所示的那样，在分布中采用对数形式进行表示。因此，预先习惯这一表示形式能给后续的应用带来方便。

$$\ln\text{Beta}(\mu|a,b) = (a-1)\ln\mu + (b-1)\ln(1-\mu) + \ln C_{\text{B}}(a,b) \tag{2.43}$$

Beta 分布的基本期望值如式（2.44）～式（2.46）所示：

$$\langle\mu\rangle = \frac{a}{a+b} \tag{2.44}$$

$$\langle\ln\mu\rangle = \psi(a) - \psi(a+b) \tag{2.45}$$

$$\langle\ln(1-\mu)\rangle = \psi(b) - \psi(a+b) \tag{2.46}$$

式中，$\psi(\cdot)$ 为 digama 函数（digamma function），相关的详细介绍请参见附录 A.2。

下面，我们再来计算一下 Beta 分布的熵。按照熵的定义，Beta 分布熵的计算如式（2.47）所示。

$$H[\mathrm{Beta}(\mu|a,b)]$$

$$= -\langle \ln \mathrm{Beta}(\mu|a,b) \rangle$$

$$= -(a-1)\langle \ln \mu \rangle - (b-1)\langle \ln(1-\mu) \rangle - \ln C_B(a,b)$$

$$= -(a-1)\psi(a) - (b-1)\psi(b) + (a+b-2)\psi(a+b) - \ln C_B(a,b) \tag{2.47}$$

通过之前所介绍的函数 $\psi(\cdot)$ 的应用，使得上述期望值的计算结果均可以采用只含有参数的函数来表示。

另外，由此我们还可以了解到，Beta 分布是伯努利分布和二项分布的均值参数 μ 的共轭先验分布。运用 Beta 分布和伯努利分布的共轭性进行的贝叶斯推论将在第 3 章进行介绍。

2.3.2　Dirichlet 分布

Dirichlet 分布（Dirichlet distribution）是一个扩展的多维 Beta 分布。对于一个 K 维向量 $\boldsymbol{\pi} = (\pi_1, \cdots, \pi_K)^\top$，当同时满足 $\sum_{k=1}^{K} \pi_k = 1$ 和 $\pi_k \in (0,1)$ 两个条件时，Dirichlet 分布即为 $\boldsymbol{\pi}$ 的生成概率分布，其定义如式（2.48）所示。

$$\mathrm{Dir}(\boldsymbol{\pi}|\boldsymbol{\alpha}) = C_D(\boldsymbol{\alpha}) \prod_{k=1}^{K} \pi_k^{\alpha_k - 1} \tag{2.48}$$

式中，K 维参数 $\boldsymbol{\alpha}$ 的每一个元素 α_k 均为一个正的实数值；规格化项 $C_D(\boldsymbol{\alpha})$ 如式（2.49）所示。

$$C_D(\boldsymbol{\alpha}) = \frac{\Gamma(\sum_{k=1}^{K} \alpha_k)}{\prod_{k=1}^{K} \Gamma(\alpha_k)} \tag{2.49}$$

式中，函数 $\Gamma(\cdot)$ 为 gamma 函数。

并且，对 Dirichlet 分布，当 $K = 2$ 时，如果通过 $\pi_2 = 1 - \pi_1$，$\alpha_1 = a$，$\alpha_2 = b$ 的变量替换的话，则可以得到如式（2.41）所示的 Beta 分布。

图 2.8 所示是针对三维的 Dirichlet 分布，给出的各种不同参数情况下的分布图。

图 2.8 中，高度表示 $\boldsymbol{\pi}$ 取各个具体值时的 $\mathrm{Dir}(\boldsymbol{\pi}|\boldsymbol{\alpha})$。纵轴和横轴分别为 π_1 和 π_2，根据 $\boldsymbol{\pi}$ 的约束条件，仅在图中二维的三角形上存在概率密度。

因为在后面的章节中，常常需要对 Dirichlet 分布进行取对数的计算，为方便起见，在此也预先给出，如式（2.50）所示。

$$\ln \mathrm{Dir}(\boldsymbol{\pi}|\boldsymbol{\alpha}) = \sum_{k=1}^{K} (\alpha_k - 1) \ln \pi_k + \ln C_D(\boldsymbol{\alpha}) \tag{2.50}$$

Dirichlet 分布的基本期望值计算如式（2.51）和式（2.52）所示。

$$\langle \pi_k \rangle = \frac{\alpha_k}{\sum_{i=1}^{K} \alpha_i} \tag{2.51}$$

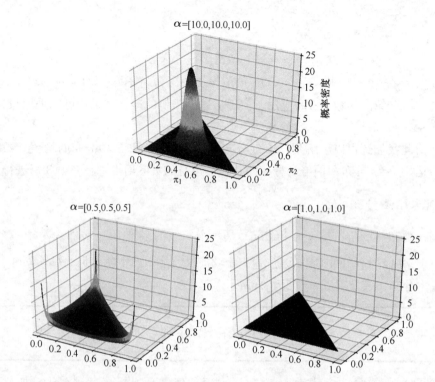

图 2.8 不同参数情况下的 Dirichlet 分布

$$\langle \ln \pi_k \rangle = \psi(\alpha_k) - \psi(\sum_{i=1}^{K} \alpha_i) \tag{2.52}$$

式中，$\psi(\cdot)$ 为 digamma 函数。

下面，利用上述基本的期望值计算来计算一下 Dirichlet 分布的熵，如式（2.53）所示。

$$\mathrm{H}[\mathrm{Dir}(\boldsymbol{\pi}|\boldsymbol{\alpha})] = -\langle \ln \mathrm{Dir}(\boldsymbol{\pi}|\boldsymbol{\alpha}) \rangle$$

$$= -\sum_{k=1}^{K} (\alpha_k - 1)\langle \ln \pi_k \rangle - \ln C_{\mathrm{D}}(\boldsymbol{\alpha})$$

$$= -\sum_{k=1}^{K} (\alpha_k - 1)(\psi(\alpha_k) - \psi(\sum_{i=1}^{K} \alpha_i)) - \ln C_{\mathrm{D}}(\boldsymbol{\alpha}) \tag{2.53}$$

我们再来确认一下两个不同的 Dirichlet 分布间的 KL 散度。对于给定的分布 $p(\boldsymbol{\pi}) = \mathrm{Dir}(\boldsymbol{\pi}|\boldsymbol{\alpha})$，$q(\boldsymbol{\pi}) = \mathrm{Dir}(\boldsymbol{\pi}|\hat{\boldsymbol{\alpha}})$，相应的 KL 散度如式（2.54）所示。

$$\mathrm{KL}[q\|p] = -\mathrm{H}[\mathrm{Dir}(\boldsymbol{\pi}|\hat{\boldsymbol{\alpha}})] - \langle \ln \mathrm{Dir}(\boldsymbol{\pi}|\boldsymbol{\alpha}) \rangle_{q(\boldsymbol{\pi})} \tag{2.54}$$

如果按照式（2.53）计算出 q 的熵，则上式最右边的项通常会变为式（2.55）所示的形式。

$$\langle \ln \mathrm{Dir}(\boldsymbol{\pi}|\boldsymbol{\alpha})\rangle_{q(\boldsymbol{\pi})} = \sum_{k=1}^{K}(\alpha_k - 1)\langle \ln \pi_k\rangle_{q(\boldsymbol{\pi})} + \ln C_{\mathrm{D}}(\boldsymbol{\alpha})$$

$$= \sum_{k=1}^{K}(\alpha_k - 1)(\psi(\hat{\alpha}_k) - \psi(\sum_{i=1}^{K}\hat{\alpha}_i)) + \ln C_{\mathrm{D}}(\boldsymbol{\alpha}) \tag{2.55}$$

我们已知，Beta 分布是伯努利分布和二项分布的共轭先验分布，Dirichlet 分布是类分布和多项分布的共轭先验分布，它们的关系已整理在图 2.5 中。

2.3.3　Gamma 分布

Gamma 分布(γ)（Gamma distribution）是正实数 $\lambda \in \mathbb{R}^+$ 的生成概率分布。其定义如式（2.56）所示。

$$\mathrm{Gam}(\lambda|a,b) = C_{\mathrm{G}}(a,b)\lambda^{a-1}e^{-b\lambda} \tag{2.56}$$

式中，参数 a 和 b 也均要求为正的实数值$^{\ominus}$。

如图 2.9 给出了参数 a 和 b 各种不同取值时的 Gamma 分布的概率密度函数曲线。

再有，$C_{\mathrm{G}}(a,b)$ 是 Gamma 分布的规格化项，定义如式（2.57）所示。

$$C_{\mathrm{G}}(a,b) = \frac{b^a}{\Gamma(a)} \tag{2.57}$$

式中，$\Gamma(\cdot)$ 是 gamma 函数(γ)。

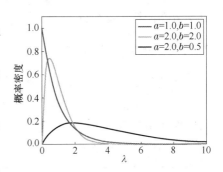

图 2.9　不同参数情况下的 γ 分布

在实际的计算中，由于通常的计算值都非常小，因此为方便起见，对 Gamma 分布均采用对数运算。如式（2.58）所示。

$$\ln \mathrm{Gam}(\lambda|a,b) = (a-1)\ln \lambda - b\lambda + \ln C_{\mathrm{G}}(a,b) \tag{2.58}$$

由于 gamma 函数的出现，使得 Gamma 分布也看起来多少有些复杂。但是，在实际的计算过程中，几乎不会遇到需要直接进行规格化项计算的情况。

Gamma 分布的基本期望值如式（2.59）和式（2.60）所示。

$$\langle \lambda \rangle = \frac{a}{b} \tag{2.59}$$

$$\langle \ln \lambda \rangle = \psi(a) - \ln b \tag{2.60}$$

如式（2.61）所示，利用上述基本期望值的计算结果，可很容易地求得 Gamma 分布的熵。

$\ominus$　在 Gamma 分布曲线中，有时也采用 b 的倒数 $\theta = 1/b$ 来代替原来的参数 b。特别是在实际的算法实现过程中，需要注意看清程序库采用的究竟是哪一种参数形式。

$$\begin{aligned}
\mathrm{H}[\mathrm{Gam}(\lambda|a,b)] &= -\langle \ln \mathrm{Gam}(\lambda|a,b)\rangle \\
&= -(a-1)\langle \ln \lambda\rangle + b\langle\lambda\rangle - \ln C_{\mathrm{G}}(a,b) \\
&= -(a-1)(\psi(a) - \ln b) + a - \ln C_{\mathrm{G}}(a,b) \\
&= (1-a)\psi(a) - \ln b + a + \ln\Gamma(a)
\end{aligned} \tag{2.61}$$

我们再来看一下两个 Gamma 分布 $p(\lambda) = \mathrm{Gam}(\lambda|a,b)$ 和 $q(\lambda) = \mathrm{Gam}(\lambda|\hat{a},\hat{b})$ 的 KL 散度的计算，如式（2.62）所示。

$$\mathrm{KL}[q(\lambda)||p(\lambda)] = -\mathrm{H}[\mathrm{Gam}(\lambda|\hat{a},\hat{b})] - \langle \ln \mathrm{Gam}(\lambda|a,b)\rangle_{q(\lambda)} \tag{2.62}$$

其中等号右侧的第一项可通过分布 $q(\lambda)$ 的熵的计算来求取，第二项的计算如式（2.63）所示。

$$\begin{aligned}
\langle \ln \mathrm{Gam}(\lambda|a,b)\rangle_{q(\lambda)} &= (a-1)\langle \ln\lambda\rangle_{q(\lambda)} - b\langle\lambda\rangle_{q(\lambda)} + \ln C_{\mathrm{G}}(a,b) \\
&= (a-1)(\psi(\hat{a}) - \ln\hat{b}) - \frac{b\hat{a}}{\hat{b}} + \ln C_{\mathrm{G}}(a,b)
\end{aligned} \tag{2.63}$$

Gamma 分布是泊松分布的参数 λ 的共轭先验分布，它还可以成为后续将要介绍的一维高斯分布的精度参数（方差的倒数）的共轭先验分布。

2.3.4 一维高斯分布

高斯分布（Gaussian distribution）或者正态分布（normal distribution），对于统计学自不必说，在机器学习领域也是发挥重要作用的连续分布。生成 $\mathbf{x} \in \mathbb{R}^D$ 的一维高斯分布的概率密度函数的定义如式（2.64）所示。为了使其从形式上看起来更加规整，在此引入了 $\exp(a) = \mathrm{e}^a$ 的指数函数。

$$\mathcal{N}(x|\mu,\sigma^2) = \frac{1}{\sqrt{2\pi\sigma^2}}\exp\left\{-\frac{(x-\mu)^2}{2\sigma^2}\right\} \tag{2.64}$$

式中，$\mu \in \mathbb{R}^D$ 为一维高斯分布的均值，表示高斯分布的中心位置；$\sigma^2 \in \mathbb{R}^+$ 为一维高斯分布的方差，表示分布的分散程度。

图 2.10 给出的是根据几个不同的 μ 和 σ 绘制的一维高斯分布的函数曲线。

由于分布函数的指数部分很复杂，因此，高斯分布利用如式（2.65）所示的对数函数进行计算，使得计算更为方便。

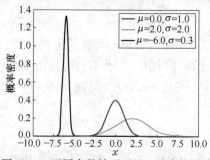

图 2.10 不同参数情况下的一维高斯分布

$$\ln\mathcal{N}(x|\mu,\sigma^2) = -\frac{1}{2}\left\{\frac{(x-\mu)^2}{\sigma^2} + \ln\sigma^2 + \ln 2\pi\right\} \tag{2.65}$$

尤其需要记住的是，简单来说，所取的对数式是一个关于 x 的上凸的二次函数。记住这一点，将使得后面运用高斯分布进行的推论计算变得很容易理解。

其基本的期望值计算如式（2.66）和式（2.67）所示。

$$\langle x \rangle = \mu \tag{2.66}$$

$$\langle x^2 \rangle = \mu^2 + \sigma^2 \tag{2.67}$$

下面，我们利用以上的这些来计算来计算一下一维高斯分布的熵。如果利用如式（2.65）所示的对数表示，将很容易得到如式（2.68）所示的计算结果。

$$\mathrm{H}[\mathcal{N}(x|\mu,\sigma^2)] = -\langle \ln \mathcal{N}(x|\mu,\sigma^2) \rangle$$

$$= \frac{1}{2} \left\langle \frac{(x-\mu)^2}{\sigma^2} + \ln \sigma^2 + \ln 2\pi \right\rangle$$

$$= \frac{1}{2} \left(\frac{\langle x^2 \rangle - 2\langle x \rangle \mu + \mu^2}{\sigma^2} + \ln \sigma^2 + \ln 2\pi \right)$$

$$= \frac{1}{2}(1 + \ln \sigma^2 + \ln 2\pi) \tag{2.68}$$

接下来，我们再利用两个形状各异的高斯分布 $p(x) = \mathcal{N}(x|\mu,\sigma^2)$ 和 $q(x) = \mathcal{N}(x|\hat{\mu},\hat{\sigma}^2)$，来计算一下它们的 KL 散度，如式（2.69）所示。

$$\mathrm{KL}[q(x)||p(x)] = -\mathrm{H}[\mathcal{N}(x|\hat{\mu},\hat{\sigma}^2)] - \langle \ln \mathcal{N}(x|\mu,\sigma^2) \rangle_{q(x)} \tag{2.69}$$

其中，等号后面左侧熵的项可利用如式（2.68）所示的结果求得，右侧期望值项的计算如式（2.70）所示。

$$\langle \ln \mathcal{N}(x|\mu,\sigma^2) \rangle_{q(x)} = -\frac{1}{2} \left(\frac{\langle x^2 \rangle_{q(x)} - 2\langle x \rangle_{q(x)}\mu + \mu^2}{\sigma^2} + \ln \sigma^2 + \ln 2\pi \right)$$

$$= -\frac{1}{2} \left(\frac{\hat{\mu}^2 + \hat{\sigma}^2 - 2\hat{\mu}\mu + \mu^2}{\sigma^2} + \ln \sigma^2 + \ln 2\pi \right) \tag{2.70}$$

将计算结果代入式（2.69）所示的熵计算公式，进一步进行综合计算的话，则可得到如式（2.71）所示的一维高斯分布的 KL 散度的计算结果。

$$\mathrm{KL}[q(x)||p(x)] = \frac{1}{2} \left\{ \frac{(\mu-\hat{\mu})^2 + \hat{\sigma}^2}{\sigma^2} + \ln \frac{\sigma^2}{\hat{\sigma}^2} - 1 \right\} \tag{2.71}$$

图 2.11 是不同的两个一维高斯分布的 KL 散度计算结果的示例。

2.3.5　多维高斯分布

如果将一维高斯分布扩展到更为一般的 D 维向量的情况，所得到的分布即为多维高斯分布（multivariate Gaussian distribution）。这是向量 $\mathbf{x} \in \mathbb{R}^D$ 的生成概率分布，其定义如式（2.72）所示。

$$\mathcal{N}(\mathbf{x}|\boldsymbol{\mu},\boldsymbol{\Sigma}) = \frac{1}{\sqrt{(2\pi)^D |\boldsymbol{\Sigma}|}} \exp\left\{ -\frac{1}{2}(\mathbf{x}-\boldsymbol{\mu})^\top \boldsymbol{\Sigma}^{-1}(\mathbf{x}-\boldsymbol{\mu}) \right\} \tag{2.72}$$

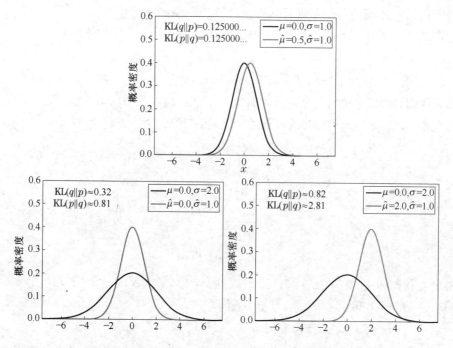

图 2.11　不同的两个一维高斯分布的 KL 散度计算结果示例

其中，参数 $\boldsymbol{\mu} \in \mathbb{R}^D$ 为多维高斯分布的均值，$\boldsymbol{\Sigma}$ 为分布的协方差矩阵（covariance matrix），这是一个 $D \times D$ 的正定值矩阵（positive definite matrix）[⊖]。此外，$|\boldsymbol{\Sigma}|$ 是矩阵 $\boldsymbol{\Sigma}$ 的行列式（determinant）。由于该值可能会出现由于下溢（underflow）而产生的溢出的情况，所以在实际的程序实现中，通常使用可以直接返回对数的 $\ln|\boldsymbol{\Sigma}|$ 的 logdet() 函数，这样会更加方便。

多维高斯分布的对数表示如式（2.73）所示。

$$\ln \mathcal{N}(\mathbf{x}|\boldsymbol{\mu}, \boldsymbol{\Sigma}) = -\frac{1}{2}\{(\mathbf{x} - \boldsymbol{\mu})^\top \boldsymbol{\Sigma}^{-1}(\mathbf{x} - \boldsymbol{\mu}) + \ln|\boldsymbol{\Sigma}| + D \ln 2\pi\} \tag{2.73}$$

与原来的定义式（2.72）相比，这个对数表达看起来更为简洁，因此也频繁出现在实际计算中。

一般地，一个 D 维的高斯分布与 D 个一维高斯分布的简单相乘是不同的。如图 2.12 所示，在多维高斯分布中，由于 $\boldsymbol{\Sigma}$ 中各元素取值的不同，可能出现不同的维间相互关系。这种不同的维间的相互关系会通过矩阵 $\boldsymbol{\Sigma}$ 的非对角元素表现出来。反过来说，如果矩阵 $\boldsymbol{\Sigma}$ 能够取值为一个对角矩阵的话，那么该多维分布可以分解为 D 个独立的一维高斯分布。为了证实这一点，在此我们以如式（2.74）所示的协方差矩阵 $\boldsymbol{\Sigma}$ 为例。

⊖　关于正定值矩阵请参照书后的附录。

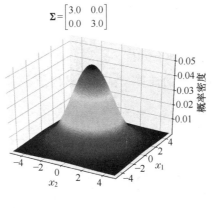

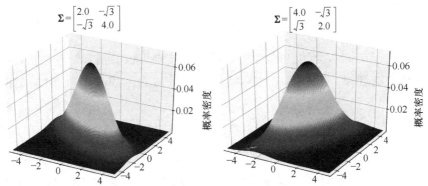

图 2.12　不同 $\boldsymbol{\Sigma}$ 取值条件下的二维高斯分布

$$\boldsymbol{\Sigma} = \begin{bmatrix} \sigma_1^2 & \cdots & 0 \\ \vdots & & \vdots \\ 0 & \cdots & \sigma_D^2 \end{bmatrix} \tag{2.74}$$

然后将其代入分布函数进行进一步计算，则可以得到如式（2.75）所示的结果。

$$\ln \mathcal{N}(\mathbf{x}|\boldsymbol{\mu}, \boldsymbol{\Sigma}) = -\frac{1}{2} \sum_{d=1}^{D} \left\{ \frac{(x_d - \mu_d)^2}{\sigma_d^2} + \ln \sigma_d^2 + \ln 2\pi \right\}$$

$$= \ln \prod_{d=1}^{D} \mathcal{N}(x_d|\mu_d, \sigma_d^2) \tag{2.75}$$

由于协方差矩阵是一个对角矩阵，所以在计算过程中，不同的维$(d \neq d')$的元素的乘积 $x_d x_{d'}$ 为 0，从而得以全部消去，结果就将多维分布分解成了 D 个一维分布的乘积。

接下来，我们给出 D 维高斯分布的基本期望值，如式（2.76）和式（2.77）所示。

$$\langle \mathbf{x} \rangle = \boldsymbol{\mu} \tag{2.76}$$

$$\langle \mathbf{x} \mathbf{x}^\top \rangle = \boldsymbol{\mu} \boldsymbol{\mu}^\top + \boldsymbol{\Sigma} \tag{2.77}$$

为了进一步习惯多维高斯分布的相关计算，在此我们先来进行一下多维高斯分布熵计算，如式（2.78）所示。

$$H[\mathcal{N}(\mathbf{x}|\boldsymbol{\mu}, \boldsymbol{\Sigma})] = -\langle \ln \mathcal{N}(\mathbf{x}|\boldsymbol{\mu}, \boldsymbol{\Sigma}) \rangle$$

$$= \frac{1}{2}\{\langle (\mathbf{x}-\boldsymbol{\mu})^{\top}\boldsymbol{\Sigma}^{-1}(\mathbf{x}-\boldsymbol{\mu}) \rangle + \ln|\boldsymbol{\Sigma}| + D\ln 2\pi\} \tag{2.78}$$

为了期望值中有关矩阵部分项的计算，在此稍微模仿一下矩阵的计算公式（参照附录 A.1）来进行，如式（2.79）所示。

$$\langle (\mathbf{x}-\boldsymbol{\mu})^{\top}\boldsymbol{\Sigma}^{-1}(\mathbf{x}-\boldsymbol{\mu}) \rangle$$

$$= \mathrm{Tr}(\langle (\mathbf{x}-\boldsymbol{\mu})^{\top}\boldsymbol{\Sigma}^{-1}(\mathbf{x}-\boldsymbol{\mu}) \rangle)$$

$$= \mathrm{Tr}(((\langle \mathbf{x}\mathbf{x}^{\top} \rangle) - \langle \mathbf{x} \rangle \boldsymbol{\mu}^{\top} - \boldsymbol{\mu}\langle \mathbf{x} \rangle^{\top} + \boldsymbol{\mu}\boldsymbol{\mu}^{\top})\boldsymbol{\Sigma}^{-1})$$

$$= \mathrm{Tr}(\boldsymbol{\Sigma}\boldsymbol{\Sigma}^{-1})$$

$$= \mathrm{Tr}(\mathbf{I}_D)$$

$$= D \tag{2.79}$$

计算过程中的 $\mathbf{I}_D$ 表示 D 维的单位矩阵。从结算结果可以看出，看起来很难的期望值计算也得以很顺利地进行。综合以上计算结果，所得到的多维高斯分布的熵如式（2.80）所示。

$$H[\mathcal{N}(\mathbf{x}|\boldsymbol{\mu}, \boldsymbol{\Sigma})] = \frac{1}{2}\{\ln|\boldsymbol{\Sigma}| + D(\ln 2\pi + 1)\} \tag{2.80}$$

同样，我们再来计算一下多维高斯分布的 KL 散度。对于给定的两个不同的 D 维高斯分布，$p(\mathbf{x}) = \mathcal{N}(\mathbf{x}|\boldsymbol{\mu}, \boldsymbol{\Sigma})$, $q(\mathbf{x}) = \mathcal{N}(\mathbf{x}|\hat{\boldsymbol{\mu}}, \hat{\boldsymbol{\Sigma}})$，其 KL 散度的计算如式（2.81）所示。

$$\mathrm{KL}[q(\mathbf{x})\|p(\mathbf{x})] = -H[\mathcal{N}(\mathbf{x}|\hat{\boldsymbol{\mu}}, \hat{\boldsymbol{\Sigma}})] - \langle \ln \mathcal{N}(\mathbf{x}|\boldsymbol{\mu}, \boldsymbol{\Sigma}) \rangle_{q(\mathbf{x})} \tag{2.81}$$

其中，等号后面的左侧项为分布 $q(\mathbf{x})$ 的熵，对其按照上述得到的式（2.80）所示的结果进行计算就没有问题。对式（2.81）等号后面的第二个期望值项进行展开的话，则得到如式（2.82）所示的结果。

$$\langle \ln \mathcal{N}(\mathbf{x}|\boldsymbol{\mu}, \boldsymbol{\Sigma}) \rangle_{q(\mathbf{x})} = -\frac{1}{2}\{\langle (\mathbf{x}-\boldsymbol{\mu})^{\top}\boldsymbol{\Sigma}^{-1}(\mathbf{x}-\boldsymbol{\mu}) \rangle_{q(\mathbf{x})} + \ln|\boldsymbol{\Sigma}| + D\ln 2\pi\} \tag{2.82}$$

与刚才熵的计算一样，采用矩阵公式进行计算的话，则可得到如式（2.83）所示的结果。

$$\langle (\mathbf{x}-\boldsymbol{\mu})^{\top}\boldsymbol{\Sigma}^{-1}(\mathbf{x}-\boldsymbol{\mu}) \rangle_{q(\mathbf{x})} = \mathrm{Tr}[\{(\boldsymbol{\mu}-\hat{\boldsymbol{\mu}})(\boldsymbol{\mu}-\hat{\boldsymbol{\mu}})^{\top} + \hat{\boldsymbol{\Sigma}}\}\boldsymbol{\Sigma}^{-1}] \tag{2.83}$$

将以上这些计算结果代入式（2.81）的话，即可得到多维高斯分布的 KL 散度。如式（2.84）所示。

$$\mathrm{KL}[q(\mathbf{x})\|p(\mathbf{x})] = \frac{1}{2}\left\{\mathrm{Tr}[\{(\boldsymbol{\mu}-\hat{\boldsymbol{\mu}})(\boldsymbol{\mu}-\hat{\boldsymbol{\mu}})^{\top} + \hat{\boldsymbol{\Sigma}}\}\boldsymbol{\Sigma}^{-1}] + \ln\frac{|\boldsymbol{\Sigma}|}{|\hat{\boldsymbol{\Sigma}}|} - D\right\} \tag{2.84}$$

2.3.6 Wishart 分布

Wishart 分布（Wishart distribution）是 $D \times D$ 的正定值矩阵 $\boldsymbol{\Lambda}$ 的生成概率分布。该分

布是用来生成多维高斯分布的协方差矩阵的逆矩阵的概率分布，逆矩阵也就是精度矩阵（precision matrix）。Wishart 分布的定义如式（2.85）所示。

$$\mathcal{W}(\boldsymbol{\Lambda}|\nu, \mathbf{W}) = C_{\mathcal{W}}(\nu, \mathbf{W})|\boldsymbol{\Lambda}|^{\frac{\nu-D-1}{2}} \exp\left\{-\frac{1}{2}\mathrm{Tr}(\mathbf{W}^{-1}\boldsymbol{\Lambda})\right\} \tag{2.85}$$

式中，ν 被称为自由度（degree of freedom）参数，该参数的取值需满足 $\nu > D-1$ 的条件；参数 $\mathbf{W}$ 是一个 $D \times D$ 的正定值矩阵。

由于 Wishart 分布也具有复杂的指数函数，所以，采用如式（2.86）所示的对数表示就可以很好地进行各种计算。

$$\ln \mathcal{W}(\boldsymbol{\Lambda}|\nu, \mathbf{W}) = \frac{\nu-D-1}{2}\ln|\boldsymbol{\Lambda}| - \frac{1}{2}\mathrm{Tr}(\mathbf{W}^{-1}\boldsymbol{\Lambda}) + \ln C_{\mathcal{W}}(\nu, \mathbf{W}) \tag{2.86}$$

Wishart 分布的规格化项 $C_{\mathcal{W}}(\nu, \mathbf{W})$ 相当复杂，但是，如果采用对数函数来表示的话，则可以表示为如式（2.87）所示的形式。

$$\ln C_{\mathcal{W}}(\nu, \mathbf{W})$$
$$= -\frac{\nu}{2}\ln|\mathbf{W}| - \frac{\nu D}{2}\ln 2 - \frac{D(D-1)}{4}\ln\pi - \sum_{d=1}^{D}\ln\Gamma\left(\frac{\nu+1-d}{2}\right) \tag{2.87}$$

和其他的概率分布有一些不同，该规格化项的直接计算几乎是不可能进行的。

另外，由于 Wishart 分布是为了进行正定值矩阵生成的概率分布，因此很难想象所得到的样本和分布的具体形状。在这里，我们尝试对二维 Wishart 分布中抽样的 $\boldsymbol{\Lambda}$，通过其二维高斯分布的生成，使其达到可视化。通过将 $\boldsymbol{\Sigma} = \boldsymbol{\Lambda}^{-1}$ 代入到均值参数为 $\mathbf{0}$ 向量的二维高斯分布，从而得到以此构建的高斯分布图，如图 2.13 所示。图 2.13 中，精度矩阵期望值的逆矩阵也通过虚线进行了表示。

另外，在 Wishart 分布为一维的情况下，则与 Gamma 分布是一致的。令 $D=1$，设 Λ 和 W 为正的实数值，则可得到如式（2.88）所示的分布。

$$\ln \mathcal{W}(\Lambda|\nu, W) = \frac{\nu-2}{2}\ln\Lambda - \frac{\Lambda}{2W} + \ln C_{\mathcal{W}}(\nu, W) \tag{2.88}$$

在此，如果进行 $a = \frac{\nu}{2}$，$b = \frac{1}{2W}$ 的变量替换的话，则可以将一维的 Wishart 分布表示为如式（2.56）所示的 Gamma 分布。换言之，Wishart 分布也就是矩阵的 Gamma 分布，是一种扩展（从正实数到正定值矩阵）了的 Gamma 概率分布。

Wishart 分布基本期望值的计算如式（2.89）和式（2.90）所示。

$$\langle\boldsymbol{\Lambda}\rangle = \nu\mathbf{W} \tag{2.89}$$

$$\langle\ln|\boldsymbol{\Lambda}|\rangle = \sum_{d=1}^{D}\psi\left(\frac{\nu+1-d}{2}\right) + D\ln 2 + \ln|\mathbf{W}| \tag{2.90}$$

如果如式（2.91）所示的那样进行展开的话，Wishart 分布的熵可以用基本的期望值来表达。

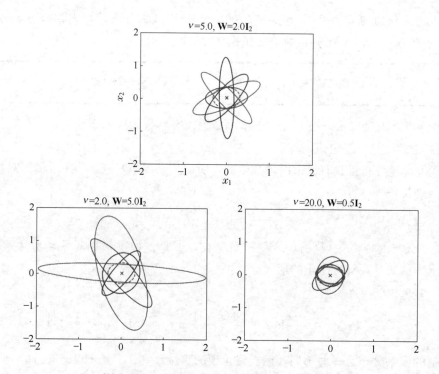

图 2.13　不同参数取值情况下的 Wishart 分布

$$H[\mathcal{W}(\boldsymbol{\Lambda}|\nu, \mathbf{W})]$$

$$= -\langle \ln \mathcal{W}(\boldsymbol{\Lambda}|\nu, \mathbf{W}) \rangle$$

$$= -\frac{\nu - D - 1}{2} \langle \ln |\boldsymbol{\Lambda}| \rangle + \frac{1}{2} \mathrm{Tr}(\mathbf{W}^{-1}\langle \boldsymbol{\Lambda} \rangle) - \ln C_{\mathcal{W}}(\nu, \mathbf{W})$$

$$= -\frac{\nu - D - 1}{2} \langle \ln |\boldsymbol{\Lambda}| \rangle + \frac{\nu D}{2} - \ln C_{\mathcal{W}}(\nu, \mathbf{W}) \tag{2.91}$$

我们知道，Wishart 分布是多维高斯分布的精度矩阵（即协方差矩阵参数的逆矩阵 $\boldsymbol{\Sigma}^{-1}$）的共轭先验分布，关于它的具体使用方法将在第 3 章基本的贝叶斯推论中加以介绍。

第 3 章 基于贝叶斯推论的学习和预测

本章运用第 2 章介绍的基本概率分布来讲解贝叶斯学习的基础，即参数的后验分布和未观测值的预测分布的分析计算。本章介绍的典型的计算案例，是后续章节将出现的较为复杂的随机模型的推论基础，因此请一定亲自实践一下。

3.1 学习和预测

本节介绍基于概率推论的参数学习和未观测值的预测。在机器学习领域，一般根据数据来进行模型参数值的确定被称为学习（training，learning）。在贝叶斯推论架构中，由于参数也是被当作具有不确定性的随机变量来处理的，因此也需要借助学习手段，通过概率计算来求取数据观测后的参数后验分布。另外，在多数情况下，推论不是单纯地为了模型参数的获取，而且还要对未观测的值进行预测，这已成为推论的主要任务。贝叶斯学习的内容包括：运用概率推论进行预测分布的求取、对未观测变量的均值和方差等各种分布参数的期望值的评估，以及通过样本的获取得到预测的直观理解。

3.1.1 参数的后验分布

在贝叶斯学习中，设训练数据集为 $\mathcal{D}$，通过如式（3.1）所示的同时分布 $p(\mathcal{D}, \theta)$，来进行数据表达模型的构建。

$$p(\mathcal{D}, \theta) = p(\mathcal{D}|\theta)p(\theta) \tag{3.1}$$

式中，θ 是模型中的未知参数，参数先验的不确定性由假定的先验分布反映在模型中。

数据 $\mathcal{D}$ 是如何在特定的参数 θ 下产生的，在此通过项 $p(\mathcal{D}|\theta)$ 来描述，当将其看作参数 θ 的函数时被称为似然函数（likelihood function）。

在数据 $\mathcal{D}$ 被观测之后，参数的不确定性可通过贝叶斯定理表示为如式（3.2）所示的形式。

$$p(\theta|\mathcal{D}) = \frac{p(\mathcal{D}|\theta)p(\theta)}{p(\mathcal{D})} \tag{3.2}$$

这个条件分布 $p(\theta|\mathcal{D})$ 的计算则相当于贝叶斯学习框架中的"学习"。与 $p(\theta)$ 相比，后验分布 $p(\theta|\mathcal{D})$ 可通过似然函数 $p(\mathcal{D}|\theta)$ 这一条件，有利于实现我们所期待的关于观测数据 $\mathcal{D}$ 的特征的捕捉。本章主要简单地介绍参数后验分布的解析计算。

3.1.2 预测分布

如果想利用经过学习的参数分布来获取未观测数据x_*的一些信息的话，则可以通过如式（3.3）所示的预测分布（predictive distribution）$p(x_*|\mathcal{D})$的计算来实现。

$$p(x_*|\mathcal{D}) = \int p(x_*|\theta)p(\theta|\mathcal{D})\mathrm{d}\theta \qquad (3.3)$$

在此，$p(\theta|\mathcal{D})$可被看作为各种观测数据下参数θ的加权平均值，并将其用作模型$p(x_*|\theta)$的参数。

对于式（3.3）所表达的含义，可通过图 3.1 的图模型得到进一步的理解。

在图 3.1 中，通过生成分布参数θ对数据$\mathcal{D}$和未观测值x_*实现了模型化，参数θ决定了数据$\mathcal{D}$和未观测值x_*的生成过程。另外，尽管没有假设$\mathcal{D}$和x_*间是否存在直接的依存关系，但是在参数θ给定的前提下，我们可以说它们是条件独立的⊖。因此，我们可将其同时分布表示为如式（3.4）所示的形式。

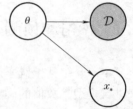

图 3.1　包含预测值的图模型

$$p(\mathcal{D}, x_*, \theta) = p(\mathcal{D}|\theta)p(x_*|\theta)p(\theta) \qquad (3.4)$$

现在，假设已知的只有数据$\mathcal{D}$，那么其余变量后验分布的计算则如式（3.5）所示。

$$\begin{aligned} p(x_*, \theta|\mathcal{D}) &= \frac{p(\mathcal{D}, x_*, \theta)}{p(\mathcal{D})} \\ &= \frac{p(\mathcal{D}|\theta)p(x_*|\theta)p(\theta)}{p(\mathcal{D})} \\ &= p(x_*|\theta)p(\theta|\mathcal{D}) \end{aligned} \qquad (3.5)$$

通过积分消去式（3.5）中的θ，就可以得到如式（3.3）所示的预测分布。由此可知，预测分布就是通过积分简单消去后验分布中所有不需要关心的变量后所得到的边缘分布。

相应地，在完全不具有观测数据$\mathcal{D}$的情况下，按照上述同样的思路，得到如式（3.6）所示的预测分布是完全没有问题的。

$$p(x_*) = \int p(x_*|\theta)p(\theta)\mathrm{d}\theta \qquad (3.6)$$

这种情况下，我们只从数据观测之前的同时分布中通过积分消去参数θ，求出x_*的边缘分布。但这仅仅是凭借先验知识$p(\theta)$做出的非常粗略的预测。

综上所述，要想利用如式（3.4）所示的模型来进行x_*的预测的话，首先要利用如式（3.2）所示的参数学习来得到其后验分布，同时实现数据$\mathcal{D}$自身这一变量的消去。然后通过得到的参数后验分布，运用式（3.3）进行积分计算，从而求得x_*的预测分布。

⊖ 在这种假定下所观测到的数据通常被称为是独立同分布的（independent and identically distributed, i.i.d.）。但是，在数据间存在时间序列的依存关系时，就不能称为 i.i.d.。

像这种将数据 $\mathcal{D}$ 的信息全部集中到后验分布 $p(\theta|\mathcal{D})$ 上的计算是非常方便的。但是，这也会使得模型的表现能力不会随着数据量的增大而改变，从这个意义上说，其性能也受到了很大的限制。作为能够随着数据 $\mathcal{D}$ 灵活改变预测模型表现能力的随机模型，有高斯过程（Gaussian process）等的非参数化贝叶斯（Bayesian nonparametrics）方法。但是，这些方法超出了本书的范围，因此在这里不做更多的介绍。

3.1.3 共轭先验分布

作为高效计算后验分布和预测分布的方法，其中一种思路就是运用共轭先验分布（conjugate prior）。所谓共轭先验分布，是为了使式（3.2）的先验分布 $p(\theta)$ 和后验分布 $p(\theta|\mathcal{D})$ 具有同种概率分布而设定的先验分布。怎样的先验分布才能成为共轭的先验分布，要依赖于似然函数 $p(\theta|\mathcal{D})$ 的设计方法。例如，当似然函数由泊松分布描述时，如果设定共轭先验分布即 γ 分布为先验分布的话，那么后验分布也将变为（分布的形状被更新）γ 分布。表 3.1 总结了代表性的似然函数、共轭先验分布，以及边缘化消去参数时的预测分布的对应关系。

表 3.1 似然函数、共轭先验分布及预测分布的关系

似然函数	参数	共轭先验分布	预测分布
伯努利分布	μ	β 分布	伯努利分布
二项分布	μ	β 分布	β 二项分布分布
类分布	π	Dirichlet 分布	类分布
多项分布	π	Dirichlet 分布	Dirichlet·多项分布分布
泊松分布	λ	γ 分布	负的二项分布
一维高斯分布	μ	一维高斯分布	一维高斯分布
一维高斯分布	λ	γ 分布	一维 Student's t 分布
一维高斯分布	μ, λ	高斯 γ 分布	一维 Student's t 分布
多维高斯分布	μ	多维高斯分布	多维高斯分布
多维高斯分布	Λ	Wishart 分布	多维 Student's t 分布
多维高斯分布	μ, Λ	高斯-Wishart 分布	多维 Student's t 分布

像高斯分布那样，在有两个参数的分布中，由于学习参数的不同，所采用的共轭先验分布也不同，这一点需要加以注意。关于表中的负的二项分布（negative binomial distribution）和 Student's t 分布（Student's t distribution），将在预测分布的具体计算中进行介绍。本章的中心议题是，利用各个概率分布和与之对应的共轭分布来进行参数确定的后验分布和预测分布的解析计算。

利用共轭先验分布的优点是可以简单有效地进行先验分布和预测分布的计算。例如，在运用机器学习的服务实际运行中，进行数据集（data set）细分的逐次学习框架构建时，共轭性会发挥重要的作用。当最初的数据集 $\mathcal{D}_1$ 被观测时，参数 θ 后验分布的计算如式（3.7）所示。

$$p(\theta|\mathcal{D}_1) \propto p(\mathcal{D}_1|\theta)p(\theta) \tag{3.7}$$

再进一步进行新的数据集 $\mathcal{D}_2$ 的观测时，则可以把已经得到的后验分布 $p(\theta|\mathcal{D}_1)$ 作为下一个数据集的先验分布。此时，参数 θ 的后验分布的更新计算如式（3.8）所示。

$$p(\theta|\mathcal{D}_1, \mathcal{D}_2) \propto p(\mathcal{D}_2|\theta)p(\theta|\mathcal{D}_1) \tag{3.8}$$

如此，即可以进行参数的逐次学习⊖。这种情况下，如果利用共轭分布的话，那么 $p(\theta)$，$p(\theta|\mathcal{D}_1)$，以及 $p(\theta|\mathcal{D}_1, \mathcal{D}_2)$ 将全部变成相同的形式，因此程序设计的实际实现也会变得比较方便。

此外，分布的共轭性，在后验分布无法解析计算的复杂扩展模型中也很重要。这种模型需要采用第 4 章以后介绍的近似方法来进行后验分布的计算。但是，在这里我们可以了解到，如果在整体模型的构建中能够部分地结合共轭分布的话，还可以导出高效率的近似算法。

3.1.4 非共轭先验分布的运用

共轭分布的进一步应用表明，如果直接利用似然函数对应的共轭先验分布的话，有时不能很好地捕捉到相关数据有用的构造，这时还是需要采用非共轭的先验分布来进行。

例如，设高斯分布的均值参数为非共轭的 γ 分布时，相应的后验分布则不会成为 γ 分布，这时可以使用 MCMC（Markov chain Monte Carlo）或变分推论（vari-ational inference）的方法来解决。例如，在变分推论中，能够采用带有变分参数（variational parameter）η 的某个分布 $q(\theta;\eta)$ 近似进行后验分布表示的话，那么可以尝试进行如式（3.9）所示的 KL 散度最小化。

$$\eta_{\text{opt.}} = \underset{\eta}{\arg\min}\, \text{KL}[q(\theta;\eta)||p(\theta|\mathcal{D})] \tag{3.9}$$

通常，这种最小化问题无法通过解析来解决，而是利用梯度法（gradient method）等优化算法来进行。与利用共轭先验分布的解析计算相比，除了由于优化而加大了计算成本之外，还存在着所得到的近似分布 $q(\theta;\eta_{\text{opt.}})$ 对实际后验分布的近似效果一般也很难把握的缺点⊖。图 3.2 所示是一个当似然函数为高斯分布时，利用均值参数非共轭的 γ 分布作为先验分布，实现后验分布近似的例子。由于先验分布不是共轭的先验分布，所以无法完全再现实际的后验分布，但还是能够获得基于 KL 散度的粗略近似。

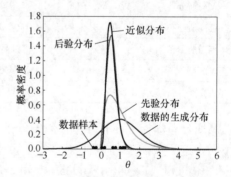

图 3.2 使用非共轭 γ 分布进行的高斯分布均值的学习

⊖ 不过，这里对细分的数据集设定了 $p(\mathcal{D}_1, \mathcal{D}_2|\theta) = p(\mathcal{D}_1|\theta)p(\mathcal{D}_2|\theta)$ 的条件独立性。

⊖ 但是，变分推论中多个近似分布的假设 $\{q(\theta;\eta_1), \cdots, q(\theta;\eta_K)\}$，究竟哪一个最好，通过证据下限（Evidence Lower Bound，ELBO）的值能够进行定量判断。

3.2　离散概率分布的学习和预测

本节以第 2 章介绍的各种离散概率分布为例，讲解参数的后验分布和预测分布的解析计算。

3.2.1　伯努利分布的学习和预测

首先，我们来看一下二值的 $x \in \{0,1\}$ 概率分布，亦即如式（3.10）所示的伯努利分布。

$$p(x|\mu) = \mathrm{Bern}(x|\mu) \tag{3.10}$$

伯努利分布描述的是诸如投币和取红球、白球等二值离散事件的概率分布，其中参数 μ 是其中一种事件出现的概率。下面考察根据训练数据来推定参数 μ 分布的方法。

在贝叶斯学习中，取值具有不确定性的量均被视为随机变量，需要为其设定一个先验的概率分布。因此，对于伯努利分布所必需的参数 μ，我们也需要为其设定一个满足 $\mu \in (0,1)$ 这一条件的生成概率分布。在此，自然会选择如式（3.11）所示的 β 分布作为参数 μ 的先验分布。

$$p(\mu) = \mathrm{Beta}(\mu|a, b) \tag{3.11}$$

式中，a，b 是决定先验分布 $p(\mu)$ 的参数。

在这个模型中，μ 本身也被称为参数，因此，这里的 a，b 就成为参数的参数，我们通常称其为超参数（hyperparameter）$^{\ominus}$。在该模型中，由于超参数不需要通过数据进行学习，而是一个预先设定的已知值，因此，为了简单起见，通常将式（3.11）所示的 $p(\mu)$ 表达式左侧的超参数 a 和 b 进行了省略。

而实际上，我们知道，β 分布是伯努利分布的共轭先验分布。关于这一点，我们可以通过后续的具体计算加以确认。如果利用贝叶斯定理，在进行具有 N 个数据点的 $\mathbf{X} = \{x_1, \cdots, x_N\}$ 的观测后，参数 μ 的后验分布则可以通过式（3.12）进行计算。

$$
\begin{aligned}
p(\mu|\mathbf{X}) &= \frac{p(\mathbf{X}|\mu)p(\mu)}{p(\mathbf{X})} \\
&= \frac{\{\prod_{n=1}^{N} p(x_n|\mu)\}p(\mu)}{p(\mathbf{X})} \\
&\propto \{\prod_{n=1}^{N} p(x_n|\mu)\}p(\mu)
\end{aligned}
\tag{3.12}
$$

在此，我们还不知道 $p(\mu|\mathbf{X})$ 究竟是怎样的分布，为了弄清楚 $p(\mu|\mathbf{X})$ 的分布形状，只需要关注含有参数 μ 的就可以了，因此就有了在第三行对分母 $p(\mathbf{X})$ 的省略。

$\ominus$　就像我们在此所看到的那样，我们将这样的随机变量统称为超参数。因为这一名称有时也会产生混乱，所以需要在使用时加以注意。另外，在更广泛的意义上，有时也将决定机器学习算法表现的设定值称为超参数。

这之后，伯努利分布和 β 分布的指数部分则成为计算的主要任务，因此，我们进行了如式（3.12）所示的取对数运算。

$$\ln p(\mu|\mathbf{X}) = \sum_{n=1}^{N} \ln p(x_n|\mu) + \ln p(\mu) + \text{const.}$$

$$= \sum_{n=1}^{N} x_n \ln \mu + \sum_{n=1}^{N} (1-x_n) \ln(1-\mu) +$$

$$(a-1) \ln \mu + (b-1) \ln(1-\mu) + \text{const.}$$

$$= \Big(\sum_{n=1}^{N} x_n + a - 1\Big) \ln \mu + \Big(N - \sum_{n=1}^{N} x_n + b - 1\Big) \ln(1-\mu) + \text{const.} \quad (3.13)$$

请注意，在第一行中，原有的 N 个乘法项通过取对数变成了 N 个和项；在第二行和第三行，代入了如式（3.10）和式（3.11）所示的具体概率分布，并根据分布的定义对 $p(x_n|\mu)$ 和 $p(\mu)$ 进行了展开。另外，比例运算 $\propto$ 的相关部分，在对数中则表现为一个常数。因此，这里与 μ 无关的项（β 分布的 $\ln C_{\mathrm{B}}(a,b)$ 等）均全部被归纳到常数项 const. 中。

到此，我们需要认真解决的即为式（3.13）的最后两行，它含有通过整理所得到的有关 μ 的两个项 $\ln \mu$ 和 $\ln(1-\mu)$。将式（3.13）和式（2.43）所示表示出 β 分布的对数表现形式进行仔细对比可知，参数 μ 的后验分布可以表示为如式（3.14）和式（3.15）所示的 β 分布。

$$p(\mu|\mathbf{X}) = \text{Beta}(\mu|\hat{a}, \hat{b}) \quad (3.14)$$

式中

$$\hat{a} = \sum_{n=1}^{N} x_n + a$$

$$\hat{b} = N - \sum_{n=1}^{N} x_n + b \quad (3.15)$$

其中，为了表示上的简洁，在后验分布中引入了新的符号 $\hat{a}$ 和 $\hat{b}$。从这一结果可以看出，在通过伯努利分布和 β 分布建立的参数学习模型中，参数 μ 的后验分布可以实现解析计算，并且计算结果表面可得到与先验分布具有相同的形式。

此外，如果仔细观察一下式（3.15）所示的这一参数后验分布的计算结果的话，我们会有非常有趣的发现。符号 $\hat{a}$ 和 $\hat{b}$ 表示的后验分布的参数分别为：a 与事件 $x=1$ 出现的次数之和，b 与事件 $x=0$ 出现的次数之和。以硬币投掷为例，则 β 分布发挥的作用即为在此之前硬币的正面和反面出现了多少次的记录。

参考 3.1　经验贝叶斯法

在采用贝叶斯学习进行的参数学习中，像 3.2.1 节中的例子那样，只是单纯地利用概率计算式（1.16）和式（1.17）来进行参数 μ 相关的后验分布的求取。最终，通过概率推论只是明确了所求的后验分布是一个 β 分布，并且也得到了其参数 $\hat{a}$ 和 $\hat{b}$ 的具体值，先验分布的参数a和b本身并没有发生任何直接的更新，这一点请注意不要混淆。通常导致这种混淆的原因其实是也存在着一种通过观测数据直接调整a和b等超参数的方法，我们将其称为经验贝叶斯法（emprical Bayes）。经验贝叶斯法在应用上，有时也会被用来作为后面将要介绍的模型选择的手段，但是它不是一种通过概率推论而导出的方法，因此严格地讲，它不是一种贝叶斯方法。在贝叶斯学习框架中，依据对参数的取值范围的大概认知，对先验分布的超参数作为固定值预先加以设定，超参数反映了与问题相关的领域知识。如果想根据数据超参数的学习，也可以为超参数准备一个先验分布，从而以完整的贝叶斯框架来进行学习。

　　图3.3所示是关于参数μ的几个不同的β先验分布，通过由实际的参数$\mu_{\text{truth}}=0.25$的伯努利分布生成的数据序列$\mathbf{X}=\{x_1,\cdots,x_N\}$的学习，所得到的后验分布图。

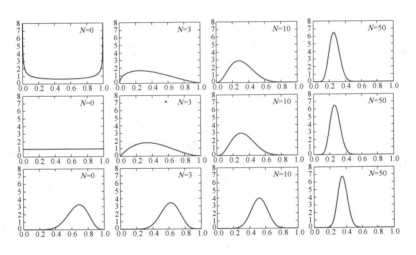

图 3.3　利用β分布进行的伯努利分布参数学习

　　当$N=0$时，观测数据不存在，所以所给出的分布为先验分布本身。在这里，重要的一点是，无论设定怎样的先验分布，随着数据N的增加，它们对应的后验分布逐渐趋于一致。特别是图3.3第三行所示的先验分布$(N=0)$非常顽固，即使观测数据增加，也很难改变其分布的形状。但是，当数据的个数$N=50$时，也像其他的先验分布那样，逐渐呈现出接近实际值$\mu_{\text{truth}}=0.25$的峰值分布。由此可以看出，当作为证据的数据较少时，每个预测者都会很大程度地受到自身信念（先验分布）的影响，但是随着数据个数的增加，不同的意见也会逐渐趋于一致⊖。贝叶斯学习的这种特性，即使直观地来看也是非常合理的。在现实世界

⊖　但是，当先验分布的概率值全为0时，即使通过领域知识的学习也很难达到这种最终的一致，这一点需要加以注意。也就是说，对于绝对不相信有种现象存在的人来说，无论提供怎样的数据，也不可能达成共同的认知。

中，情况也是如此。例如，在自然科学领域，一个共同认知的达成也需要一个通过各种各样的证据来逐渐实现的过程。这样的认知特点，也是贝叶斯学习特性的有力证明。

最后，我们再来计算一下未观测值 $x_* \in \{0,1\}$ 的预测分布。为了简单起见，首先我们利用先验分布，对预测分布进行一下粗略地计算。能够进行这种计算的方法有多种，在此我们根据预测分布的定义，严格地通过参数 μ 的边缘化来进行。如式（3.16）所示。

$$p(x_*) = \int p(x_*|\mu)p(\mu)\mathrm{d}\mu$$

$$= \int \mathrm{Bern}(x_*|\mu)\mathrm{Beta}(\mu|a,b)\mathrm{d}\mu$$

$$= C_\mathrm{B}(a,b) \int \mu^{x_*}(1-\mu)^{1-x_*}\mu^{a-1}(1-\mu)^{b-1}\mathrm{d}\mu$$

$$= C_\mathrm{B}(a,b) \int \mu^{x_*+a-1}(1-\mu)^{1-x_*+b-1}\mathrm{d}\mu \tag{3.16}$$

根据 β 分布的定义式（2.41）可得到如式（3.17）所示的结果。

$$\int \mu^{x_*+a-1}(1-\mu)^{1-x_*+b-1}\mathrm{d}\mu = \frac{1}{C_\mathrm{B}(x_*+a,1-x_*+b)} \tag{3.17}$$

因此，所求预测分布可表示为如式（3.18）所示的形式。

$$p(x_*) = \frac{C_\mathrm{B}(a,b)}{C_\mathrm{B}(x_*+a,1-x_*+b)}$$

$$= \frac{\Gamma(a+b)\Gamma(x_*+a)\Gamma(1-x_*+b)}{\Gamma(a)\Gamma(b)\Gamma(a+b+1)} \tag{3.18}$$

这一结果看起来是一堆 γ 函数组成的式子，似乎很难再进一步简化了。但是，由于所求的这个预测分布所预测的结果是仅取 0 和 1 的二值变量 x_*，所以，我们可以将这两个可能的取值分别代入式（3.18）中，看看能否对其进行进一步的简化。式（3.19）所示，为 $x=1$ 时所得到的简化结果。

$$p(x_*=1) = \frac{\Gamma(a+b)\Gamma(1+a)\Gamma(b)}{\Gamma(a)\Gamma(b)\Gamma(a+b+1)}$$

$$= \frac{a}{a+b} \tag{3.19}$$

其中，利用 γ 函数 $\Gamma(x+1) = x\Gamma(x)$ 的性质，对各个 γ 函数进行了约分。同理，当 $x_* = 0$ 时，所得到的结果如式（3.20）所示。

$$p(x_*=0) = \frac{b}{a+b} \tag{3.20}$$

如果对以上所得到的这两个式子进一步综合，最终所求的预测分布就可以通过如式（3.21）所示的伯努利分布来表示。

$$p(x_*) = \left(\frac{a}{a+b}\right)^{x_*}\left(\frac{b}{a+b}\right)^{1-x_*}$$

$$= \left(\frac{a}{a+b}\right)^{x_*}\left(1-\frac{a}{a+b}\right)^{1-x_*}$$

$$= \mathrm{Bern}\left(x_*|\frac{a}{a+b}\right) \tag{3.21}$$

由于这一结果是通过没有进行任何学习的先验分布 $p(\mu)$ 得出的,因此,它的预测基本上就是瞎猜。例如,当先验分布的参数粗略地设定为 $a=1$ 和 $b=1$ 时,那么随之就会得到预测期望值为 $\langle x_* \rangle_{p(x_*)} = 0.5$ 这样的结果。由我们刚刚进行的验证情况可知,当进行了具有 N 个值的数据 $\mathbf{X}$ 的观测之后,经过学习的后验分布 $p(\mu|\mathbf{X})$ 也与先验分布一样,成为 β 分布。因此,可以直接借用之前的那个计算结果,即可以得到学习后的预测分布。在此,只需要简单地利用如式(3.15)所示的后验分布的参数,对式(3.21)所示的预测分布的参数进行置换,就可以得到如式(3.22)所示的预测分布。

$$
\begin{aligned}
p(x_*|\mathbf{X}) &= \mathrm{Bern}\Big(x_*\Big|\frac{\hat{a}}{\hat{a}+\hat{b}}\Big) \\
&= \mathrm{Bern}\Big(x_*\Big|\frac{\sum_{n=1}^{N} x_n + a}{N + a + b}\Big)
\end{aligned}
\tag{3.22}
$$

3.2.2　类分布的学习和预测

伯努利分布是二值离散变量的概率分布。本节我们来看一下更一般地 K 个取值的类分布的参数学习。在此,重新给出类分布的概率质量函数,如式(3.23)所示。

$$
p(\mathbf{s}|\boldsymbol{\pi}) = \mathrm{Cat}(\mathbf{s}|\boldsymbol{\pi})
\tag{3.23}
$$

其中,类分布的参数需要同时满足 $\sum_{k=1}^{K} \pi_k = 1$ 和 $\pi_k \in (0,1)$ 两个条件。能够进行相应的 K 维参数变量生成的分布是如式(3.24)所示的 Dirichlet 分布。

$$
p(\boldsymbol{\pi}) = \mathrm{Dir}(\boldsymbol{\pi}|\boldsymbol{\alpha})
\tag{3.24}
$$

我们在此的目标是,利用这种模型进行后验分布的实际计算,再通过计算来确认 Dirichlet 分布是与类分布对应的共轭先验分布。

假设现在给定了服从类分布的 N 个离散数据 $\mathbf{S} = \{\mathbf{s}_1, \ldots, \mathbf{s}_N\}$。如果运用贝叶斯定理,则可以采用以下所示的式(3.25)进行 $\boldsymbol{\pi}$ 的后验分布计算。

$$
\begin{aligned}
p(\boldsymbol{\pi}|\mathbf{S}) &\propto p(\mathbf{S}|\boldsymbol{\pi})p(\boldsymbol{\pi}) \\
&= \Big\{\prod_{n=1}^{N} \mathrm{Cat}(\mathbf{s}_n|\boldsymbol{\pi})\Big\} \mathrm{Dir}(\boldsymbol{\pi}|\boldsymbol{\alpha})
\end{aligned}
\tag{3.25}
$$

下面我们来弄清楚后验分布 $p(\boldsymbol{\pi}|\mathbf{S})$ 的真面目。为了求得 $\boldsymbol{\pi}$ 的后验分布函数的具体形式,我们利用对数对其进行进一步的计算。如式(3.26)所示。

$$
\begin{aligned}
\ln p(\boldsymbol{\pi}|\mathbf{S}) &= \sum_{n=1}^{N} \ln \mathrm{Cat}(\mathbf{s}_n|\boldsymbol{\pi}) + \ln \mathrm{Dir}(\boldsymbol{\pi}|\boldsymbol{\alpha}) + \mathrm{const.} \\
&= \sum_{n=1}^{N} \sum_{k=1}^{K} s_{n,k} \ln \pi_k + \sum_{k=1}^{K} (\alpha_k - 1) \ln \pi_k + \ln C_{\mathrm{D}}(\boldsymbol{\alpha}) + \mathrm{const.} \\
&= \sum_{k=1}^{K} \Big(\sum_{n=1}^{N} s_{n,k} + \alpha_k - 1\Big) \ln \pi_k + \mathrm{const.}
\end{aligned}
\tag{3.26}
$$

式中，$s_{n,k}$ 表示 K 维向量 $\mathbf{s}_n$ 的第 k 个元素。

由如式（3.26）所示的结果可以看出，后验分布 $p(\boldsymbol{\pi}|\mathbf{S})$ 的参数变成了先验分布的各个超参数 α_k 与可以通过添加的观测数据进行计算的 $\sum_{n=1}^{N} s_{n,k}$ 的和。因此，如最初预想的那样，后验分布 $p(\boldsymbol{\pi}|\mathbf{S})$ 也可以表示为如式（3.27）和式（3.28）所示的 Dirichlet 分布。

$$p(\boldsymbol{\pi}|\mathbf{S}) = \mathrm{Dir}(\boldsymbol{\pi}|\hat{\boldsymbol{\alpha}}) \tag{3.27}$$

式中
$$\hat{\alpha}_k = \sum_{n=1}^{N} s_{n,k} + \alpha_k \quad k = 1, \cdots, K \tag{3.28}$$

下面我们进行相应地预测分布的计算。我们考察基于超参数 $\boldsymbol{\alpha}$ 的先验分布来对未观测变量 $\mathbf{s}_*$ 的预测。像如式（3.29）所示的那样，通过边缘化计算即可以消去参数 $\boldsymbol{\pi}$，从而实现预测分布的计算。

$$\begin{aligned}
p(\mathbf{s}_*) &= \int p(\mathbf{s}_*|\boldsymbol{\pi}) p(\boldsymbol{\pi}) \mathrm{d}\boldsymbol{\pi} \\
&= \int \mathrm{Cat}(\mathbf{s}_*|\boldsymbol{\pi}) \mathrm{Dir}(\boldsymbol{\pi}|\boldsymbol{\alpha}) \mathrm{d}\boldsymbol{\pi} \\
&= C_{\mathrm{D}}(\boldsymbol{\alpha}) \int \prod_{k=1}^{K} \pi_k{}^{s_{*,k}} \pi_k{}^{\alpha_k - 1} \mathrm{d}\boldsymbol{\pi} \\
&= C_{\mathrm{D}}(\boldsymbol{\alpha}) \int \prod_{k=1}^{K} \pi_k{}^{s_{*,k} + \alpha_k - 1} \mathrm{d}\boldsymbol{\pi} \\
&= \frac{C_{\mathrm{D}}(\boldsymbol{\alpha})}{C_{\mathrm{D}}((s_{*,k} + \alpha_k)_{k=1}^{K})}
\end{aligned} \tag{3.29}$$

式中，$(s_{*,k} + \alpha_k)_{k=1}^{K}$ 表示一个 K 维的向量。

如果利用式（2.49）所示的 Dirichlet 分布的规格化项的话，该预测分布则可表示为如式（3.30）所示的形式。

$$p(\mathbf{s}_*) = \frac{\Gamma(\sum_{k=1}^{K} \alpha_k) \prod_{k=1}^{K} \Gamma(s_{*,k} + \alpha_k)}{\prod_{k=1}^{K} \Gamma(\alpha_k) \Gamma(\sum_{k=1}^{K} (s_{*,k} + \alpha_k))} \tag{3.30}$$

与伯努利分布学习预测时的情况完全相同，出现了全部由 γ 函数组成的复杂式子。但是，我们所求的概率分布是一个 K 维离散变量的概率分布，所以可以将离散变量 $\mathbf{s}_*$ 的各个可能的取值逐一代入式（3.30）中，就可以实现该预测分布的进一步计算。也就是说，对于某个特定的 k'，单独考虑 $s_{*,k'} = 1$ 的情况时，则将得到如式（3.31）所示的结果。

$$p(s_{*,k'} = 1) = \frac{\alpha_{k'}}{\sum_{k=1}^{K} \alpha_k} \tag{3.31}$$

由此可见，所得到的离散分布的概率值变成了一个仅含有先验分布超参数 $\boldsymbol{\alpha}$ 的项，并且其值就是对应的 $\boldsymbol{\alpha}$ 元素的规格化。如果将预测分布重新用类分布来概括的话，则可得到如式（3.32）所示的表示。

$$p(\mathbf{s}_*) = \mathrm{Cat}\!\left(\mathbf{s}_* \,\middle|\, \left(\frac{\alpha_k}{\sum_{i=1}^{K}\alpha_i}\right)_{k=1}^{K}\right) \tag{3.32}$$

与伯努利分布学习预测中所讨论的一样,如果将这个预测分布中的超参数 α 通过如式 (3.27) 所示的参数进行置换的话,那么它将变成 N 个数据学习后的预测分布 $p(\mathbf{s}_*|\mathbf{S})$。

> **参考 3.2 什么是均匀分布**
>
> 让我们重温一下初中和高中概率问题中出现的"均匀分布"这一词的含义。例如,如果说投掷骰子时,各个面出现的概率均匀分布的话,那么就是指每一种点数出现的概率均为 1/6。如果用贝叶斯语言来表述的话,即为这个先验分布"以无限大的信念来假定骰子的各种点数出现的概率均为 1/6"。对于类分布的先验分布,亦即 Dirichlet 分布来说,这种情况就相当于其各个参数值取诸如 $\alpha_k = 10^{10}(k=1,\cdots,6)$ 这样巨大的数值。
>
> 在现实的各种实际问题中,通常都不是像掷骰子和投币那样纯粹的独立事件,因此能够采用在此讨论的这种强大信念的情况也不多。贝叶斯学习的基本方法是,预先对具有不确定性的参数进行粗略的设定,实现模型的构建,然后再基于观测数据生成过程相关的知识和信息,对模型进行拟合和学习。

3.2.3 泊松分布的学习和预测

作为又一个离散分布相关的贝叶斯推论的例子,下面我们来看一下采用式 (2.37) 表示的泊松分布的后验分布和预测分布的计算。这里所介绍的推论会在随后将要介绍的泊松混合模型和非负值矩阵因子分解等各种推论当中部分出现。泊松分布是一个含有参数 $\lambda \in \mathbb{R}^+$ 的离散分布,如式 (3.33) 所示。

$$p(x|\lambda) = \mathrm{Poi}(x|\lambda) \tag{3.33}$$

为了表现这种参数的不确定性,需要有可生成正实数值的概率分布。因此,可以采用如式 (2.56) 所示的 γ 分布作为参数的先验分布,如式 (3.34) 所示。

$$p(\lambda) = \mathrm{Gam}(\lambda|a,b) \tag{3.34}$$

其中,假设超参数 a 和 b 均为预先设定的固定值。正如在随后的具体计算中所看到的那样,可以确认该 γ 分布即为泊松分布的共轭先验分布。当进行了符合泊松分布的 N 个非负的离散值 $\mathbf{X} = \{x_1,\cdots,x_N\}$ 观测后,相应的后验分布可计算如下:

$$
\begin{aligned}
p(\lambda|\mathbf{X}) &\propto p(\mathbf{X}|\lambda)p(\lambda) \\
&= \left[\prod_{n=1}^{N}\mathrm{Poi}(x_n|\lambda)\right]\mathrm{Gam}(\lambda|a,b)
\end{aligned}
\tag{3.35}
$$

下面,如本章多次进行的那样,利用对数计算来探究后验分布关于参数变量 λ 的函数形式。如式 (3.36) 所示。

$$\ln p(\lambda|\mathbf{X}) = \sum_{n=1}^{N} \ln \mathrm{Poi}(x_n|\lambda) + \ln \mathrm{Gam}(\lambda|a,b) + \mathrm{const.}$$

$$= \sum_{n=1}^{N} (x_n \ln \lambda - \ln x_n! - \lambda) +$$

$$(a-1)\ln \lambda - b\lambda + \ln C_{\mathrm{G}}(a,b) + \mathrm{const.}$$

$$= \Big(\sum_{n=1}^{N} x_n + a - 1\Big) \ln \lambda - (N+b)\lambda + \mathrm{const.} \tag{3.36}$$

由此可以看出，通过后验分布表达式的整理式，我们得到了一个关于$\ln \lambda$和λ的后验分布，其形式与γ分布相同。因此，该后验分布即可表示为如式（3.37）和式（3.38）所示的形式。

$$p(\lambda|\mathbf{X}) = \mathrm{Gam}(\lambda|\hat{a},\hat{b}) \tag{3.37}$$

式中
$$\begin{cases} \hat{a} = \sum_{n=1}^{N} x_n + a \\ \hat{b} = N + b \end{cases} \tag{3.38}$$

下面我们来进行相应的预测分布求取。作为参数分布，如果采用式（3.34）所示的先验分布的话，那么关于未观测数据x_*的预测分布则可以通过式（3.39）的计算来进行。

$$p(x_*) = \int p(x_*|\lambda)p(\lambda)\mathrm{d}\lambda$$

$$= \int \mathrm{Poi}(x_*|\lambda)\mathrm{Gam}(\lambda|a,b)\mathrm{d}\lambda \tag{3.39}$$

在此，将泊松分布和γ分布的定义式代入式（3.39），通过整理可得到式（3.40）。

$$\int \mathrm{Poi}(x_*|\lambda)\mathrm{Gam}(\lambda|a,b)\mathrm{d}\lambda$$

$$= \int \frac{\lambda^{x_*}}{x_*!} \mathrm{e}^{-\lambda} C_{\mathrm{G}}(a,b)\lambda^{a-1}\mathrm{e}^{-b\lambda}\mathrm{d}\lambda$$

$$= \frac{C_{\mathrm{G}}(a,b)}{x_*!} \int \lambda^{x_*+a-1}\mathrm{e}^{-(1+b)\lambda}\mathrm{d}\lambda \tag{3.40}$$

在此，只是将想要通过积分消去的λ以外的项移到积分运算符之面。如果再返回到γ分布的定义，则可以看出，式（3.40）最后一行的积分运算可以通过如式（3.41）所示的解析表达式求得。

$$\int \lambda^{x_*+a-1}\mathrm{e}^{-(1+b)\lambda}\mathrm{d}\lambda = \frac{1}{C_{\mathrm{G}}(x_*+a,1+b)} \tag{3.41}$$

因此，所求的预测分布可表示为如式（3.42）所示的形式。

$$p(x_*) = \frac{C_{\mathrm{G}}(a,b)}{x_*! C_{\mathrm{G}}(x_*+a,1+b)} \tag{3.42}$$

由此可以看出，这个概率分布其实就是一个含有参数$r \in \mathbb{R}^+$和$p \in (0,1)$的负的二项分布（negative binomial distribution）。如式（3.43）所示。

$$p(x_*) = \text{NB}(x_*|r,p)$$

$$= \frac{\Gamma(x_* + r)}{x_*!\Gamma(r)}(1-p)^r p^{x_*} \tag{3.43}$$

式中，参数 r 和 p 的值如式（3.44）所示。

$$\begin{cases} r = a \\ p = \dfrac{1}{b+1} \end{cases} \tag{3.44}$$

这个分布的基本期望值如式（3.45）和式（3.46）所示。

$$\langle x_* \rangle = \frac{pr}{1-p} \tag{3.45}$$

$$\langle x_*^2 \rangle = \frac{pr(pr+1)}{(1-p)^2} \tag{3.46}$$

3.3　一维高斯分布的学习和预测

下面，我们来介绍在实践中经常采用的与高斯分布相关的贝叶斯推论，首先介绍采用计算比较简单的一维高斯分布进行的推论。一维高斯分布含有均值 μ 和方差 σ^2 两个参数，因此可以将相应的推论分为只学习均值、只学习方差以及均值和方差同时学习三种情形。在此，针对这三种情形，分别进行相应的参数先验分布的设定、后验分布及预测分布的解析计算。另外，为了使说明变得简化，在这里采用精度（precision）参数 $\lambda = \sigma^{-2}$ 的倒数来代替原有的方差 σ^2。

3.3.1　均值未知的情况

首先，我们采用符合高斯分布的 N 个数据，通过高斯分布均值 $\mu \in \mathbb{R}$ 的学习来进行推论。因此，这里的精度参数 $\lambda \in \mathbb{R}^+$ 为一个定值，只需要对要学习的均值参数设定其先验分布即可。

对某一观测值 $x \in \mathbb{R}$，考虑如式（3.47）所示的高斯分布。

$$p(x|\mu) = \mathcal{N}(x|\mu, \lambda^{-1}) \tag{3.47}$$

我们知道，对于均值 μ，式（3.48）所示的高斯先验分布是一个共轭先验分布。

$$p(\mu) = \mathcal{N}(\mu|m, \lambda_\mu^{-1}) \tag{3.48}$$

式中，$m \in \mathbb{R}$，$\lambda_\mu \in \mathbb{R}^+$，为预先设定的超函数。

这里出现了如上两种不同的高斯分布，所以请注意不要混同。$p(x|\mu)$ 是观测数据的高斯分布，$p(\mu)$ 是均值参数 μ 的高斯先验分布。这样，在均值未知的高斯分布学习模型中，共轭先验分布常常也同样是一个高斯分布。

现在，我们假设已经观测了符合高斯分布的 N 个一维连续值数据 $\mathbf{X} = \{x_1, \cdots, x_N\}$，运用贝叶斯定理，参数$\mu$的后验分布则可表示为如式（3.49）所示的形式。

$$p(\mu|\mathbf{X}) \propto p(\mathbf{X}|\mu)p(\mu)$$

$$= \Big\{\prod_{n=1}^{N} p(x_n|\mu)\Big\}p(\mu)$$

$$= \Big\{\prod_{n=1}^{N} \mathcal{N}(x_n|\mu, \lambda^{-1})\Big\}\mathcal{N}(\mu|m, \lambda_\mu^{-1}) \tag{3.49}$$

此时，我们还不知道式（3.49）所示的后验分布能变成怎样的概率分布。像以往一样，在此进行取对数的运算，然后探究其关于参数μ的函数形式。如式（3.50）所示。

$$\ln p(\mu|\mathbf{X}) = \sum_{n=1}^{N} \ln \mathcal{N}(x_n|\mu, \lambda^{-1}) + \ln \mathcal{N}(\mu|m, \lambda_\mu^{-1}) + \text{const.}$$

$$= -\frac{1}{2}\Big\{(N\lambda + \lambda_\mu)\mu^2 - 2\big(\sum_{n=1}^{N} x_n\lambda + m\lambda_\mu\big)\mu\Big\} + \text{const.} \tag{3.50}$$

通过对数的运算和整理可以看出，所得到的结果是一个关于μ的（上凸的）二次函数。并且我们还可以看出，此时所得到的这个μ的后验分布实际是一个高斯分布，但是该分布的参数（均值、精度）仍需进一步明确。为此，我们需要将式（3.50）所示的表达式变换为一个完全平方式。但是，在这里我们采用更简单的从结论进行反推的方法。也就是说，首先我们可以将后验分布采用式（3.51）所示的高斯分布进行表示。

$$p(\mu|\mathbf{X}) = \mathcal{N}(\mu|\hat{m}, \hat{\lambda}_\mu^{-1}) \tag{3.51}$$

然后对式（3.51）进行取对数的运算，通过整理从而得到一个与式（3.50）一样的关于参数μ的二次项和一次项。如式（3.52）所示。

$$\ln p(\mu|\mathbf{X}) = -\frac{1}{2}\{\hat{\lambda}_\mu\mu^2 - 2\hat{m}\hat{\lambda}_\mu\mu\} + \text{const.} \tag{3.52}$$

最后，通过与式（3.50）系数的对应关系，即可求得μ的后验分布参数$\hat{m}$和$\hat{\lambda}_\mu$。其结果如式（3.53）和式（3.54）所示。

$$\hat{\lambda}_\mu = N\lambda + \lambda_\mu \tag{3.53}$$

$$\hat{m} = \frac{\lambda \sum_{n=1}^{N} x_n + \lambda_\mu m}{\hat{\lambda}_\mu} \tag{3.54}$$

由此可以看出，正如我们所预料的那样，所得到的后验分布也是与先验分布同类的高斯分布。由于其求取过程稍显复杂，所以我们还需要进一步探究一下所得到的这个后验分布的意义。如式（3.53）所示，后验分布的精度$\hat{\lambda}_\mu$，只是将先验分布的精度λ_μ加上了$N\lambda$而已。由此可知，给定的数据越多，则数据个数N的值就越大，均值μ的后验分布的精度就会单调地上升。但是如式（3.54）所示，均值μ的后验分布的均值$\hat{m}$却是非常复杂，在此可以将其视为先验分布的知识m和观测数据的和$\sum_{n=1}^{N} x_n$的加权和。由此可知，随着观测数据的不断增多，先验分布的均值m的影响就会逐渐被摊薄，根据观测数据计算得到的近似均值项

$\frac{1}{N}\sum_{n=1}^{N}x_n$ 则越来越占主导地位。同理，即使是在对先验分布的精度设定为一个极小的值的情况下，也可以获得由观测数据的影响占主导地位的后验分布。这就意味着，虽然作为 μ 可取值范围的先验信息不能非常可靠地提供，但是仍然可以依靠观测数据获得的主导性结果来实现后验分布的计算。

接下来，我们利用所得到的参数 μ 的先验分布 $p(\mu)$，来求取未观测数据 x_* 的预测分布。该预测分布的计算与式（3.55）所示的边缘分布计算相对应。

$$p(x_*) = \int p(x_*|\mu)p(\mu)\mathrm{d}\mu$$
$$= \int \mathcal{N}(x_*|\mu,\lambda^{-1})\mathcal{N}(\mu|m,\lambda_\mu^{-1})\mathrm{d}\mu \tag{3.55}$$

式（3.55）也可以直接进行计算，但是由于高斯分布指数部分的计算很复杂，因此我们决定在这里采用对数计算来进行。通过贝叶斯定理可知，在此所求的预测分布和先验分布之间存在如式（3.56）所示的关系。

$$p(\mu|x_*) = \frac{p(x_*|\mu)p(\mu)}{p(x_*)} \tag{3.56}$$

为求取 $p(x_*)$，对式（3.56）进行取对数运算，则得到如式（3.57）所示的结果。

$$\ln p(x_*) = \ln p(x_*|\mu) - \ln p(\mu|x_*) + \text{const.} \tag{3.57}$$

式中，由于 $\ln p(\mu)$ 与我们所关注的变量 x_* 没有关系，因此将其列入常数项 const. 中；$p(\mu|x_*)$ 是给定观测数据 x_* 时 μ 的条件分布，可以通过与之前计算后验分布完全相同的过程来计算。

具体来说，就是在式（3.53）和式（3.54）计算的结果中，将原有的 N 个观测数据 x 用一个 x_* 替换即可。所得到的计算结果如式（3.58）和式（3.59）所示。

$$p(\mu|x_*) = \mathcal{N}(\mu|m(x_*),(\lambda+\lambda_\mu)^{-1}) \tag{3.58}$$

式中
$$m(x_*) = \frac{\lambda x_* + \lambda_\mu m}{\lambda + \lambda_\mu} \tag{3.59}$$

在此，需要注意的是，这个条件分布的均值变成了 x_* 的函数。将上述所得 $m(x_*)$ 代入到式（3.47）中，即可得到 $p(x_*|\mu)$ 的表达式。再将所得到的 $p(x_*|\mu)$ 代入式（3.57），并对 x_* 项进行整理的话，就可以得到预测分布的函数形式。其具体的对数运算结果如式（3.60）所示。

$$\ln p(x_*) = -\frac{1}{2}\left\{\lambda(x_*-\mu)^2 - (\lambda+\lambda_\mu)(\mu-m(x_*))^2\right\} + \text{const.}$$
$$= -\frac{1}{2}\left\{\frac{\lambda\lambda_\mu}{\lambda+\lambda_\mu}x_*^2 - \frac{2m\lambda\lambda_\mu}{\lambda+\lambda_\mu}x_*\right\} + \text{const.} \tag{3.60}$$

由此可以看出，所得到的结果是一个关于 x_* 的二次函数。如后验分布求取时一样，再通过均值和精度的计算，所求的预测分布则变为如式（3.61）和式（3.62）所示的结果。

$$p(x_*) = \mathcal{N}(x_*|\mu_*,\lambda_*^{-1}) \tag{3.61}$$

式中

$$\begin{cases} \lambda_* = \dfrac{\lambda\lambda_\mu}{\lambda + \lambda_\mu} \\ \mu_* = m \end{cases} \tag{3.62}$$

此时，所求预测分布的均值参数变成了先验分布的均值 m 本身。精度参数如果像式（3.63）所示的那样，取倒数作为方差来解释的话，也许更容易理解。

$$\lambda_*^{-1} = \lambda^{-1} + \lambda_\mu^{-1} \tag{3.63}$$

式中，λ^{-1} 和 λ_μ^{-1} 分别为如式（3.47）所示的观测分布和如式（3.48）所示的先验分布的方差。

因此，预测分布的不确定性即为观测分布不确定和先验分布不确定性之和。由此可见，无论是与 μ 相关的先验分布精度 λ_μ 取值的减小产生的参数先验知识准确度的不足，还是观测数据设定的噪声较大时带来的观测分布精度的降低，其结果均会使得预测分布也相应地变成了一个具有较大程度不确定性的预测。

通过以上分析可知，在求取 N 个观测数据后的预测分布 $p(x_*|\mathbf{X})$ 时，简单通过先验分布的参数 m 和 λ_μ 即可求得，而不用后验分布参数 $\hat{m}$ 和 $\hat{\lambda}_\mu$。并且，学习后的预测分布的方差会变成了 $\lambda^{-1} + \hat{\lambda}_\mu^{-1}$。然而，随着观测数据量的增加，与参数 μ 相对应的精度 $\hat{\lambda}_\mu$ 会变得越来越高，而数据生成分布自身的精度 λ 却保持不变。因此，在想要进行 λ 的分布学习时，还需要把 γ 先验分布 $p(\lambda)$ 追加到模型中来进行推论。

3.3.2 精度未知的情况

下面，我们以一维高斯分布的均值 μ 因某种理由已知的前提下，来考虑通过数据只进行精度 λ 学习的模型。在此，观测模型可表示为如式（3.64）所示的形式。

$$p(x|\lambda) = \mathcal{N}(x|\mu, \lambda^{-1}) \tag{3.64}$$

这个高斯分布本身与均值推论时的式（3.47）所示的形式相同，但是，因为此次只想进行精度的学习，所以在式（3.64）的左边仅将 λ 作为变量予以明示。另外，精度参数 λ 也需要某种先验分布，但是，因为 λ 在此是一个正的实数值，所以，最好采用如式（3.65）所示的 γ 先验分布。

$$p(\lambda) = \text{Gam}(\lambda|a, b) \tag{3.65}$$

事实上，我们已经知道，γ 分布正是高斯分布的精度参数对应的共轭先验分布。并且通过我们随后进行的后验分布的实际求取也能加以确认。首先，利用贝叶斯定理，可以像式（3.66）所示的那样，进行 λ 的后验分布的求取。

$$p(\lambda|\mathbf{X}) \propto p(\mathbf{X}|\lambda)p(\lambda)$$

$$= \left\{ \prod_{n=1}^{N} p(x_n|\lambda) \right\} p(\lambda)$$

$$= \left\{ \prod_{n=1}^{N} \mathcal{N}(x_n|\mu, \lambda^{-1}) \right\} \text{Gam}(\lambda|a, b) \tag{3.66}$$

再通过对数运算，具体探究其关于 λ 的函数形式。如式（3.67）所示。

$$\ln p(\lambda|\mathbf{X}) = \sum_{n=1}^{N} \ln \mathcal{N}(x_n|\mu, \lambda^{-1}) + \ln \mathrm{Gam}(\lambda|a,b) + \mathrm{const.}$$

$$= \left(\frac{N}{2} + a - 1\right)\ln\lambda - \left\{\frac{1}{2}\sum_{n=1}^{N}(x_n - \mu)^2 + b\right\}\lambda + \mathrm{const.} \tag{3.67}$$

在此，仅需要关注与 λ 和 $\ln\lambda$ 相关的系数部分即可以看出，所求的后验分布可以表示为如式（3.68）和式（3.69）所示的 γ 分布。

$$p(\lambda|\mathbf{X}) = \mathrm{Gam}(\lambda|\hat{a}, \hat{b}) \tag{3.68}$$

式中

$$\begin{cases} \hat{a} = \dfrac{N}{2} + a \\[2mm] \hat{b} = \dfrac{1}{2}\sum_{n=1}^{N}(x_n - \mu)^2 + b \end{cases} \tag{3.69}$$

接下来，我们来进行预测分布 $p(x_*)$ 的计算。该预测分布可以通过如式（3.70）所示的积分计算来导出。

$$p(x_*) = \int p(x_*|\lambda)p(\lambda)\mathrm{d}\lambda \tag{3.70}$$

虽然通过这个积分式的直接计算即可以实现所求预测分布的求取，但是在这里我们要探究一下，能否和之前的均值参数的例子一样，仅通过对数运算就可以简单地进行。利用贝叶斯定理，在 x_* 和 λ 之间则有如式（3.71）所示的关系式成立。

$$p(\lambda|x_*) = \frac{p(x_*|\lambda)p(\lambda)}{p(x_*)} \tag{3.71}$$

如果对式（3.71）进行取对数运算并忽略 $p(\lambda)$ 项的话，预测分布 $p(x_*)$ 的计算则可表示为如式（3.72）所示的形式。

$$\ln p(x_*) = \ln p(x_*|\lambda) - \ln p(\lambda|x_*) + \mathrm{const.} \tag{3.72}$$

式中，$p(\lambda|x_*)$ 可以看作为观测一个数据点 x_* 后的后验分布，所以参照式（3.69）所示的结果，可以将其表示为如式（3.73）和式（3.74）所示的形式。

$$p(\lambda|x_*) = \mathrm{Gam}\left(\lambda\Big|\frac{1}{2} + a, b(x_*)\right) \tag{3.73}$$

式中

$$b(x_*) = \frac{1}{2}(x_* - \mu)^2 + b \tag{3.74}$$

分别将 $p(x_*|\lambda)$ 和 $p(\lambda|x_*)$ 代入式（3.72）进行进一步计算，并在计算过程中通过计算进行 λ 相关项的消去，结果可以得到如式（3.75）所示的对数表达式。

$$\ln p(x_*) = -\frac{2a+1}{2}\ln\left\{1 + \frac{1}{2b}(x_* - \mu)^2\right\} + \mathrm{const.} \tag{3.75}$$

其实这个结果即为如式（3.76）所示的，被称为 Student's t 分布（Student's t distribution）的对数表达式。

$$\mathrm{St}(x|\mu_s,\lambda_s,\nu_s) = \frac{\Gamma(\frac{\nu_s+1}{2})}{\Gamma(\frac{\nu_s}{2})}\left(\frac{\lambda_s}{\pi\nu_s}\right)^{\frac{1}{2}}\left\{1+\frac{\lambda_s}{\nu_s}(x-\mu_s)^2\right\}^{-\frac{\nu_s+1}{2}} \tag{3.76}$$

图 3.4 给出了几个一维 Student's t 分布的例子。如式（3.76）所示的表达式，直接进行观察时是一个相当复杂的概率分布。但是，通过对其进行取对数的操作，并将与随机变量 x 无关的项归入常数项 const.，则可得到如式（3.77）所示的结果。

$$\ln\mathrm{St}(x|\mu_s,\lambda_s,\nu_s) = -\frac{\nu_s+1}{2}\ln\left\{1+\frac{\lambda_s}{\nu_s}(x-\mu_s)^2\right\} + \mathrm{const.} \tag{3.77}$$

如果取与式（3.75）的对应关系的话，那么所求的预测分布可表示为如式（3.78）和式（3.79）所示的形式。

$$p(x_*) = \mathrm{St}(x_*|\mu_s,\lambda_s,\nu_s) \tag{3.78}$$

式中

$$\begin{cases} \mu_s = \mu \\ \lambda_s = \dfrac{a}{b} \\ \nu_s = 2a \end{cases} \tag{3.79}$$

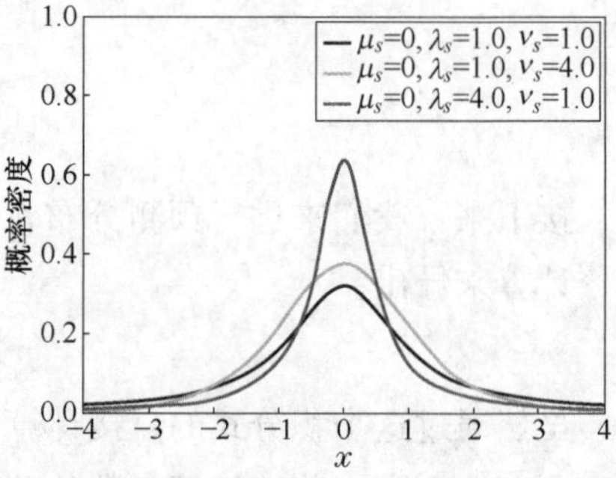

3.3.3 均值和精度均未知的情况

下面我们再考虑一下均值和精度未知的情况，此时的观测模型的表示如式（3.80）所示。

图 3.4 Student's t 分布

$$p(x|\mu,\lambda) = \mathcal{N}(x|\mu,\lambda^{-1}) \tag{3.80}$$

将式（3.48）和式（3.65）表示的两个先验分布导入这个模型，即可以进行贝叶斯推论。如我们所知道的那样，其实在一维高斯分布中，如将式（3.81）所示的以 m、β、a 和 b 作为固定参数的高斯-伽马分布（Gauss-Gamma distribution）设定为先验分布的话，则可以得到形式完全相同的后验分布。

$$\begin{aligned} p(\mu,\lambda) &= \mathrm{NG}(\mu,\lambda|m,\beta,a,b) \\ &= \mathcal{N}(\mu|m,(\beta\lambda)^{-1})\mathrm{Gam}(\lambda|a,b) \end{aligned} \tag{3.81}$$

其中，在均值参数 μ 的后验分布中，原本给定的精度参数 λ 被替换换成了 $\beta\lambda$，这样处理会使得随后的计算结果变得更加简洁。与本章中之前所看到的参数推论相同，在此的目标是要进行后验分布中的 4 个参数 $\hat{m}$、$\hat{\beta}$、$\hat{a}$、$\hat{b}$ 的求取。根据此前所介绍的图模型，如图 3.5 所示为三种情况下的高斯分布图模型。其中，方框内表示的是固定参数的节点⊖。通过式（3.81）也可以看出，在此时的均值和精度未知的学习模型中，均值参数不仅需要通过观测

⊖ 其他的固定参数（如超参数）也同样应该在图中示出。由于这里只是单纯地进行 3 个模型的比较，因此进行了省略。

变量 x_n 进行学习，还与精度参数 λ 具有依赖关系。

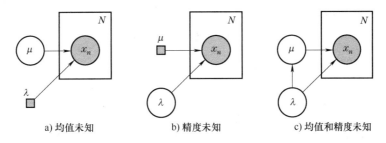

a) 均值未知　　　　b) 精度未知　　　　c) 均值和精度未知

图 3.5　一维高斯分布的学习模型

在此，因为我们需要将两个参数作为随机变量来进行处理，所以计算变得有些复杂。但是，利用贝叶斯定理计算后验分布的顺序基本不变。在这里，我们尽可能地利用之前一维高斯分布求得的计算结果，从而可以采用一种较为轻松的方法进行后验分布的计算。

首先，我们只关注均值 $\boldsymbol{\mu}$，如果我们将式（3.53）和式（3.54）所示的后验分布计算结果的精度部分设定为 $\beta\lambda$ 的话，就可以进行原有计算结果的借用。因此，后验分布中 $p(\mu|\lambda, \mathbf{X})$ 的部分即可以变成式（3.82）和式（3.83）所示的形式。

$$p(\mu|\lambda, \mathbf{X}) = \mathcal{N}(\mu|\hat{m}, (\hat{\beta}\lambda)^{-1}) \tag{3.82}$$

其中，
$$\hat{\beta} = N + \beta$$
$$\hat{m} = \frac{1}{\hat{\beta}}\left(\sum_{n=1}^{N} x_n + \beta m\right) \tag{3.83}$$

其次，进行余下的 $p(\lambda|\mathbf{X})$ 的求取。先将同时分布通过条件分布的积，简单的表示为式（3.84）所示的形式。

$$p(\mathbf{X}, \mu, \lambda) = p(\mu|\lambda, \mathbf{X})p(\lambda|\mathbf{X})p(\mathbf{X}) \tag{3.84}$$

从而得到如式（3.85）所示的结果。

$$\begin{aligned} p(\lambda|\mathbf{X}) &= \frac{p(\mathbf{X}, \mu, \lambda)}{p(\mu|\lambda, \mathbf{X})p(\mathbf{X})} \\ &\propto \frac{p(\mathbf{X}, \mu, \lambda)}{p(\mu|\lambda, \mathbf{X})} \end{aligned} \tag{3.85}$$

在此，如果运用模型最初提供的同时分布 $p(\mathbf{X}, \mu, \lambda) = p(\mathbf{X}|\mu, \lambda)p(\mu, \lambda)$ 和如式（3.82）所示已经求得的 $p(\mu|\lambda, \mathbf{X})$ 的后验分布，则可以弄清楚 λ 的后验分布。因此，如果通过对式（3.85）进行对数运算来进行关于 λ 的函数形式的实际求取的话，通过整理则可得到式（3.86）所示的结果。

$$\begin{aligned} \ln p(\lambda|\mathbf{X}) =& \left(\frac{N}{2} + a - 1\right)\ln\lambda - \\ & \left\{\frac{1}{2}\left(\sum_{n=1}^{N} x_n^2 + \beta m^2 - \hat{\beta}\hat{m}^2\right) + b\right\}\lambda + \text{const.} \end{aligned} \tag{3.86}$$

在此，如将所得到的结果与 γ 分布的定义式（2.56）相对照的话，则可以看出，所求 λ 的后验分布即可以变为如式（3.87）和式（3.88）所示的结果。

$$p(\lambda|\mathbf{X}) = \mathrm{Gam}(\lambda|\hat{a}, \hat{b}) \tag{3.87}$$

式中

$$\begin{cases} \hat{a} = \dfrac{N}{2} + a \\[2mm] \hat{b} = \dfrac{1}{2}(\displaystyle\sum_{n=1}^{N} x_n^2 + \beta m^2 - \hat{\beta}\hat{m}^2) + b \end{cases} \tag{3.88}$$

我们再看得到的如式（3.82）和式（3.87）所示的后验分布的话，可以看出，所求得的后验分布与如式（3.81）所示的先验分布具有同样的概率分布形式，所不同的只是，先验分布中的 4 个超参数 m，β，a 和 b 在后验分布中变成了被观测数据更新的结果。在此，作为共轭先验分布，均值和精度参数的同时分布 $p(\mu, \lambda|\mathbf{X})$ 不能像 $p(\mu)p(\lambda)$ 那样，按照独立的先验分布进行计算。因此，需要采用由以上所得到的 2 个后验分布结果来进行这两个参数同时分布的计算◯。由此可见，从实现的角度来看，最初在先验分布的计算中引入高斯-γ 分布，则大都会使得情况变得简单一些。

其次，我们通过先验分布 $p(\mu, \lambda)$ 来进行预测分布的计算。在此，需要像式（3.89）所示的那样，通过积分运算来消去高斯分布的均值和精度两个变量。

$$p(x_*) = \iint p(x_*|\mu, \lambda)p(\mu, \lambda)\mathrm{d}\mu\mathrm{d}\lambda \tag{3.89}$$

虽然如式（3.89）所示的积分表达式也可以直接计算，但是这种直接计算会相当麻烦。因此，这里我们想利用过去的计算结果，尽可能简单地进行预测分布 $p(x_*)$ 的求取。根据此前计算的例子，如果利用贝叶斯定理，并忽略与 x_* 无关的项，则有如式（3.90）所示的预测分布的对数表达式成立。

$$\ln p(x_*) = \ln p(x_*|\mu, \lambda) - \ln p(\mu, \lambda|x_*) + \mathrm{const.} \tag{3.90}$$

对式（3.90）等号后面的对数项，如果借用式（3.82）和式（3.87）所示的后验分布计算结果的话，则可以得到如式（3.91）和式（3.92）所示的计算结果。

$$p(\mu, \lambda|x_*) = \mathcal{N}(\mu|m(x_*), \{(1+\beta)\lambda\}^{-1})\mathrm{Gam}(\lambda|\frac{1}{2} + a, b(x_*)) \tag{3.91}$$

式中

$$m(x_*) = \frac{x_* + \beta m}{1 + \beta}$$

$$b(x_*) = \frac{\beta}{2(1+\beta)}(x_* - m)^2 + b \tag{3.92}$$

将该结果代入式（3.90），并对含有 x_* 的项进行整理，则可得到如式（3.93）所示的预测分布 $p(x_*)$ 的对数表达式。

◯ 如果采用图模型来解释的话，这种情况就是第 1 章中所介绍的 head-to-head 型模型的例子。从中可以知道，在 x 被观测后，μ 和 λ 则不具有独立性。

$$\ln p(x_*) = -\frac{1+2a}{2}\ln\left\{1 + \frac{\beta}{2(1+\beta)b}(x_* - m)^2\right\} + \text{const.} \tag{3.93}$$

在上述计算过程中，关键的是两个变量 $\boldsymbol{\mu}$ 和 λ 能够很好地从表达式中消除。如果基于式（3.76）所示的定义，则可以发现这个结果和一维 Student's t 分布的对数表达式的形式相同。因此，可以得到如式（3.94）和式（3.95）所示的计算结果。

$$p(x_*) = \text{St}(x_*|\mu_s, \lambda_s, \nu_s) \tag{3.94}$$

式中

$$\begin{cases} \mu_s = m \\ \lambda_s = \dfrac{\beta a}{(1+\beta)b} \\ \nu_s = 2a \end{cases} \tag{3.95}$$

以上即为所求预测分布 $p(x_*)$ 的解析计算结果。在此，如果再将后验分布的参数代入该先验分布的话，那么该先验分布就会变成观测了 N 个数据后的预测分布 $p(x_*|\mathbf{X})$。在实际应用中，大多采用这一结果来进行实际的预测。

到此，我们完成了一维高斯分布的基本贝叶斯推论的介绍。计算过程及结果所涉及的公式无须记忆，但是重要的是能够理解每一结果之间的逻辑关系以及后验分布和预测分布的意义，以便在后续处理过程中可以根据需要来借用这些已有的计算结果。

3.4 多维高斯分布的学习和预测

本节介绍运用 D 维数据进行的多维高斯分布的参数学习，以及对新数据的预测。多维高斯分布在应用上非常重要，特别是利用协方差矩阵 $\boldsymbol{\Sigma}$，可以捕捉到数据的维间关系，这是它最大的特点。关于其后验分布及预测分布的推导，新引入了较为复杂的矩阵计算，但是其推导过程可以直接按照一维高斯分布那样来进行。并且，这里我们没有直接采用协方差矩阵，而是通过其逆矩阵 $\boldsymbol{\Lambda} = \boldsymbol{\Sigma}^{-1}$ 精度矩阵来进行。

3.4.1 均值未知的情况

首先，当 D 维的随机变量 $\mathbf{x} \in \mathbb{R}^D$ 的均值参数 $\boldsymbol{\mu} \in \mathbb{R}^D$ 是未知的，且精度矩阵 $\boldsymbol{\Lambda} \in \mathbb{R}^{D \times D}$ 已给定时进行推论。此时的观测模型如式（3.96）所示。

$$p(\mathbf{x}|\boldsymbol{\mu}) = \mathcal{N}(\mathbf{x}|\boldsymbol{\mu}, \boldsymbol{\Lambda}^{-1}) \tag{3.96}$$

其中，需要注意的是，精度矩阵作为一个正定值矩阵，需要预先加以设定。我们知道，对于高斯分布的均值参数 $\boldsymbol{\mu}$，如果同样采用高斯分布作为先验分布的话，则可以进行解析式的推论计算。因此，我们引入预先给定的超参数 $\mathbf{m} \in \mathbb{R}^D$ 和 $\boldsymbol{\Lambda_\mu} \in \mathbb{R}^{D \times D}$，将均值参数 $\boldsymbol{\mu}$ 的先验分布进行设定。如式（3.97）所示。

$$p(\boldsymbol{\mu}) = \mathcal{N}(\boldsymbol{\mu}|\mathbf{m}, \boldsymbol{\Lambda_\mu}^{-1}) \tag{3.97}$$

如果利用式（3.96）和式（3.97）的话，当进行了 N 个值的数据 $\mathbf{X}$ 的观测后，均值参数

$\boldsymbol{\mu}$ 的后验分布则变为式（3.98）所示的形式。

$$p(\boldsymbol{\mu}|\mathbf{X}) \propto p(\mathbf{X}|\boldsymbol{\mu})p(\boldsymbol{\mu})$$

$$= \Big\{\prod_{n=1}^{N} p(\mathbf{x}_n|\boldsymbol{\mu})\Big\}p(\boldsymbol{\mu})$$

$$= \Big\{\prod_{n=1}^{N} \mathcal{N}(\mathbf{x}_n|\boldsymbol{\mu}, \boldsymbol{\Lambda}^{-1})\Big\}\mathcal{N}(\boldsymbol{\mu}|\mathbf{m}, \boldsymbol{\Lambda}_{\boldsymbol{\mu}}^{-1}) \tag{3.98}$$

对式（3.98）的两边取对数，并对 $\boldsymbol{\mu}$ 的相关项进行整理，则得到式（3.99）所示的结果。

$$\ln p(\boldsymbol{\mu}|\mathbf{X}) = \sum_{n=1}^{N} \ln \mathcal{N}(\mathbf{x}_n|\boldsymbol{\mu}, \boldsymbol{\Lambda}^{-1}) + \ln \mathcal{N}(\boldsymbol{\mu}|\mathbf{m}, \boldsymbol{\Lambda}_{\boldsymbol{\mu}}^{-1}) + \text{const.}$$

$$= -\frac{1}{2}\Big\{\boldsymbol{\mu}^{\top}(N\boldsymbol{\Lambda} + \boldsymbol{\Lambda}_{\boldsymbol{\mu}})\boldsymbol{\mu} - 2\boldsymbol{\mu}^{\top}\Big(\boldsymbol{\Lambda}\sum_{n=1}^{N} \mathbf{x}_n + \boldsymbol{\Lambda}_{\boldsymbol{\mu}}\mathbf{m}\Big)\Big\} + \text{const.} \tag{3.99}$$

从而得到了一个关于 D 维向量 $\boldsymbol{\mu}$ 的上凸二次函数。由此可以看出，与一维高斯分布所进行的讨论一样，这个 $\boldsymbol{\mu}$ 的后验分布也是一个高斯分布。因此，我们可以通过如式（3.100）所示的分布来进行 $\boldsymbol{\mu}$ 的后验分布的参数计算。

$$p(\boldsymbol{\mu}|\mathbf{X}) = \mathcal{N}(\boldsymbol{\mu}|\hat{\mathbf{m}}, \hat{\boldsymbol{\Lambda}}_{\boldsymbol{\mu}}^{-1}) \tag{3.100}$$

对式（3.100）的两边取对数，并进行 $\boldsymbol{\mu}$ 相关项的整理，则得到如式（3.101）所示的结果。

$$\ln p(\boldsymbol{\mu}|\mathbf{X}) = -\frac{1}{2}\{\boldsymbol{\mu}^{\top}\hat{\boldsymbol{\Lambda}}_{\boldsymbol{\mu}}\boldsymbol{\mu} - 2\boldsymbol{\mu}^{\top}\hat{\boldsymbol{\Lambda}}_{\boldsymbol{\mu}}\hat{\mathbf{m}}\} + \text{const.} \tag{3.101}$$

然后，按照与式（3.99）的对应关系，可求出如式（3.102）和式（3.103）所示的计算结果。

$$\hat{\boldsymbol{\Lambda}}_{\boldsymbol{\mu}} = N\boldsymbol{\Lambda} + \boldsymbol{\Lambda}_{\boldsymbol{\mu}} \tag{3.102}$$

$$\hat{\mathbf{m}} = \hat{\boldsymbol{\Lambda}}_{\boldsymbol{\mu}}^{-1}\Big(\boldsymbol{\Lambda}\sum_{n=1}^{N} \mathbf{x}_n + \boldsymbol{\Lambda}_{\boldsymbol{\mu}}\mathbf{m}\Big) \tag{3.103}$$

由此可以看出，只要我们对其中的矩阵运算加以注意，就可以按照与一维高斯分布时所进行的相同流程和方法，来进行参数 $\boldsymbol{\mu}$ 后验分布的求取。

其次，求未观测点数据 $\mathbf{x}_* \in \mathbb{R}^D$ 的预测分布。这里显然也要避开复杂的积分计算，只用对数计算来完成推论。首先利用贝叶斯定理，将 $\mathbf{x}_*$ 的预测分布用对数形式表达为如式（3.104）所示的形式。

$$\ln p(\mathbf{x}_*) = \ln p(\mathbf{x}_*|\boldsymbol{\mu}) - \ln p(\boldsymbol{\mu}|\mathbf{x}_*) + \text{const.} \tag{3.104}$$

式中，$p(\boldsymbol{\mu}|\mathbf{x}_*)$ 可以看作为只有一个数据点 $\mathbf{x}_*$ 作为条件时的后验分布。

如果借用式（3.102）和式（3.103）所示的结果的话，则可得到式（3.105）和式（3.106）所示的结果。

$$p(\boldsymbol{\mu}|\mathbf{x}_*) = \mathcal{N}(\boldsymbol{\mu}|\mathbf{m}(\mathbf{x}_*), (\boldsymbol{\Lambda} + \boldsymbol{\Lambda}_{\boldsymbol{\mu}})^{-1}) \tag{3.105}$$

式中

$$\mathbf{m}(\mathbf{x}_*) = (\boldsymbol{\Lambda} + \boldsymbol{\Lambda}_{\boldsymbol{\mu}})^{-1}(\boldsymbol{\Lambda}\mathbf{x}_* + \boldsymbol{\Lambda}_{\boldsymbol{\mu}}\mathbf{m}) \tag{3.106}$$

式中，$\mathbf{m}(\mathbf{x}_*)$ 为 D 维的均值参数，内部含有预测分布计算需要的 $\mathbf{x}_*$。

如果将其代入式（3.104），并对 $\mathbf{x}_*$ 的相关项进行整理的话，则变成如式（3.107）所示的关于 $\mathbf{x}_*$ 的二次函数。

$$\ln p(\mathbf{x}_*) = -\frac{1}{2}\{\mathbf{x}_*^\top(\boldsymbol{\Lambda} - \boldsymbol{\Lambda}(\boldsymbol{\Lambda} + \boldsymbol{\Lambda}_{\boldsymbol{\mu}})^{-1}\boldsymbol{\Lambda})\mathbf{x}_* -$$
$$2\mathbf{x}_*^\top\boldsymbol{\Lambda}(\boldsymbol{\Lambda} + \boldsymbol{\Lambda}_{\boldsymbol{\mu}})^{-1}\boldsymbol{\Lambda}_{\boldsymbol{\mu}}\mathbf{m}\} + \text{const.} \tag{3.107}$$

因此，可将分布 $p(\mathbf{x}_*)$ 表示为式（3.108）所示的高斯分布。

$$p(\mathbf{x}_*) = \mathcal{N}(\mathbf{x}_*|\boldsymbol{\mu}_*, \boldsymbol{\Lambda}_*^{-1}) \tag{3.108}$$

对上式两边取对数，并通过与式（3.107）的对应关系，所求预测分布的参数则变为式（3.109）和式（3.110）所示的形式。

$$\boldsymbol{\Lambda}_* = \boldsymbol{\Lambda} - \boldsymbol{\Lambda}(\boldsymbol{\Lambda} + \boldsymbol{\Lambda}_{\boldsymbol{\mu}})^{-1}\boldsymbol{\Lambda}$$
$$= (\boldsymbol{\Lambda}^{-1} + \boldsymbol{\Lambda}_{\boldsymbol{\mu}}^{-1})^{-1} \tag{3.109}$$

$$\boldsymbol{\mu}_* = \boldsymbol{\Lambda}_*^{-1}\boldsymbol{\Lambda}(\boldsymbol{\Lambda} + \boldsymbol{\Lambda}_{\boldsymbol{\mu}})^{-1}\boldsymbol{\Lambda}_{\boldsymbol{\mu}}\mathbf{m}$$
$$= \mathbf{m} \tag{3.110}$$

在以上这些参数表现形式的计算整理中，我们可以采用附录 A.1 中的矩阵运算式（A.7）来进行。

3.4.2　精度未知的情况

下面我们来看一下，已知均值参数，从数据中只学习精度矩阵分布的情况。此时，观测模型的设定如式（3.111）所示。

$$p(\mathbf{x}|\boldsymbol{\Lambda}) = \mathcal{N}(\mathbf{x}|\boldsymbol{\mu}, \boldsymbol{\Lambda}^{-1}) \tag{3.111}$$

为了生成作为正定值矩阵的精度矩阵 $\boldsymbol{\Lambda}$ 的概率分布，我们采用如式（3.112）所示的 Wishart 分布作为其先验分布。

$$p(\boldsymbol{\Lambda}) = \mathcal{W}(\boldsymbol{\Lambda}|\nu, \mathbf{W}) \tag{3.112}$$

式中，$\mathbf{W} \in \mathbb{R}^{D \times D}$ 为一个正定值矩阵；ν 为预先设定的满足 $\nu > D - 1$ 的实数值。

Wishart 分布是多维高斯分布的精度矩阵对应的共轭先验分布，这一点可以通过实际先验分布的计算来加以确认。利用贝叶斯定理，则可以将给定观测数据 $\mathbf{X} = \{\mathbf{x}_1, \cdots, \mathbf{x}_N\}$ 后的后验分布以对数函数表达为如式（3.113）所示的形式。

$$\ln p(\boldsymbol{\Lambda}|\mathbf{X}) = \sum_{n=1}^{N} \ln \mathcal{N}(\mathbf{x}_n|\boldsymbol{\mu}, \boldsymbol{\Lambda}^{-1}) + \ln \mathcal{W}(\boldsymbol{\Lambda}|\nu, \mathbf{W}) + \text{const.} \tag{3.113}$$

具体按照式（2.73）所示的高斯分布和式（2.86）所示的 Wishart 分布的对数表达式进一步计算，并将 $\boldsymbol{\Lambda}$ 的相关项进行整理，则可得到式（3.114）所示的结果。

$$\ln p(\mathbf{\Lambda}|\mathbf{X}) = \frac{N + \nu - D - 1}{2} \ln |\mathbf{\Lambda}| -$$

$$\frac{1}{2} \mathrm{Tr} \left\{ \left[\sum_{n=1}^{N} (\mathbf{x}_n - \boldsymbol{\mu})(\mathbf{x}_n - \boldsymbol{\mu})^\top + \mathbf{W}^{-1} \right] \mathbf{\Lambda} \right\} + \mathrm{const.} \tag{3.114}$$

在该式的整理过程中，参照了图函数 $\mathrm{Tr}(\cdot)$ 的相关计算（参见附录 A.1）。由此可以看出，所求的概率分布是一个具有如式（3.116）所示参数的 Wishart 分布，如式（3.115）所示。

$$p(\mathbf{\Lambda}|\mathbf{X}) = \mathcal{W}(\mathbf{\Lambda}|\hat{\nu}, \hat{\mathbf{W}}) \tag{3.115}$$

式中

$$\begin{cases} \hat{\mathbf{W}}^{-1} = \sum_{n=1}^{N} (\mathbf{x}_n - \boldsymbol{\mu})(\mathbf{x}_n - \boldsymbol{\mu})^\top + \mathbf{W}^{-1} \\ \hat{\nu} = N + \nu \end{cases} \tag{3.116}$$

下面，我们接着进行预测分布的计算。根据贝叶斯定理，未观测向量 $\mathbf{x}_*$ 的预测分布可表示为如式（3.117）所示的形式。

$$\ln p(\mathbf{x}_*) = \ln p(\mathbf{x}_*|\mathbf{\Lambda}) - \ln p(\mathbf{\Lambda}|\mathbf{x}_*) + \mathrm{const.} \tag{3.117}$$

在此，如果借用式（3.115）所示的后验分布的计算结果，则可以将精度矩阵 $\mathbf{\Lambda}$ 的后验分布表示为如式（3.118）和式（3.119）所示的形式。

$$p(\mathbf{\Lambda}|\mathbf{x}_*) = \mathcal{W}(\mathbf{\Lambda}|1 + \nu, \mathbf{W}(\mathbf{x}_*)) \tag{3.118}$$

式中

$$\mathbf{W}(\mathbf{x}_*)^{-1} = (\mathbf{x}_* - \boldsymbol{\mu})(\mathbf{x}_* - \boldsymbol{\mu})^\top + \mathbf{W}^{-1} \tag{3.119}$$

将这个结果代入式（3.17）所示的对数表达式进行进一步计算，通过 $\mathbf{x}_*$ 的多项式部分的拆解和整理，最终得到如式（3.120）所示关于 $\mathbf{x}_*$ 的对数函数表示。

$$\ln p(\mathbf{x}_*) = -\frac{1 + \nu}{2} \ln \{1 + (\mathbf{x}_* - \boldsymbol{\mu})^\top \mathbf{W}(\mathbf{x}_* - \boldsymbol{\mu})\} + \mathrm{const.} \tag{3.120}$$

在上述计算过程中，需要用到的相关矩阵运算的公式，请参照附录 A.1。由计算结果可以看出，这是一个如式（3.121）所定义的，$\mathbf{x} \in \mathbb{R}^D$ 的多维 Student's t 分布。

$$\boxed{\begin{aligned} &\mathrm{St}(\mathbf{x}|\boldsymbol{\mu}_s, \mathbf{\Lambda}_s, \nu_s) \\ &= \frac{\Gamma(\frac{\nu_s + D}{2})}{\Gamma(\frac{\nu_s}{2})} \frac{|\mathbf{\Lambda}_s|^{\frac{1}{2}}}{(\pi \nu_s)^{\frac{D}{2}}} \left\{ 1 + \frac{1}{\nu_s} (\mathbf{x} - \boldsymbol{\mu}_s)^\top \mathbf{\Lambda}_s (\mathbf{x} - \boldsymbol{\mu}_s) \right\}^{-\frac{\nu_s + D}{2}} \end{aligned}} \tag{3.121}$$

式中，$\boldsymbol{\mu}_s \in \mathbb{R}^D$；正定值矩阵 $\mathbf{\Lambda}_s \in \mathbb{R}^{D \times D}$；$\nu_s \in \mathbb{R}$ 为该分布的参数。

如对该分布函数取对数，则可以将其表示为如式（3.122）所示的仅关于变量 $\mathbf{x}$ 的表达式。

$$\ln \mathrm{St}(\mathbf{x}|\boldsymbol{\mu}_s, \mathbf{\Lambda}_s, \nu_s) = -\frac{\nu_s + D}{2} \ln \left\{ 1 + \frac{1}{\nu_s} (\mathbf{x} - \boldsymbol{\mu}_s)^\top \mathbf{\Lambda}_s (\mathbf{x} - \boldsymbol{\mu}_s) \right\} + \mathrm{const.} \tag{3.122}$$

因此，通过这个表达式和如式（3.120）所示的计算结果的比较，最终得到的预测分布可表示为如式（3.123）和式（3.124）所示的形式。

$$p(\mathbf{x}_*) = \mathrm{St}(\mathbf{x}_*|\boldsymbol{\mu}_s, \boldsymbol{\Lambda}_s, \nu_s) \tag{3.123}$$

式中
$$\begin{cases} \boldsymbol{\mu}_s = \boldsymbol{\mu} \\ \boldsymbol{\Lambda}_s = (1 - D + \nu)\mathbf{W} \\ \nu_s = 1 - D + \nu \end{cases} \tag{3.124}$$

3.4.3　均值和精度均未知的情况

最后，要进行的是均值和精度均需要学习的情况。此时的观测模型如下式所示：
$$p(\mathbf{x}|\boldsymbol{\mu}, \boldsymbol{\Lambda}) = \mathcal{N}(\mathbf{x}|\boldsymbol{\mu}, \boldsymbol{\Lambda}^{-1})$$

在一维高斯分布的学习预测中，均值和精度均未知的情况下，采用高斯-γ分布作为共轭先验分布。在多维高斯分布的情况下，作为先验分布，如果采用如式（3.125）所示的高斯-Wishart 分布（Gaussian-Wishart distribution）的话，那么所求得的后验分布有与此相同的形式。

$$\begin{aligned} p(\boldsymbol{\mu}, \boldsymbol{\Lambda}) &= \mathrm{NW}(\boldsymbol{\mu}, \boldsymbol{\Lambda}|\mathbf{m}, \beta, \nu, \mathbf{W}) \\ &= \mathcal{N}(\boldsymbol{\mu}|\mathbf{m}, (\beta\boldsymbol{\Lambda})^{-1})\mathcal{W}(\boldsymbol{\Lambda}|\nu, \mathbf{W}) \end{aligned} \tag{3.125}$$

首先，进行数据 $\mathbf{X}$ 观测后的后验分布的求取。在此，根据贝叶斯定理，则可以进行以下的计算，如式（3.126）所示。
$$p(\boldsymbol{\mu}, \boldsymbol{\Lambda}|\mathbf{X}) = \frac{p(\mathbf{X}|\boldsymbol{\mu}, \boldsymbol{\Lambda})p(\boldsymbol{\mu}, \boldsymbol{\Lambda})}{p(\mathbf{X})} \tag{3.126}$$

此时，和一维高斯分布情况下进行的讨论一样，$\boldsymbol{\mu}$ 和 $\boldsymbol{\Lambda}$ 的后验分布可以通过条件分布进行分解，如式（3.127）所示。
$$p(\boldsymbol{\mu}, \boldsymbol{\Lambda}|\mathbf{X}) = p(\boldsymbol{\mu}|\boldsymbol{\Lambda}, \mathbf{X})p(\boldsymbol{\Lambda}|\mathbf{X}) \tag{3.127}$$

所以，首先求取均值 $\boldsymbol{\mu}$ 的后验分布，再求取精度矩阵 $\boldsymbol{\Lambda}$ 的后验分布即可实现参数后验分布 $p(\boldsymbol{\mu}|\boldsymbol{\Lambda}, \mathbf{X})$ 的求取。关于 $p(\boldsymbol{\mu}|\boldsymbol{\Lambda}, \mathbf{X})$，可以通过式（3.102）和式（3.103）所示的后验分布的计算结果，将原有的精度矩阵以 $\beta\boldsymbol{\Lambda}$ 进行替换，就可以求得式（3.128）和式（3.129）所示的结果。
$$p(\boldsymbol{\mu}|\boldsymbol{\Lambda}, \mathbf{X}) = \mathcal{N}(\boldsymbol{\mu}|\hat{\mathbf{m}}, (\hat{\beta}\boldsymbol{\Lambda})^{-1}) \tag{3.128}$$

式中
$$\begin{cases} \hat{\beta} = N + \beta \\ \hat{\mathbf{m}} = \frac{1}{\hat{\beta}}(\sum_{n=1}^{N} \mathbf{x}_n + \beta\mathbf{m}) \end{cases} \tag{3.129}$$

其次，进行 $p(\boldsymbol{\Lambda}|\mathbf{X})$ 的求取。对式（3.126）和式（3.127）所示的关系式中，通过取对数的运算，并将所得的对数表达式整理为只关于变量 $\boldsymbol{\Lambda}$ 的对数函数。于是可以得到如式（3.130）所示的结果。
$$\ln p(\boldsymbol{\Lambda}|\mathbf{X}) = \ln p(\mathbf{X}|\boldsymbol{\mu}, \boldsymbol{\Lambda}) + \ln p(\boldsymbol{\mu}, \boldsymbol{\Lambda}) - \ln p(\boldsymbol{\mu}|\boldsymbol{\Lambda}, \mathbf{X}) + \mathrm{const.} \tag{3.130}$$

将式（3.128）所示的 $p(\boldsymbol{\mu}|\boldsymbol{\Lambda},\mathbf{X})$ 的计算结果代入式（3.130）中，并以此来研究精度矩阵 $\boldsymbol{\Lambda}$ 的分布。通过整理，最终得到的计算结果如式（3.131）所示。

$$\ln p(\boldsymbol{\Lambda}|\mathbf{X}) = \frac{N+\nu-D-1}{2}\ln|\boldsymbol{\Lambda}| -$$
$$\frac{1}{2}\mathrm{Tr}\Big[\Big(\sum_{n=1}^{N}\mathbf{x}_n\mathbf{x}_n^\top + \beta\mathbf{m}\mathbf{m}^\top - \hat{\beta}\hat{\mathbf{m}}\hat{\mathbf{m}}^\top + \mathbf{W}^{-1}\Big)\boldsymbol{\Lambda}\Big] + \mathrm{const.} \tag{3.131}$$

然后，通过与 Wishaert 分布定义式的对应关系，则可得到如式（3.132）和式（3.133）所示的精度矩阵 $\boldsymbol{\Lambda}$ 的分布表达式。

$$p(\boldsymbol{\Lambda}|\mathbf{X}) = \mathcal{W}(\boldsymbol{\Lambda}|\hat{\nu},\hat{\mathbf{W}}) \tag{3.132}$$

式中

$$\begin{cases} \hat{\mathbf{W}}^{-1} = \displaystyle\sum_{n=1}^{N}\mathbf{x}_n\mathbf{x}_n^\top + \beta\mathbf{m}\mathbf{m}^\top - \hat{\beta}\hat{\mathbf{m}}\hat{\mathbf{m}}^\top + \mathbf{W}^{-1} \\[2mm] \hat{\nu} = N + \nu \end{cases} \tag{3.133}$$

下面，我们再来看一下通过先验分布 $p(\boldsymbol{\mu},\boldsymbol{\Lambda})$ 进行的预测分布 $p(\mathbf{x}_*)$ 的计算。关于新的未观测数据点 $\mathbf{x}_* \in \mathbb{R}^D$ 的预测分布 $p(\mathbf{x}_*)$，可以通过如式（3.134）所示的二重积分来计算。

$$p(\mathbf{x}_*) = \iint p(\mathbf{x}_*|\boldsymbol{\mu},\boldsymbol{\Lambda})p(\boldsymbol{\mu},\boldsymbol{\Lambda})\mathrm{d}\boldsymbol{\mu}\mathrm{d}\boldsymbol{\Lambda} \tag{3.134}$$

和一维高斯分布学习预测所讨论的情况一样，在此，也尽可能地利用简单的对数计算来进行 $p(\mathbf{x}_*)$ 的求取。根据贝叶斯定理，则有如式（3.135）所示的预测分布表达式成立。

$$\ln p(\mathbf{x}_*) = \ln p(\mathbf{x}_*|\boldsymbol{\mu},\boldsymbol{\Lambda}) - \ln p(\boldsymbol{\mu},\boldsymbol{\Lambda}|\mathbf{x}_*) + \mathrm{const.} \tag{3.135}$$

上式等号后面的第二项，如果借用如式（3.128）和式（3.132）所示的高斯-Wishart 分布的后验分布计算的话，则可以得到如式（3.136）和式（3.137）所示的结果。

$$p(\boldsymbol{\mu},\boldsymbol{\Lambda}|\mathbf{x}_*) = \mathcal{N}(\boldsymbol{\mu}|\mathbf{m}(\mathbf{x}_*),((1+\beta)\boldsymbol{\Lambda})^{-1})\mathcal{W}(\boldsymbol{\Lambda}|1+\nu,\mathbf{W}(\mathbf{x}_*)) \tag{3.136}$$

式中

$$\begin{cases} \mathbf{m}(\mathbf{x}_*) = \dfrac{\mathbf{x}_* + \beta\mathbf{m}}{1+\beta} \\[3mm] \mathbf{W}(\mathbf{x}_*)^{-1} = \dfrac{\beta}{1+\beta}(\mathbf{x}_* - \mathbf{m})(\mathbf{x}_* - \mathbf{m})^\top + \mathbf{W}^{-1} \end{cases} \tag{3.137}$$

将这个计算结果代入式（3.135），再对 $\mathbf{x}_*$ 的相关项进行整理，则得到如式（3.138）所示的结果。

$$\ln p(\mathbf{x}_*) = -\frac{1+\nu}{2}\ln\Big\{1 + \frac{\beta}{1+\beta}(\mathbf{x}_* - \mathbf{m})^\top\mathbf{W}(\mathbf{x}_* - \mathbf{m})\Big\} + \mathrm{const.} \tag{3.138}$$

由此可以看出，所求预测分布和多维 Student'st 分布的对数表达式一致。如果取与式（3.121）定义的对应关系的话，则可以得到如式（3.139）和式（3.140）所示的结果。

$$p(\mathbf{x}_*) = \mathrm{St}(\mathbf{x}_*|\boldsymbol{\mu}_s,\boldsymbol{\Lambda}_s,\nu_s) \tag{3.139}$$

式中

$$\begin{cases} \boldsymbol{\mu}_s = \mathbf{m} \\[2mm] \boldsymbol{\Lambda}_s = \dfrac{(1-D+\nu)\beta}{1+\beta}\mathbf{W} \\[3mm] \nu_s = 1 - D + \nu \end{cases} \tag{3.140}$$

　　实际上，大多情况下，我们需要的是经过 N 个观测数据 $\mathbf{X}$ 学习后的预测分布 $p(\mathbf{x}_*|\mathbf{X})$，所以还是将先验分布的各个参数 $\mathbf{m}$，β，$\mathbf{W}$，以及 ν 替换为后验分布参数更好。

3.5　线性回归的例子

　　作为本章介绍的共轭先验分布解析计算的应用示例，本节将利用高斯分布来构建线性回归（linear regression）模型，再进行系数参数的学习以及未观测数据的预测。

3.5.1　模型的构建

　　在线性回归模型中，对于实数的输出值 $y_n \in \mathbb{R}$，利用输入值 $\mathbf{x}_n \in \mathbb{R}^M$，参数 $\mathbf{w} \in \mathbb{R}^M$，噪声成分 $\epsilon_n \in \mathbb{R}$ 进行模型化$^\ominus$，如式（3.141）所示。

$$y_n = \mathbf{w}^\top \mathbf{x}_n + \epsilon_n \tag{3.141}$$

　　其中，假设噪声成分是符合如式（3.142）所示的均值 0 的高斯分布。

$$\epsilon_n \sim \mathcal{N}(\epsilon_n|0, \lambda^{-1}) \tag{3.142}$$

式中，$\lambda \in \mathbb{R}^+$ 是一维高斯分布已知的精度参数。

　　如果将式（3.141）和式（3.142）综合为一个表达式，则能得到如式（3.143）所示的输出值 y_n 的概率分布的简单表达式。

$$p(y_n|\mathbf{x}_n, \mathbf{w}) = \mathcal{N}(y_n|\mathbf{w}^\top \mathbf{x}_n, \lambda^{-1}) \tag{3.143}$$

　　由于要通过观测数据来进行参数 $\mathbf{w}$ 的学习，因此设定了如式（3.144）所示的先验分布。

$$p(\mathbf{w}) = \mathcal{N}(\mathbf{w}|\mathbf{m}, \mathbf{\Lambda}^{-1}) \tag{3.144}$$

式中，$\mathbf{m} \in \mathbb{R}^M$ 为均值参数；正定值矩阵 $\mathbf{\Lambda} \in \mathbb{R}^{M \times M}$ 为精度矩阵参数；$\mathbf{m}$ 和 $\mathbf{\Lambda}$ 均为超参数，是预先设定的某一定值。

　　进行模型构建时，试着进行多个数据样本的获取，在贝叶斯学习实践中，这是一个非常重要的过程。例如，当假定输入向量为 $(1, x, x^2, x^3)^\top$ 的三次多项式时，则 $M = 4^\ominus$。假设 $\mathbf{m}$ 为 0 向量，$\mathbf{\Lambda} = \mathbf{I}_M$，在这样的具体设定值情况下，通过如式（3.144）所示的先验分布模型也可以给出 $\mathbf{w}$ 的样本取值。图 3.6 所示为 5 个不同的 $\mathbf{w}$ 样本取值下得到的三次函数曲线。

　　另外，如果将观测值 y_n 的精度参数设定为诸如 $\lambda = 10.0$ 这样的值的话，也可以进行 y_n 值的生成。

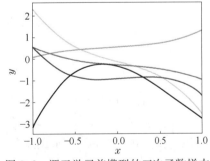

图 3.6　源于学习前模型的三次函数样本

$\ominus$　这里的输入向量全部被视为 $\mathbf{x}$。根据文献的不同，为了表示对数据预先进行的非线性变换 ϕ（二次函数或其他特征量的提取等），也有将输入向量记为 $\phi(\mathbf{x})$ 的情况。

$\ominus$　在此，将常数项也当作一维来处理，因此当维为 M 时，对应的即为 $M - 1$ 次函数，这一点请加以注意。

从图 3.6 中选取一个函数，等间距地给定几个输入值 $\mathbf{x}_n$ 的点，以此可以进行几个观测值 y_n 的人工模拟，这些人工模拟观测值 y_n 的表示如图 3.7 所示。

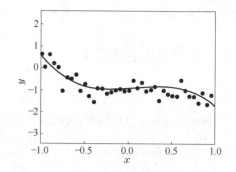

这样，通过预先设定的各种概率分布的组合，可以得到一个合适的概率分布类型，从而通过固定参数值的设定，给出一个合适的随机模型（或数据生成过程的一个假说）。同时，在该模型中通过具体的参数进行数据样本的获取，以从视觉上来验证假设的模型对实际样本分布的覆盖情况。在进行模型的数据学习之前，通过样本值的获取，还有助于开发者对自己定义

图 3.7　通过函数进行的人工模拟数据样本 y_n

的概率分布进行深入的理解，进而详细了解所开发模型的内在特性。这一过程非常重要，例如，当以某一预测值 y 来进行商品价格的设定时，如果从学习前模型中抽样得到各个 y_n 的值，出现了负偏于实际的值，则明显表表明模型的设计本身或先验分布的设定有误。对这样的模型进行后验分布解析时，无论怎样增加数据，也很难获得有意义的结果。因此，在进行繁杂的后验分布解析和近似推算推导之前，在模型设计的时候，通过一些样本的抽取来检验模型的合理性，无疑是一个明智措施。为了了解基本高斯分布的表现，与其一味死盯着定义式的理解，不如通过具体样本进行的曲线绘制来得直观。同样，对于一个复杂随机模型的设计来说，由于其最终的结果也是一个概率分布，因此可以说，这种通过样本抽取来进行实现值确认的工作是一种极其自然的模型研究手段。

3.5.2　后验分布和预测分布的计算

下面，我们用之前构建的线性回归模型来进行观测数据后的后验分布和预测分布的求取。如果运用贝叶斯定理的话，后验分布则可以表示为如式（3.145）所示的形式。

$$p(\mathbf{w}|\mathbf{Y},\mathbf{X}) = \frac{p(\mathbf{w})\prod_{n=1}^{N}p(y_n|\mathbf{x}_n,\mathbf{w})}{p(\mathbf{Y}|\mathbf{X})}$$
$$\propto p(\mathbf{w})\prod_{n=1}^{N}p(y_n|\mathbf{x}_n,\mathbf{w}) \tag{3.145}$$

与一维高斯分布参数学习的过程完全相同，我们在此的目标是通过对式（3.145）中的参数 $\mathbf{w}$ 相关项进行整理，弄清楚参数 $\mathbf{w}$ 的分布形式。通过对式（3.145）两边取对数的运算，就可以得到如式（3.146）所示的结果。

$$\ln p(\mathbf{w}|\mathbf{Y},\mathbf{X}) = -\frac{1}{2}\{\mathbf{w}^{\top}(\lambda\sum_{n=1}^{N}\mathbf{x}_n\mathbf{x}_n^{\top}+\mathbf{\Lambda})\mathbf{w}-$$
$$2\mathbf{w}^{\top}(\lambda\sum_{n=1}^{N}y_n\mathbf{x}_n+\mathbf{\Lambda}\mathbf{m})\}+\text{const.} \tag{3.146}$$

由此可以看出，参数 $\mathbf{w}$ 的后验分布可以表示为与先验分布同类的 M 维高斯分布，如式（3.147）所示。通过分布参数的对照，从而可以得到如式（3.148）所示的后验分布参数。

$$p(\mathbf{w}|\mathbf{Y}, \mathbf{X}) = \mathcal{N}(\mathbf{w}|\hat{\mathbf{m}}, \hat{\boldsymbol{\Lambda}}^{-1}) \tag{3.147}$$

式中

$$\begin{cases} \hat{\boldsymbol{\Lambda}} = \lambda \sum_{n=1}^{N} \mathbf{x}_n \mathbf{x}_n^{\top} + \boldsymbol{\Lambda} \\ \hat{\mathbf{m}} = \hat{\boldsymbol{\Lambda}}^{-1}\left(\lambda \sum_{n=1}^{N} y_n \mathbf{x}_n + \boldsymbol{\Lambda}\mathbf{m}\right) \end{cases} \tag{3.148}$$

接下来，我们再来进行给定新输入值 $\mathbf{x}_*$ 时，输出值 y_* 的预测分布 $p(y_*|\mathbf{x}_*, \mathbf{Y}, \mathbf{X})$。此前，我们已经确认过参数的后验分布是与先验分布同类的高斯分布。所以，我们可以先进行运用先验分布 $p(y_*|\mathbf{x}_*)$ 作为预测分布的计算，然后再将先验分布置换成后验分布，来实现预测分布 $p(y_*|\mathbf{x}_*, \mathbf{Y}, \mathbf{X})$ 的求取。当与某一新的输入数据向量 $\mathbf{x}_*$ 对应的未知输出值为 y_* 时，根据贝叶斯定理，则有如式（3.149）所示的关系式成立。

$$p(\mathbf{w}|y_*, \mathbf{x}_*) = \frac{p(\mathbf{w})p(y_*|\mathbf{x}_*, \mathbf{w})}{p(y_*|\mathbf{x}_*)} \tag{3.149}$$

通过上式两边取对数运算，则得如式（3.150）所示的 $\ln p(y_*|\mathbf{x}_*)$ 的对数表达式。

$$\ln p(y_*|\mathbf{x}_*) = \ln p(y_*|\mathbf{x}_*, \mathbf{w}) - \ln p(\mathbf{w}|y_*, \mathbf{x}_*) + \text{const.} \tag{3.150}$$

式中，等号后面的第一项可以通过式（3.143）的直接套用来求取。等号后面的第二项，借用如式（3.147）所示后验分布的计算结果，就可以表达为如式（3.151）和式（3.152）所示的形式。

$$p(\mathbf{w}|y_*, \mathbf{x}_*) = \mathcal{N}(\mathbf{w}|\mathbf{m}(y_*), (\lambda \mathbf{x}_* \mathbf{x}_*^{\top} + \boldsymbol{\Lambda})^{-1}) \tag{3.151}$$

式中

$$\mathbf{m}(y_*) = (\lambda \mathbf{x}_* \mathbf{x}_*^{\top} + \boldsymbol{\Lambda})^{-1}(\lambda y_* \mathbf{x}_* + \boldsymbol{\Lambda}\mathbf{m}) \tag{3.152}$$

以上述结果为基础，将式（3.150）整理为关于变量 y_* 的函数，则可以得到如式（3.153）所示的二次函数。

$$\begin{aligned} \ln p(y_*|\mathbf{x}_*) = -\frac{1}{2}\{&(\lambda - \lambda^2 \mathbf{x}_*^{\top}(\lambda \mathbf{x}_* \mathbf{x}_*^{\top} + \boldsymbol{\Lambda})^{-1}\mathbf{x}_*)y_*^2 - \\ &2\mathbf{x}_*^{\top}\lambda(\lambda \mathbf{x}_* \mathbf{x}_*^{\top} + \boldsymbol{\Lambda})^{-1}\boldsymbol{\Lambda}my_*\} + \text{const.} \end{aligned} \tag{3.153}$$

由此可以看出，该计算结果可以概括为如式（3.154）和式（3.155）所示的一维高斯分布。

$$p(y_*|\mathbf{x}_*) = \mathcal{N}(y_*|\mu_*, \lambda_*^{-1}) \tag{3.154}$$

且

$$\begin{cases} \mu_* = \mathbf{m}^{\top}\mathbf{x}_* \\ \lambda_*^{-1} = \lambda^{-1} + \mathbf{x}_*^{\top}\boldsymbol{\Lambda}^{-1}\mathbf{x}_* \end{cases} \tag{3.155}$$

式中，λ_* 和 μ_* 的结果，利用附录中式（A.7）所示的逆矩阵计算公式求得。

实际上，N 个数据观测后的预测分布，可以通过学习后的参数后验分布的参数 $\hat{\mathbf{m}}$ 和 $\hat{\boldsymbol{\Lambda}}$，对先验分布参数 $\mathbf{m}$ 和 $\boldsymbol{\Lambda}$ 的替换而求得。

3.5.3　模型的比较

图 3.8 是利用刚刚导出的预测分布，分别采用不同次数的多项式函数，对基于正弦波函数生成的 $N = 10$ 个数据点进行学习的结果。

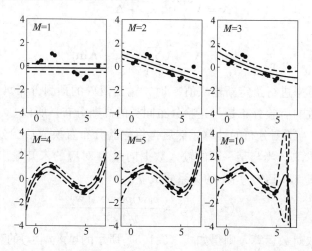

图 3.8　多项式回归模型的预测分布（横轴为 x，纵轴为 y）

图 3.8 中，实线表示的是预测模型的均值 μ_*，虚线表示的是均值加减对应的偏差值 $\sqrt{\lambda_*^{-1}}$ 的结果。由图 3.8 可以看出，当 $M = 1$ 或 $M = 2$ 时，因为模型过于简单，看起来好像没有捕捉到正弦波的结构。当 $M = 4$ 时，模型很好地捕捉到了数据上下波动的趋势。在训练数据数和模型参数保持不变、而维数变成 $M = 10$ 时，实线表示的均值与原来的低维模型相比，变得不稳定起来；同时虚线表示的方差覆盖的范围也变大了。由此表明，$M = 10$ 的模型与其他的低维模型相比，对预测结果缺乏自信。

像上例一样，在数据分析领域，有时想要通过某一数据集 $\mathcal{D}$ 来比较多个模型的好坏，这被称为模型选择（model selection）。在上面这个简单例子中，将训练数据和预测分布直接可视化，就可以在一定程度上判断模型的好坏。但是，随着参数增多，模型变得复杂，这种手段已不可行，所以希望通过一些定量的方法更好地进行模型的比较。在贝叶斯学习中，一般通过被称为边缘似然（marginal likelihood）或者模型证据（model evidence）的值 $p(\mathcal{D})$，来对多个模型进行直接比较，以此作为模型选择的方法。这是因为某个模型对应的 $p(\mathcal{D})$ 值被认为是其生成数据 $\mathcal{D}$ 的真实性程度的表示。在线性回归模型中，输入值 $\mathbf{X}$ 通常都是给定的，所以只需要进行式（3.145）中的分母项 $p(\mathbf{Y}|\mathbf{X})$ 值的比较即可。如果对式（3.145）做一下变换的话，则可以得到如式（3.156）所示的结果。

$$p(\mathbf{Y}|\mathbf{X}) = \frac{p(\mathbf{w}) \prod_{n=1}^{N} p(y_n|\mathbf{x}_n, \mathbf{w})}{p(\mathbf{w}|\mathbf{Y}, \mathbf{X})} \tag{3.156}$$

其中，分子中出现的 $p(\mathbf{w})$ 和 $\prod_{n=1}^{N} p(y_n|\mathbf{x}_n, \mathbf{w})$ 项已在模型设计阶段准备就绪，分母中出

现的后验分布 $p(\mathbf{w}|\mathbf{Y}, \mathbf{X})$ 是由式（3.147）已经得到的解析结果，所以利用这些基础即可以进行如式（3.157）所示的对数函数边缘似然度的求取。

$$\ln p(\mathbf{Y}|\mathbf{X}) = -\frac{1}{2}\Big\{\sum_{n=1}^{N}(\lambda y_n^2 - \ln \lambda + \ln 2\pi) + \mathbf{m}^\top \mathbf{\Lambda m} - \ln|\mathbf{\Lambda}| - $$

$$\hat{\mathbf{m}}^\top \hat{\mathbf{\Lambda}} \hat{\mathbf{m}} + \ln|\hat{\mathbf{\Lambda}}|\Big\} \tag{3.157}$$

图 3.9 是当训练数据个数 $N = 10$ 时，各种不同的给定维度参数 M 下的 $\ln p(\mathbf{Y}|\mathbf{X})$ 值的比较。

从图 3.9 中可以看出，当 $M = 4$ 时，意味着模型对数据的表现力最恰当。而当 $M = 1$ 时，对于这类过于简单的模型来说，自然不能很好地进行观测数据的表达，因此显示了很低的结果值。另外，当 $M = 10$ 时，由于模型包含着各种复杂的函数生成，从而使得观测数据恰好生成的可能性相对减小，因此模型证据显示的值也很低。不过，这个结果会随着数据个数 N 而变化，这一点请加以注意。例如，数据个数为 1 时，

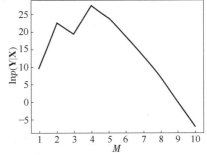

图 3.9　多项式回归模型的 $\ln p(\mathbf{Y}|\mathbf{X})$ 比较

或许常数的函数即可以充分地进行数据的表达，所以当 $M = 1$ 时的模型即有可能作为最佳的选择。

对于这种模型的表现力和训练数据个数的关系，我们再举一个例子进行确认。如图 3.10 所示，假设实际的函数为一个二次函数与正弦波的叠加，在此，我们来考察一下由该函数生成的具有噪声成分的观测数据的情况。

在这里，我们针对不同的训练数据个数分别运用一次函数回归、二次函数回归和最近邻法（nearest neighbor）来进行曲线的学习。在最近邻法中，对新的输入值 $\mathbf{x}_* \in \mathbb{R}^M$，如式（3.158）所示那样，通过某一误差函数（例如欧几里得距离）从学习数据当中寻找与 $\mathbf{x}_*$ 最近的点 $\mathbf{x}_n \in \mathbb{R}^M$。

$$n_{\text{opt.}} = \operatorname*{argmin}_{n\in\{1,\cdots,N\}} \sum_{m=1}^{M}(x_{n,m} - x_{*,m})^2 \tag{3.158}$$

并且利用获得的 $n_{\text{opt.}}$，以 $y_* = y_{n_{\text{opt.}}}$ 作为预测输出值。这是一种非常简单的算法，因为最近邻法直接利用过去学习到的数据点来进行新的预测，因此被认为是基于数据存储的算法。另外，线性回归是一种参数数量固定的参数模型（parametric model），而最近邻法的模型随着数据个数而变化，所以被称为非参数模型（non-parametric model），但不是贝叶斯模型。

在图 3.10 中，在训练数据个数 N 增加到 3、10、50 的情况下，通过曲线表示分别给出了三种方法所得到的预测值。由结果可知，随着数据点数量的增加，最近邻法逐渐变得能够捕捉到通过一次函数和二次函数无法捕捉的正弦波数据的特征。图 3.11 所示是将训练数据

和测试数据分开,再评价测试数据中预测值误差的结果⊖。

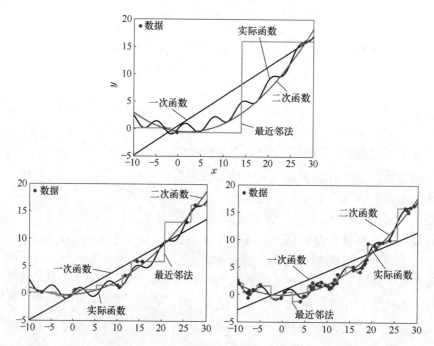

图 3.10　通过一次函数(line),二次函数(quad)以及最近邻法(nn)的预测

图 3.11 中给出了训练数据个数从 $N=1$ 到 $N=1000$ 的评价结果。另外,为了获得稳定的结果,在每一种预测方法的实验中,对训练数据和测试数据均进行了 1000 次的随机更换,再取结果的平均值。根据图 3.11 的结果可以确定,当训练数据很少时,一次函数对测试数据的预测误差最低。随着训练数据的增加,能够捕捉到实际函数大致趋势的二次函数开始显示出极小的预测误差。当数据个数达到极多时,最近邻法开始完整地再现非常细微的正弦波成分的变化,所以测误差变得极小。

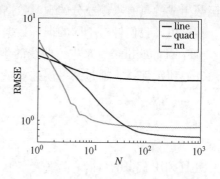

图 3.11　对应数据尺寸和测试数据的预测误差

由此可见,可利用的数据数不同,模型的选择也就不同,这一点不仅是贝叶斯学习,在实际运用机器学习时也非常重要。特别是在训练数据增加、预测精度不提高的情况下,单纯地增加模型的参数,或通过具有较为复杂表现能

⊖　这里的评价指标采用的是 RMSE(root mean squared error)。RMSE 是将预测值与实际值的平方误差进行平均,取平方根的结果。

力的模型构建，来提高预测的适应性，也有一定效果。举一个极端的例子，就像刚刚进行的实验那样，当要预测的函数的复杂性无穷尽地增加时，尝试这一最近邻法或许也是可行的。相反，在训练数据量不充分的情况下，尽可能地采用表现能力有限的模型，大都会得到合适的预测结果。关于这些，从图 3.11 中的直线模型在数据较少时，能够表现出较高的平均精度，我们也能得到直观理解。如果再简化的话，也可以采用输入值不变的 $x_n = 1$，$M = 1$ 的一维多项式回归，这几乎变成了仅采用平均值来进行预测的极其简单的算法。常有这样一句话，"拼命构建的算法的性能，并没有想象的那么好"。因此，在开发算法之际，经常采用这些简单方法进行性能对比，较为稳妥。

参考 3.3　最优估计和 MAP 估计

在此，简单介绍一下本章没有涉猎到的贝叶斯推论以外的学习方法。

极大似然估计（maximum likelihood estimation）是观测数据 $\mathbf{X}$ 的似然函数 $p(\mathbf{X}|\theta)$ 取极大值时，通过对应的参数 θ 值来探求最佳观测模型的方法。如式（3.159）所示。

$$\theta_{\mathrm{ML}} = \underset{\theta}{\mathrm{argmax}}\, p(\mathbf{X}|\theta) \tag{3.159}$$

极大似然估计中，不引入参数 θ 的先验分布 $p(\theta)$，无限度地探究使似然函数最大化的 θ，因此出现了如图 1.20 所示的过拟合现象。极大似然估计不是将参数 θ 扩展为一个概率分布，而是探究其某个具体的取值点。相对于贝叶斯推论来说，这种方法在某种意义上来说，是一种被称为点估计（point estimation）的方法。另外，如第 4 章介绍的混合模型那样，有时也会采用极大似然估计来进行学习。但是，由于在优化过程中可能会产生基于零比和特异矩阵（singular matrix）的错误，因此在实际应用中几乎不采用。

作为解决极大似然估计问题的方法，有最大后验估计推定（Maximum A Posteriori Estimation，MAP）或被称为正则化（regularization）的方法，通常如式（3.160）所示的那样，首先引入参数 θ 的先验分布，然后通过 θ 的后验分布极大值来进行优化。

$$\begin{aligned}
\theta_{\mathrm{MAP}} &= \underset{\theta}{\mathrm{argmax}}\, p(\theta|\mathbf{X}) \\
&= \underset{\theta}{\mathrm{argmax}}\, p(\mathbf{X}|\theta)p(\theta)
\end{aligned} \tag{3.160}$$

该方法虽然不会出现极大似然估计那样极端的过拟合和数值错误，但是 MAP 推定也和极大似然估计一样，将后验分布作为点来处理，因此仍然存在不能完全处理参数的不确定性的缺点。

此外，这两种参数推定的方法可以解释为第 4 章介绍的变分推论算法的极特殊的例子。具体来说，即为极大似然估计是将先验分布 $p(\theta)$ 假定为一个定值，将后验分布 $p(\theta|\mathbf{X})$ 假定为一个无限陡峭的近似分布 $q(\theta)$。同样地，在 MAP 推定中，与贝叶斯推论一样，预先引入设计好的先验分布 $p(\theta)$，但是仍然与极大似然估计一样，将后验分布假定为无限陡峭的近似分布 $q(\theta)$。

第 4 章　混合模型和近似推论

在第 3 章中，我们介绍了利用概率分布的共轭性进行多项式回归等例子，这些都是能够解析性地求出参数的后验分布以及对未观测值的预测分布的模型。但是在机器学习中，正如以图像处理和自然语言处理等为代表的应用领域那样，有很多以具有复杂的统计性的数据作为分析对象的情况，因此有必要构建与之相应的复杂的随机模型。对于这样的模型，解析地计算后验分布和预测分布变得非常困难。在本章中，将以这种复杂模型为例进行混合模型的构建，并介绍进行高效推论的近似推论方法。首先从混合模型的概要和各种近似算法（吉布斯采样、变分推论、折叠式吉布斯采样）的概念性介绍开始，直至以具体的实例，构建一维泊松混合模型和多维高斯混合模型。

4.1　混合模型和后验分布的推论

在之前的章节中，介绍了比较简单的离散分布和高斯分布的贝叶斯推论。但是，为了将现实世界中复杂数据的生成过程模型化，多数情况下，单使用这种简单的概率分布，其表现力并不充分。实际上，需要使用这里介绍的混合模型（mixture model）等方法，从而将各种概率分布像程序模块一样进行组合，构建表现力更加丰富的模型。

4.1.1　使用混合模型的理由

为了了解混合模型的动机，我们首先来看一下图 1.4 所示的数据。在图 1.4 所示的数据点上，很明显背后存在多个数据的簇（cluster），如果只用单一的二维高斯分布来表现的话，则会像如图 4.1 所示的那样，忽略数据的组成结构，形成一个覆盖全局的分布，因此不能恰当地表现数据的特征。

这种数据只有通过使用簇数为 3 的高斯混合模型（Gaussian mixture model）才能很好地表现出来。通过混合模型的使用，可以为每个簇分配表现数据的概率分布。另外，图中每个簇的数据的数量都存在着不同程度的偏差，在混合模型中，这种偏差程度可以通过混合比率参数的值灵活地描述和处理。

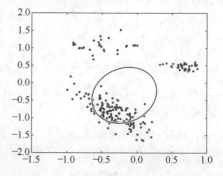

图 4.1　单一高斯分布的表现

另外，混合模型可以与线性回归等其他随机模型实现简单的组合。例如，假设有如图 4.2 所示的关于输入值 x 和输出值 y 的成对数据的集合。对于这种 y 值具有 2 个趋势的多峰性数据，如果使用第 2 章中介绍的简单的多项式回归是不能很好地把握数据的特征的。图 4.2 所示是使用极大似然估计、以多项式函数强制进行数据拟合的综合表现结果。

从图 4.2 可以看出，在维度 $M = 4$ 的比较简单的函数的情况下，其表现好像是两个趋势之间的平均值推定。即使是 $M = 30$ 的非常复杂函数的拟合，其表现也是在两个倾向之间密集反复地来回穿梭，无论如何也得不到有意义的预测。在这种情况下，通过混合模型的使用，如果能够假定数据背后存在两个回归函数的话，就可以构建更准确表示数据倾向的预测模型。另外，在很多机器学习模型中，如果观测数据与实际值存在偏差或数据标签存在差错的话，预测结果就会

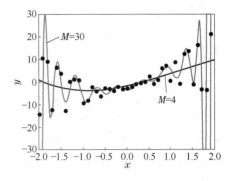

图 4.2　具有多峰性输出 y 的数据集

受到很大的影响。如果事先知道这种异常值的存在，则可以以某种频率来进行数据的观测，通过混合模型思想的使用制订出巧妙应对的机制。

4.1.2　混合模型的数据生成过程

为了构建表现数据的模型，就需要具体地估计"被观测的各个数据点是在怎样的过程中生成的"。对于如图 1.4 所示的具有簇结构的数据，我们将如何描述 N 个数据 $\mathbf{X} = \{\mathbf{x}_1, \cdots, \mathbf{x}_N\}$ 的生成过程呢？为了简单起见，在此假设簇数 K 是已知的，进而试着进行下述的描述。

（1）各个簇的混合比率 $\boldsymbol{\pi} = (\pi_1, \cdots, \pi_K)^\top$ 由先验分布 $p(\boldsymbol{\pi})$ 生成。其中 $\pi_k \in (0, 1)$，且 $\sum_{k=1}^{K} \pi_k = 1$。

（2）对于各个簇 $k = 1, \cdots, K$ 的观测模型的参数 $\boldsymbol{\theta}_k$（均值和方差等）由先验分布 $p(\boldsymbol{\theta}_k)$ 生成。

（3）对于 $n = 1, \cdots, N$，$\mathbf{x}_n$ 对应的簇分配 $\mathbf{s}_n$ 是根据比率 $\boldsymbol{\pi}$ 选择的。

（4）对于 $n = 1, \cdots, N$，由 $\mathbf{s}_n$ 决定的属于第 k 个族的数据 $\mathbf{x}_n$，以概率分布 $p(\mathbf{x}_n|\boldsymbol{\theta}_k)$ 生成。

如果通过以上这些假定进行了所有 N 个数据点 $\mathbf{X} = \{\mathbf{x}_1, \cdots, \mathbf{x}_N\}$ 的生成的话，就可以将如图 1.4 所示的数据作为这个模型产生的 1 个实例来把握。像这种以数据生成过程的假设为基础构建的模型，我们称其为生成模型（generative model）。换句话说，我们所构建的模型看起来好似一个进行数据随机生成的模拟器，也许更容易理解。另外，在这个例子中，$\mathbf{s}_n$ 为隐性变量（hidden variable）或潜在变量（latent variable）。这意味着，$\mathbf{s}_n$ 与本已给定的 $\mathbf{x}_n$ 不同，不能直接进行观测，是一个潜在地决定着 $\mathbf{x}_n$ 生成概率分布的随机变量。

如果想按照上述思想进行实际算法构建的话，就必须具体地用数学公式来对各个概率分

布进行定义。为了便于说明，我们决定以第 4 步到第 1 步的逆顺序来进行各个概率分布定义的介绍。

首先在第 4 步中，有必要对最终抽取数据点 $\mathbf{x}_n$ 的概率分布进行定义。在此需要定义 K 个概率分布，就像如图 1.4 所示的例子那样，全部采用高斯分布来定义即可，如式（4.1）所示。

$$p(\mathbf{x}_n|\boldsymbol{\theta}_k) = \mathcal{N}(\mathbf{x}_n|\boldsymbol{\mu}_k, \boldsymbol{\Sigma}_k) \quad \text{for } k = 1, \cdots, K \tag{4.1}$$

在此，将观测模型的参数设为 $\boldsymbol{\theta}_k = \{\boldsymbol{\mu}_k, \boldsymbol{\Sigma}_k\}$。当混合模型的 K 个观测模型是其他不同结构时，对其进行处理的分布自然也可以是高斯分布以外的类型。之后在具体推论算法推导的介绍中，首先就是以一维泊松分布为例来进行的。此外，以混合线性回归为例，也有可能组合不同种类的随机模型。

接下来是将步骤 3 中的 K 个观测模型分配给各个数据点的步骤，对 $\mathbf{s}_n$ 来说，在此采用 1 of K 的表示比较方便。对于这样的 $\mathbf{s}_n$ 的样本分布，选择如式（4.2）所示的以 $\boldsymbol{\pi}$ 为参数的类分布是很自然的。

$$p(\mathbf{s}_n|\boldsymbol{\pi}) = \text{Cat}(\mathbf{s}_n|\boldsymbol{\pi}) \tag{4.2}$$

式中，$\mathbf{s}_n$ 是 K 维的向量。

对于某个特定的 k，当 $s_{n,k} = 1$ 成立时，则意味着第 k 个簇被指定。另外，至于哪一个 k 容易被选择，则由决定该分布的混合比率（mixing proportion）参数 $\boldsymbol{\pi}$ 给出的比例来决定（$\sum_{k=1}^{K} \pi_k = 1$）。

进而，由步骤 4 的分布组合给出的 $\mathbf{x}_n$ 的生成概率分布则可以通过式（4.3）表示。

$$p(\mathbf{x}_n|\mathbf{s}_n, \boldsymbol{\Theta}) = \prod_{k=1}^{K} p(\mathbf{x}_n|\boldsymbol{\theta}_k)^{s_{n,k}} \tag{4.3}$$

在此，将观测模型的参数综合地记为 $\boldsymbol{\Theta} = \{\boldsymbol{\theta}_1, \cdots, \boldsymbol{\theta}_K\}$。在该式中，尽管概率分布被乘了 K 次，但是由于 $\mathbf{s}_n$ 的 K 个元素只在某个特定值时才取值 1，所以在 K 个观测模型 $p(\mathbf{x}_n|\boldsymbol{\theta}_k)$ 中，根据 $\mathbf{s}_n$ 取值，也只有 1 个被选中（其他分布模型均因 0 次方的结果而消除）。

接下来关于步骤 2，对步骤 4 定义的观测模型的参数 $\boldsymbol{\theta}_k$，进行其先验分布 $p(\boldsymbol{\theta}_k)$ 的定义。在此，一般将其设定为与 $p(\mathbf{x}_n|\boldsymbol{\theta}_k)$ 具有共轭性的先验分布。例如，当 $p(\mathbf{x}_n|\boldsymbol{\theta}_k)$ 以泊松分布被模型化时，对于该分布的参数来说，采用带有该参数的 Gamma 分布作为共轭先验分布，会使得之后的计算变得更加方便。

最后，关于步骤 1 的混合比率 $\boldsymbol{\pi}$，该值在观测到足够量的数据之前，大多情况下是未知的。因此，最好是利用某种先验分布从数据中进行学习。因为 $\boldsymbol{\pi}$ 是类分布的参数，所以在此选择如式（4.4）所示的 K 维 Dirichlet 分布作为共轭先验分布。

$$p(\boldsymbol{\pi}) = \text{Dir}(\boldsymbol{\pi}|\boldsymbol{\alpha}) \tag{4.4}$$

式中，各元素为正实数的 K 维向量 $\boldsymbol{\alpha}$ 是 Dirichlet 分布的超参数，决定着该分布的趋势，在此将其作为定值来处理。

到此，通过以上所有这些概率分布，我们就可以给出如式（4.5）所示的 N 个数据的同时分布，因此也完成了模型的整体设计。

$$p(\mathbf{X}, \mathbf{S}, \boldsymbol{\Theta}, \boldsymbol{\pi}) = p(\mathbf{X}|\mathbf{S}, \boldsymbol{\Theta})p(\mathbf{S}|\boldsymbol{\pi})p(\boldsymbol{\Theta})p(\boldsymbol{\pi})$$
$$= \Big\{ \prod_{n=1}^{N} p(\mathbf{x}_n|\mathbf{s}_n, \boldsymbol{\Theta})p(\mathbf{s}_n|\boldsymbol{\pi}) \Big\} \Big\{ \prod_{k=1}^{K} p(\boldsymbol{\theta}_k) \Big\} p(\boldsymbol{\pi}) \tag{4.5}$$

式中，$\mathbf{S} = \{\mathbf{s}_1, \cdots, \mathbf{s}_N\}$。

与该同时分布相对应的混合模型如图 4.3 所示[⊖]。

读者可以通过第 1 步到第 4 步的数据生成过程来思考一下式（4.5）所给出的同时分布，同时也想象一下与图 4.3 中所示的图模型之间的对应关系。在本章的后半部分，将以泊松混合模型和高斯混合模型的构建作为具体的示例，进行与该混合分布的观测模型 $p(\mathbf{x}_n|\boldsymbol{\theta}_k)$ 以及对应的先验分布 $p(\boldsymbol{\theta}_k)$ 的定义。

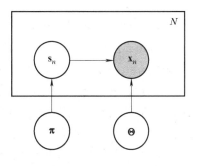

图 4.3　混合模型的图表示

4.1.3　混合模型的后验分布

混合模型中的推论问题，是将已有的观测数据 $\mathbf{X}$ 提供给模型，通过数据计算其背后的未知变量 $\mathbf{S}$、$\boldsymbol{\pi}$、$\boldsymbol{\Theta}$ 的后验分布。如果采用表达式表示的话，即为要求得如式（4.6）所示的条件分布。

$$p(\mathbf{S}, \boldsymbol{\Theta}, \boldsymbol{\pi}|\mathbf{X}) = \frac{p(\mathbf{X}, \mathbf{S}, \boldsymbol{\Theta}, \boldsymbol{\pi})}{p(\mathbf{X})} \tag{4.6}$$

或者，为了推定数据 $\mathbf{X}$ 所属的簇，只要进行如式（4.7）所示的分布 $\mathbf{S}$ 的计算即可。

$$p(\mathbf{S}|\mathbf{X}) = \iint p(\mathbf{S}, \boldsymbol{\Theta}, \boldsymbol{\pi}|\mathbf{X})\mathrm{d}\boldsymbol{\Theta}\mathrm{d}\boldsymbol{\pi} \tag{4.7}$$

但遗憾的是，正如我们所知道的那样，在混合模型中这样的计算难以有效地进行。究其原因，是由于这个后验分布是随机变量 $\mathbf{S}$、$\boldsymbol{\pi}$、$\boldsymbol{\Theta}$ 复杂地交织在一起的分布，从而使得规格化 $p(\mathbf{X})$ 的计算很困难。如果真要进行 $p(\mathbf{X})$ 的计算的话，就需要如式（4.8）所示的那样进行边缘分布的计算。

$$p(\mathbf{X}) = \sum_{\mathbf{S}} \iint p(\mathbf{X}, \mathbf{S}, \boldsymbol{\Theta}, \boldsymbol{\pi})\mathrm{d}\boldsymbol{\Theta}\mathrm{d}\boldsymbol{\pi}$$
$$= \sum_{\mathbf{S}} p(\mathbf{X}, \mathbf{S}) \tag{4.8}$$

其中，对于第 1 行的参数 $\boldsymbol{\pi}$、$\boldsymbol{\Theta}$，可以通过共轭先验分布的使用，实现解析性的变量消

⊖　如第 3 章的高斯分布所介绍的那样，对于 Dirichlet 分布的参数 α 等为被固定的超参数的情况，有时也在图模型中进行标出，就像包含观测数据时采用的具有定值的节点一样。

除。但是，对于第 2 行中的 $\mathbf{S}$，则需要按其所有可能的组合进行 $p(\mathbf{X}, \mathbf{S})$ 的评价，这需要 K^N 次的计算。一般来说，对于机器学习中处理的问题来说，一般数据数量 N 的值都很大，所以这样的计算也是不现实的。

4.2 概率分布的近似方法

如第 1 章简单介绍的那样，迄今为止已经提出了很多进行近似推论（approximate inference）的算法，在此介绍其中比较简单且被广泛运用的根据吉布斯采样以及平均场近似的变分推论。一个完整的算法构成包括贝叶斯学习中表现数据的模型以及与模型相对应的近似推论方法。根据处理的模型和数据规模，以及所要求的计算成本和应用程序的不同，最适合的近似推论方法的选择也不相同。因此，作为一个法宝，预先尽量多选择几种方法，对于更好性能的追求是非常有用的。

由于在第 5 章中，我们会将这里介绍的算法应用于各种实际的重要随机模型中，因此这里不进行算法应用的介绍，完全将重点放在各算法的理论推导上。

4.2.1 吉布斯采样

对于一个概率分布 $p(z_1, z_2, z_3)$，如果想要得到关于分布的某些知识（如各种期望值的计算等），我们可以通过该分布的抽样，从而得到多个 z_1, z_2, z_3 的样本实例的方法来进行。如式（4.9）所示。

$$z_1^{(i)}, z_2^{(i)}, z_3^{(i)} \sim p(z_1, z_2, z_3) \quad i = 1, 2, \cdots \tag{4.9}$$

例如，当 $p(z_1, z_2, z_3)$ 是一个三维高斯分布等广为人知的分布时，对各个多维变量同时进行采样是很容易的。但是，当分布是一个更复杂的分布时，则很难同时对所有变量进行采样。被称为 MCMC（Markov chain Monte Carlo）方法之一的吉布斯采样法（Gibbs sampling）就是为解决这样的问题而开发的。式（4.10）所示是吉布斯采样法进行的第 i 次变量逐一抽样。

$$\begin{cases} z_1^{(i)} \sim p(z_1 | z_2^{(i-1)}, z_3^{(i-1)}) \\ z_2^{(i)} \sim p(z_2 | z_1^{(i)}, z_3^{(i-1)}) \\ z_3^{(i)} \sim p(z_3 | z_1^{(i)}, z_2^{(i)}) \end{cases} \tag{4.10}$$

吉布斯采样的思想是，为了抽取某个随机变量 z_k 的样本，通过之前已经获得的样本值对原本的分布进行条件化，从而得到更加容易抽样的简单概率分布。通过这种步骤的反复进行来不断获取变量 z_k 的样本，在样本数量足够多时，理论上可以看作是从真实的后验分布中进行的采样。此外，在实际进行吉布斯采样时，为了得到最初的样本（$i = 1$），需要为其设定 $i = 0$ 的初始值。例如，如果要获得样本 $z_1^{(1)}$ 的值，一般需要预先为 $z_2^{(0)}$ 和 $z_3^{(0)}$ 设定某个随机值。

如图 4.4 中所示，1 表示的椭圆是二维高斯分布 $p(\mathbf{z})$ 通过吉布斯采样的例子。

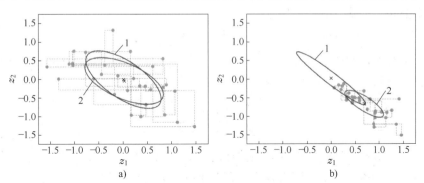

图 4.4　二维高斯分布的吉布斯采样

在此示例中，我们暂且假设"一维高斯分布的抽样比较容易，但二维高斯分布的抽取则比较困难"的问题前提。图 4.4 中的虚线表示各样本抽取的顺序关系，对于向量的各元素（每个轴）沿着轴的方向依次进行抽取。图 4.4a 所示是样本点足够多的情况，因此可以直观地看出，由吉布斯采样得到的样本可以看作是从二维高斯分布中直接取出的。图 4.4 中用 2 表示的椭圆分布 $q(\mathbf{z})$，是从抽样得到的样本中求得的均值和方差，并通过高斯分布的可视化表示而呈现的结果。由此可以看出，它与实际分布 $p(\mathbf{z})$ 非常接近。

吉布斯采样的最大问题所在，是对于复杂的后验分布的推论还不清楚究竟需要多大的样本数。举例来说，如图 4.4b 所示，与图 4.4a 的情况不同，可以看到在二个维度间采样分布与实际分布 $p(\mathbf{z})$ 存在着显著的负相关。对于这种采用吉布斯采样进行的分布抽样调查，如果要实现所有范围的全面搜索通常需要大量的计算时间。图 4.4 的两个图中，样本的个数都设定为 30，但显然，图 4.4b 中尚未找到分布的整体。在这个例子中，实际的分布 $p(\mathbf{z})$ 的形状也以图形的形式进行了呈现，但在实际应用中，更高维度的分布则不能进行这样的可视化表示，因此，一般来说无法知道样本点在多大程度上表现了实际的分布。

另外，变量抽样的方法除了采用式（4.10）所示的方法之外，还可以根据模型的不同，考虑如式（4.11）所示的多变量的同时采样。

$$\begin{cases} z_1^{(i)} \sim p(z_1 | z_2^{(i-1)}, z_3^{(i-1)}) \\ z_2^{(i)}, z_3^{(i)} \sim p(z_2, z_3 | z_1^{(i)}) \end{cases} \tag{4.11}$$

相对于式（4.10）所示的采样，我们将这种采样称为成组吉布斯采样（blocking Gibbs sampling）。由于变量 z_2 和 z_3 同时进行抽样，因此，这种方法可以期待得到更接近实际后验分布的样本。但是，从计算成本方面考虑，要求 $p(z_2, z_3 | z_1^{(i)})$ 能够足够简单地进行分布样本的抽取。

作为吉布斯采样的发展，还有折叠式吉布斯采样（collapsed Gibbs sampling）这一方法的介绍。对于某复杂概率分布 $p(z_1, z_2, z_3)$，在吉布斯采样法中是像式（4.10）所示那样，逐一地进行随机变量的抽样。而在折叠式吉布斯采样中，首先通过某种边缘化操作，将某些变量从模型中消除。如式（4.12）所示。

$$p(z_1, z_2) = \int p(z_1, z_2, z_3) \mathrm{d}z_3 \tag{4.12}$$

然后，再对所得到的边缘分布 $p(z_1, z_2)$，如往常一样应用吉布斯采样法进行样本抽取。如式（4.13）所示。

$$\begin{cases} z_1^{(i)} \sim p(z_1 | z_2^{(i-1)}) \\ z_2^{(i)} \sim p(z_2 | z_1^{(i)}) \end{cases} \tag{4.13}$$

与标准的吉布斯采样相比，因为应抽样的参数个数的减少，所以可以期待能够更加快速地得到所需要的样本。为了应用折叠式吉布斯采样，首先要求如式（4.12）所示的积分计算可以得到解析的结果，其次条件是剩余各变量的条件分布能够容易地进行样本抽取。

4.2.2　变分推论

变分推论（variational inference）或变分近似（variational approximation）是非常简单且强有力的概率分布的近似方法。吉布斯采样实现的是从某个未知的概率分布进行的样本实例的逐次抽取，与此相对应的是，变分推论的目标是通过最优问题的求解，得到未知概率分布的近似表示。

对于一个复杂的分布 $p(z_1, z_2, z_3)$，我们能否考虑用一个更简单的近似分布 $q(z_1, z_2, z_3)$ 来表现呢？这个问题就是采用诸如式（2.13）所示的 KL 散度作为基准函数的极小值问题，可以采用如式（4.14）所示的方法来近似优化。

$$q_{\text{opt.}}(z_1, z_2, z_3) = \underset{q}{\arg\min} \, \mathrm{KL}[q(z_1, z_2, z_3) \| p(z_1, z_2, z_3)] \tag{4.14}$$

KL 散度表示两个概率分布之间的差异，因此这个距离越小，两个概率分布就越"相似"。但是，如果在没有限制条件的情况下，直接进行最优问题求解的话，解直接变成了 $q_{\text{opt.}}(z_1, z_2, z_3) = p(z_1, z_2, z_3)$ 的问题，这样一来就什么也解决不了。在变分推论中，通常对近似分布 q 的表现能力加以限定，从而在该被限定的分布中，通过优化方法来寻找最接近实际后验分布 p 的分布 q。所采用的典型方法是基于平均场近似（mean-feld approximation）的变分推论。对于近似分布 q，我们假设各随机变量之间存在着如式（4.15）所示的相互独立性。

$$p(z_1, z_2, z_3) \approx q(z_1)q(z_2)q(z_3) \tag{4.15}$$

这是一个忽略了分布 $p(z_1, z_2, z_3)$ 的各变量 z_1, z_2, z_3 之间存在的复杂依存关系的假设。在此基础上，为了使 KL 散度变小，再对分解后的近似分布 $q(z_1)$, $q(z_2)$, $q(z_3)$ 逐个进行修正，这即为基于平均场近似的变分推论的基本算法。

例如，假设在分布 $q(z_2)$ 和 $q(z_3)$ 已经给定的情况下，如果能够求解式（4.16）所示的最优化问题的话，则可以求得最佳的分布 $q(z_1)$。

$$q_{\text{opt.}}(z_1) = \underset{q(z_1)}{\arg\min} \, \mathrm{KL}[q(z_1)q(z_2)q(z_3) \| p(z_1, z_2, z_3)] \tag{4.16}$$

在分布 $q(z_2)$ 和 $q(z_3)$ 一定的情况下，通过式（4.16）所示的 KL 散度的最小化，即可以确定所求分布 $q(z_1)$ 的函数形式。在此，为了简化表示，将期望值的计算简短地表示为诸如 $\langle \cdot \rangle_{q(z_1)q(z_2)q(z_3)} = \langle \cdot \rangle_{1,2,3}$ 那样的形式，进而有如式（4.17）～式（4.23）所示的表示形式。

$$\mathrm{KL}[q(z_1)q(z_2)q(z_3)||p(z_1,z_2,z_3)] \tag{4.17}$$

$$= -\langle \ln \frac{p(z_1,z_2,z_3)}{q(z_1)q(z_2)q(z_3)} \rangle_{1,2,3} \tag{4.18}$$

$$= -\langle \langle \ln \frac{p(z_1,z_2,z_3)}{q(z_1)q(z_2)q(z_3)} \rangle_{2,3} \rangle_1 \tag{4.19}$$

$$= -\langle \langle \ln p(z_1,z_2,z_3) \rangle_{2,3} - \langle \ln q(z_1) \rangle_{2,3} - \\ \langle \ln q(z_2) \rangle_{2,3} - \langle \ln q(z_3) \rangle_{2,3} \rangle_1 \tag{4.20}$$

$$= -\langle \langle \ln p(z_1,z_2,z_3) \rangle_{2,3} - \ln q(z_1) \rangle_1 + \mathrm{const.} \tag{4.21}$$

$$= -\langle \ln \frac{\exp\{\langle \ln p(z_1,z_2,z_3) \rangle_{2,3}\}}{q(z_1)} \rangle_1 + \mathrm{const.} \tag{4.22}$$

$$= \mathrm{KL}[q(z_1)||\exp\{\langle \ln p(z_1,z_2,z_3) \rangle_{2,3}\}] + \mathrm{const.} \tag{4.23}$$

虽然计算过程较长，但基本上只要注意对数的运算和期望值的处理，就可以清楚上述表达式的展开。首先，在式（4.18）中，以 KL 散度的定义式（2.13）为基础，以期望值的形式进行表示。在接下来的计算中，通过对数运算将各项分别展开，并像如式（4.21）所示的那样，将与变量 z_1 无关的项全部归入到常数项 const. 中。在式（4.22）中，进行了一点巧妙的变形：首先对项 $\langle \ln p(z_1,z_2,z_3) \rangle_{2,3}$ 进行取指数 exp 运算，再对所得结果进行取对数 ln 的运算，从而得到以 1 个 ln 函数给出的最终结果。于是，可以得到如式（4.23）所示的新的 KL 散度[⊖]。

通过上述计算，可以得出的结论是，在给定分布 $q(z_2)$ 和 $q(z_3)$ 的情况下，式（4.23）的最小值可以通过以下公式得到[⊖]，如式（4.24）所示。

$$\ln q(z_1) = \langle \ln p(z_1,z_2,z_3) \rangle_{q(z_2)q(z_3)} + \mathrm{const.} \tag{4.24}$$

通过稍后的一个具体例子可以说明，在混合模型中，也能像之前介绍的随机模型那样，通过共轭先验分布的良好应用，也可以使得所得出的计算结果回归为与先验分布相同的分布形式。在此，即使不能直接得到式（4.14）所示的 KL 散度的解析最小解，但请记住，对于式（4.16）所示的部分最小化问题，有时会有更简单的解析解。

同理，对于分布 $q(z_2)$ 和 $q(z_3)$ 所做的优化过程也与上述的介绍完全相同。于是，通过每个近似分布的不断更新和优化，最终可以使得如式（4.14）所示的全局 KL 散度，随着每次更新的进行而逐渐实现最小化。基于平均场近似的变分推论的算法的完整过程如算法 4.1 所

⊖　在此，关于 $\exp\{\langle \ln p(z_1,z_2,z_3) \rangle_{2,3}\}$ 项，没有必要进行分布的规格化处理。因为其在这里的作用是作为 KL 散度的目标函数，因此该项的规格化处理与优化没有直接关系。

⊖　在此省略了以下标表示的 opt. 。

示，在此，由于是从$q(z_1)$开始更新的，所以有必要给$q(z_2)$和$q(z_3)$一个初始值。如本例所示的那样，循环的结束条件，设定为 MAXITER 这样的固定值是最简单的，但也可以设定一个计算时间的上限。还可以采用通过证据下限（Evidence Lower Bound，ELBO）等评价值的不断监视，当其变化小于某一定值ε时，通常应该进行算法的终止等方法。关于 ELBO 的作用和意义，可以参照在附录 A. 4 中追加的介绍。

算法 4.1　平均场近似的变分推论

$q(z_2), q(z_3)$ 的初始化，

for $i = 1, \cdots, \mathrm{MAXITER}$ **do**

$\quad \ln q(z_1) = \langle \ln p(z_1, z_2, z_3) \rangle_{2,3} + \mathrm{const.}$

$\quad \ln q(z_2) = \langle \ln p(z_1, z_2, z_3) \rangle_{1,3} + \mathrm{const.}$

$\quad \ln q(z_3) = \langle \ln p(z_1, z_2, z_3) \rangle_{1,2} + \mathrm{const.}$

end for

除此之外，作为一个更加具体的实际例子，在这里给出了给定观测数据$\mathcal{D}$的一般随机模型$p(\mathcal{D}, z_1, \cdots, z_M)$的后验分布的近似公式。在此，$\mathcal{D}$为数据集，各$z_1, \cdots, z_M$是未观测的变量（隐性变量和参数等）。另外，将从未观测参数的集合中消去第i个变量z_i后的集合设为$\mathbf{Z}_{\backslash i}$。当后验分布$p(z_1, \cdots, z_M | \mathcal{D})$此时的模型分布近似时，可以根据条件分布的定义，以同时分布的期望值来表示。因此，在其他的近似分布$q(\mathbf{Z}_{\backslash i})$被固定的情况下，近似分布$q(z_i)$可以通过式（4.25）求得。

$$
\begin{aligned}
\ln q(z_i) &= \langle \ln p(z_1, \cdots, z_M | \mathcal{D}) \rangle_{q(\mathbf{Z}_{\backslash i})} + \mathrm{const.} \\
&= \langle \ln p(\mathcal{D}, z_1, \cdots, z_M) \rangle_{q(\mathbf{Z}_{\backslash i})} + \mathrm{const.}
\end{aligned}
\tag{4.25}
$$

其中，并不需要$p(\mathcal{D})$参与分布$q(z_i)$的决定，所以可以归入到常数项 const. 中。如式（4.25）所示的这个公式不仅可以导出本章中变分推论算法，在第 5 章的各种随机模型中也进行了多次应用。

如图 4.5 所示，是对二维高斯分布应用变分推论的例子。

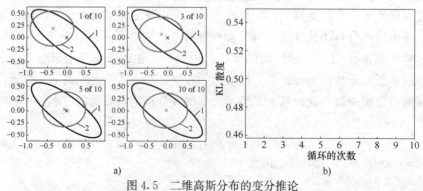

a)　　　　　　　　　　　b)

图 4.5　二维高斯分布的变分推论

如之前进行的吉布斯采样的例子一样，在此我们也给出了"一维高斯分布可以简单地进行规格化，但二维高斯分布不能进行规格化"的假设，从而在这种假想的情景中进行近似计算。在图 4.5a 中，椭圆 1 表示的是想要推定的真实的二维高斯分布，椭圆 2 表示的是基于变分推论的近似分布。结果很明显，在变分推论中，由于变量分解是在假定的独立性上做出的，不能捕捉到分解变量间的相关性关系，因此对于具有较强相关性的分布，即使在学习充分收敛之后也无法给出较好的近似结果。但是，一般来说变分推论比吉布斯采样要快，特别是在大规模的随机模型中，大多能发挥优秀的收敛性。另外，在图 4.5b 中也给出了 $\mathrm{KL}[q(\mathbf{x}) \| p(\mathbf{x})]$ 的变化情况。由此可以看出，在变分推论的每一轮更新中，一定朝着 KL 散度减小的方向进行优化⊖。

另外，在变分推论中，有时也不一定能得到如式（4.15）那样的完全分解表达式。在这种情况下，与成组吉布斯采样时所介绍的那样，也可以采用如式（4.26）所示的更加粗放的近似。

$$p(z_1, z_2, z_3) \approx q(z_1) q(z_2, z_3) \tag{4.26}$$

相对于如式（4.15）所示的近似，有时也将这种粗放的近似称为结构化变分推论（structured variational inference）。此时，可以通过近似分布来把握变量 z_2 和 z_3 之间的相关性，因此与完全零散分解的情况相比，有可能得到更精确的近似结果。但是一般来说，这种结构化变分推论的存储成本和计算成本也会相应地变高。

4.3　泊松混合模型的推论

我们进行针对一维数据的泊松混合模型（Poisson mixture model）的介绍，并进行后验分布算法的实际推导。首先介绍泊松混合模型的理由是，与高斯混合模型相比，泊松混合模型的各种近似方法（吉布斯采样、变分推论、折叠式吉布斯采样）比较容易导出。另外，在此所进行的介绍也成为第 3 章中介绍的后验分布和预测分布解析计算的应用实例。并且，在接下来的第 5 章中，作为泊松分布的非负性应用的扩展模型，将介绍非负值矩阵因子分解（nonnegative matrix factorization），在那里同时也会出现使用泊松分布和伽马分布的相似计算。

4.3.1　泊松混合模型

如图 4.6 所示的直方图那样的多峰性的离散非负数据，可以采用泊松混合模型对其进行学习。

泊松分布的参数 $\boldsymbol{\Theta}$ 由参数 $\boldsymbol{\lambda} = \{\lambda_1, \cdots, \lambda_K\}$ 来代替，并采用如式（4.27）所示的泊松分

⊖　在此，我们已经知道 $p(\mathbf{x})$ 是一个二维高斯分布，因此 KL 散度可以解析地求得。在实际模型中，每轮的更新并不能保证 $q(\mathbf{x})$ 与 $p(\mathbf{x})$ 进一步地靠近，也不能把握其"接近的程度"。

布，作为某个簇 k 的观测模型。

$$p(x_n|\lambda_k) = \text{Poi}(x_n|\lambda_k) \qquad (4.27)$$

因此，混合分布中的条件分布 $p(x_n|\mathbf{s}_n, \boldsymbol{\lambda})$ 可以表示为如式（4.28）所示的形式。

$$p(x_n|\mathbf{s}_n, \boldsymbol{\lambda}) = \prod_{k=1}^{K} \text{Poi}(x_n|\lambda_k)^{s_{n,k}} \qquad (4.28)$$

其中，通过 $\mathbf{s}_n$ 的作用，K 个泊松分布中只有 1 个被选中。

其次，为泊松分布的参数 $\boldsymbol{\lambda} = \{\lambda_1, \cdots, \lambda_K\}$ 设定一个先验分布。这里使用如式（4.29）所示的共轭先验分布的伽马分布比较简单。

$$p(\lambda_k) = \text{Gam}(\lambda_k|a, b) \qquad (4.29)$$

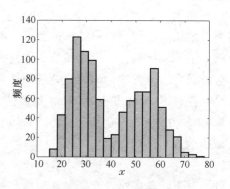

图 4.6   多峰性一维数据

其中，a、b 为预先赋予定值的超参数。在此，为了超参数的简单化，将其作为簇间共享的参数来处理。但是，根据应用的不同，也可以像 a_k 和 b_k 那样进行后缀的设定，从而给每个簇都预先设定一个超参数值，这也是完全没有问题的⊖。对于剩下的潜在变量 $\mathbf{S}$ 和混合比率参数 $\boldsymbol{\pi}$，如果直接使用式（4.2）以及式（4.4）所示的概率分布的话，则泊松混合模型的模型化过程也就完成了。

需要再一次强调的是，我们在此所构建的混合模型的同时分布，本身只是数据生成过程的一个假说，这一点需要明确。因此，强烈建议，在实践中需要进行多个超参数取值的尝试，并通过获得的样本 x_1、x_2、$\cdots$ 等，在视觉上对假定的模型进行确认。之所以这么做的理由，是因为接下来进行的推论算法的推导操作需要花费很多的精力和时间，所以在模型构建时，需要确认模型对相关数据的表现能力，保证其表现不存在错误。另外，也可以根据问题对一个超参数给定某种先验知识。例如，由于某种原因，在某种程度上事先知道簇之间数据数量的偏差程度时，则可以通过为每个簇都设定一个超参数 α_k 的方法，从而可以将该先验知识反映到模型上。相反，当对簇之间数据数量的偏差程度不具备任何知识时，也可对所有 α_k 设定一个很小的数值，从而能够抑制参数对先验分布结果的影响。

4.3.2   吉布斯采样

在此，我们采用此前介绍的吉布斯采样，对泊松混合模型后验分布的参数 $\boldsymbol{\lambda}$、$\boldsymbol{\pi}$ 和隐性变量 $\mathbf{S}$ 进行样本抽取，尝试进行算法的导出。首先，将观测到数据 $\mathbf{X}$ 之后的条件分布表示为如式（4.30）所示的形式。

$$p(\mathbf{S}, \boldsymbol{\lambda}, \boldsymbol{\pi}|\mathbf{X}) \qquad (4.30)$$

⊖ 特别地，在考虑应用逐次学习的情况下，由于每个簇的事后分布参数 $\hat{a}_k$，$\hat{b}_k$ 的近似值结果不一定相同，因此从开始就明确进行按簇的超参数设定也许能够导出较好的算法。

众所周知，在混合分布中，如果将隐性变量和参数分开进行抽样的话，可以得到十分简单的概率分布。因此，在此尝试采用如式（4.31）和式（4.32）所示的策略进行各个随机变量的样本提取（此后将省略样本下标 i）。

$$\mathbf{S} \sim p(\mathbf{S}|\mathbf{X}, \boldsymbol{\lambda}, \boldsymbol{\pi}) \tag{4.31}$$

$$\boldsymbol{\lambda}, \boldsymbol{\pi} \sim p(\boldsymbol{\lambda}, \boldsymbol{\pi}|\mathbf{X}, \mathbf{S}) \tag{4.32}$$

首先，试着求取如式（4.31）所示的条件分布，以便进行 $\mathbf{S} = \{\mathbf{s}_1, \cdots, \mathbf{s}_N\}$ 的抽取。在进行计算的过程中，像如式（4.33）所示的那样，除了观测数据 $\mathbf{X}$ 之外，重点是需要将 $\boldsymbol{\lambda}$ 和 $\boldsymbol{\pi}$ 也作为已观测到的参数来处理，只关注当前关注的随机变量 $\mathbf{S}$。

$$p(\mathbf{S}|\mathbf{X}, \boldsymbol{\lambda}, \boldsymbol{\pi}) \propto p(\mathbf{X}, \mathbf{S}, \boldsymbol{\lambda}, \boldsymbol{\pi})$$
$$\propto p(\mathbf{X}|\mathbf{S}, \boldsymbol{\lambda})p(\mathbf{S}|\boldsymbol{\pi})$$
$$= \prod_{n=1}^{N} p(\mathbf{x}_n|\mathbf{s}_n, \boldsymbol{\lambda})p(\mathbf{s}_n|\boldsymbol{\pi}) \tag{4.33}$$

其中，第 1 行根据条件分布的定义，将该后验分布变换为同时分布的比例形式。在第 2 和第 3 行中，根据式（4.5）所示的混合模型定义式，通过条件分布的积来表示同时分布，并且将与 $\mathbf{S}$ 无关的项归并到比例系数中，实现了消除。由结果可知，$\mathbf{S}$ 的后验分布 $p(\mathbf{S}|\mathbf{X}, \boldsymbol{\lambda}, \boldsymbol{\pi})$ 可以分解为各 $\mathbf{s}_1, \cdots, \mathbf{s}_N$ 的独立分布。也就是说，对于变量 $\mathbf{S} = \{\mathbf{s}_1, \cdots, \mathbf{s}_N\}$，在给定了数据和参数的情况下，没有必要进行需大规模概率分布计算的所有元素的同抽样。这意味着，各个 $\mathbf{s}_n$ 可以独立地进行采样（条件独立性）。

下面，我们具体地来看一下抽取 $\mathbf{s}_n$ 的概率分布的计算。由于计算过程中必须进行概率分布指数部分的计算，为了简单起见，在此进行取对数的计算。首先，由式（4.28）所示的观测模型可以得到式（4.34）所示的结果。

$$\ln p(x_n|\mathbf{s}_n, \boldsymbol{\lambda}) = \sum_{k=1}^{K} s_{n,k} \ln \text{Poi}(x_n|\lambda_k)$$
$$= \sum_{k=1}^{K} s_{n,k}(x_n \ln \lambda_k - \lambda_k) + \text{const.} \tag{4.34}$$

其次，由式（4.2）可得如式（4.35）所示的结果。

$$\ln p(\mathbf{s}_n|\boldsymbol{\pi}) = \ln \text{Cat}(\mathbf{s}_n|\boldsymbol{\pi})$$
$$= \sum_{k=1}^{K} s_{n,k} \ln \pi_k \tag{4.35}$$

于是，将以上两个式子综合起来，即可以得到如式（4.36）所示的 $\mathbf{s}_n$ 的后验分布。

$$\ln p(x_n|\mathbf{s}_n, \boldsymbol{\lambda})p(\mathbf{s}_n|\boldsymbol{\pi}) = \sum_{k=1}^{K} s_{n,k}(x_n \ln \lambda_k - \lambda_k + \ln \pi_k) + \text{const.} \tag{4.36}$$

如果考虑限制条件 $\sum_{k=1}^{K} s_{n,k} = 1$ 的话，上述后验分布即为 $\mathbf{s}_n$ 的类分布的对数表达式。因此，为了表示的简化，通过新的参数 $\boldsymbol{\eta}_n$ 的引入，则可以得到如式（4.37）和式（4.38）

所示的结果。

$$s_n \sim \text{Cat}(s_n | \boldsymbol{\eta}_n) \tag{4.37}$$

式中
$$\eta_{n,k} \propto \exp\{x_n \ln \lambda_k - \lambda_k + \ln \pi_k\}$$

$$\left(\text{s.t.} \quad \sum_{k=1}^{K} \eta_{n,k} = 1 \right) \tag{4.38}$$

通过各 s_n 的各 $\eta_{n,k}$ 的计算，即可通过类分布实现 s_n 的样本抽取。

接下来，进行参数采样的条件分布计算。进行参数采样的条件分布如式（4.32）所示。在此，将变量 $\mathbf{S}$ 作为已观测变量来处理，因此可以得到如式（4.39）所示的分布。

$$p(\boldsymbol{\lambda}, \boldsymbol{\pi} | \mathbf{X}, \mathbf{S}) \propto p(\mathbf{X}, \mathbf{S}, \boldsymbol{\lambda}, \boldsymbol{\pi})$$

$$= p(\mathbf{X} | \mathbf{S}, \boldsymbol{\lambda}) p(\mathbf{S} | \boldsymbol{\pi}) p(\boldsymbol{\lambda}) p(\boldsymbol{\pi}) \tag{4.39}$$

这里也按照与刚才完全相同的流程，首先根据条件分布的定义，将其表示为同时分布的比例形式，然后再根据混合模型的定义式将同时分布分解为条件分布的乘积。这里需要注意的是，式（4.39）中关于 $\boldsymbol{\lambda}$ 的项和关于 $\boldsymbol{\pi}$ 的项是可以分别分解的。因此，在给定 $\mathbf{X}$ 和 $\mathbf{S}$ 的条件下，这两个参数分布是独立的，进而能够得到可以分别进行抽样的参数分布。

首先从 $\boldsymbol{\lambda}$ 分布的计算开始。通过取对数运算可以变换为如式（4.40）所示的形式。

$$\ln p(\mathbf{X} | \mathbf{S}, \boldsymbol{\lambda}) p(\boldsymbol{\lambda})$$

$$= \sum_{n=1}^{N} \sum_{k=1}^{K} s_{n,k} \ln \text{Poi}(x_n | \lambda_k) + \sum_{k=1}^{K} \ln \text{Gam}(\lambda_k | a, b)$$

$$= \sum_{k=1}^{K} \left\{ \left(\sum_{n=1}^{N} s_{n,k} x_n + a - 1 \right) \ln \lambda_k - \left(\sum_{n=1}^{N} s_{n,k} + b \right) \lambda_k \right\} + \text{const.} \tag{4.40}$$

由此可见，对于参数 $\boldsymbol{\lambda}$ 的抽样，可以通过 $\boldsymbol{\lambda}$ 的各个元素，分别从如式（4.41）和式（4.42）所示的各自独立的 K 个伽马分布中进行抽取。

$$\boldsymbol{\lambda}_k \sim \text{Gam}(\lambda_k | \hat{a}_k, \hat{b}_k) \tag{4.41}$$

式中
$$\begin{cases} \hat{a}_k = \sum_{n=1}^{N} s_{n,k} x_n + a \\[2mm] \hat{b}_k = \sum_{n=1}^{N} s_{n,k} + b \end{cases} \tag{4.42}$$

另一方面，关于 $\boldsymbol{\pi}$ 的分布，首先进行如式（4.43）所示的变换。

$$\ln p(\mathbf{S} | \boldsymbol{\pi}) p(\boldsymbol{\pi}) = \sum_{n=1}^{N} \ln \text{Cat}(s_n | \boldsymbol{\pi}) + \ln \text{Dir}(\boldsymbol{\pi} | \boldsymbol{\alpha})$$

$$= \sum_{k=1}^{K} \left(\sum_{n=1}^{N} s_{n,k} + \alpha_k - 1 \right) \ln \pi_k + \text{const.} \tag{4.43}$$

因此可以看出，参数 $\boldsymbol{\pi}$ 的样本可以从式（4.44）和式（4.45）所示的 Dirichlet 分布进行抽取。

$$\boldsymbol{\pi} \sim \mathrm{Dir}(\boldsymbol{\pi}|\hat{\boldsymbol{\alpha}}) \tag{4.44}$$

式中
$$\hat{\alpha}_k = \sum_{n=1}^{N} s_{n,k} + \alpha_k \tag{4.45}$$

通过以上的过程和步骤，我们即可以实现所有未观测变量的样本抽取。如果对其进行概括的话，即可以得到如算法 4.2 所示的泊松混合模型后验分布的吉布斯采样方法。在此，由于最先进行的是隐性变量 **S** 的样本抽取，所以需要预先将 **λ** 和 **π** 的值作为初始值给出。相反，如果预先对 **S** 进行随机初始化，那么也可以进行最先从 **λ** 和 **π** 开始的样本抽取。

算法 4.2　泊松混合模型的吉布斯采样

设定参数 **λ**，**π** 的样本初始值

for $i = 1, \cdots, \mathrm{MAXITER}$ do

    for $n = 1, \cdots, N$ do

        通过如式（4.37）所示的抽样进行 $\mathbf{s}_n$ 的抽取

    end for

    for $k = 1, \cdots, K$ do

        通过如式（4.41）所示的抽样进行 $\boldsymbol{\lambda}_k$ 的抽取

    end for

    通过如式（4.44）所示的抽样进行 **π** 的抽取

end for

4.3.3　变分推论

接下来，我们尝试进行泊松混合分布变分推论算法的推导。为了得到变分推论算法的更新表达式，有必要对后验分布进行近似分解的假设。如式（4.46）所示，这里通过隐性变量和参数的分离，实现后验分布的近似表示。

$$p(\mathbf{S}, \boldsymbol{\lambda}, \boldsymbol{\pi}|\mathbf{X}) \approx q(\mathbf{S})q(\boldsymbol{\lambda}, \boldsymbol{\pi}) \tag{4.46}$$

顺便提一下，在此进行的这种将隐性变量和参数的分布分开来近似的步骤，有时被特称为变分贝叶斯最大期望值算法（variational Bayesian expectation maximization algorithm）[⊖]。

为了进行变分推论的推导，下面我们首先通过此前给出的式（4.25），将分布 $q(\mathbf{S})$ 变换为如式（4.47）所示的形式。

$$
\begin{aligned}
\ln q(\mathbf{S}) &= \langle \ln p(\mathbf{X}, \mathbf{S}, \boldsymbol{\lambda}, \boldsymbol{\pi}) \rangle_{q(\boldsymbol{\lambda}, \boldsymbol{\pi})} + \mathrm{const.} \\
&= \langle \ln p(\mathbf{X}|\mathbf{S}, \boldsymbol{\lambda}) \rangle_{q(\boldsymbol{\lambda})} + \langle \ln p(\mathbf{S}|\boldsymbol{\pi}) \rangle_{q(\boldsymbol{\pi})} + \mathrm{const.} \\
&= \sum_{n=1}^{N} \{ \langle \ln p(x_n|\mathbf{s}_n, \boldsymbol{\lambda}) \rangle_{q(\boldsymbol{\lambda})} + \langle \ln p(\mathbf{s}_n|\boldsymbol{\pi}) \rangle_{q(\boldsymbol{\pi})} \} + \mathrm{const.}
\end{aligned} \tag{4.47}
$$

⊖　在极大似然估计的最优推定语境中，有时也将该方法称为最大期望值（expectation maximization，EM）算法。

其中，首先按照混合模型的总体定义式（4.5）对同时分布进行分解，然后将与变量 $\mathbf{S}$ 无关的项全部归入常数项 const. 中。由式（4.47）可知，近似分布 $q(\mathbf{S})$ 的对数是由 N 个项的和来表示的，因此也可以看出，分布 $q(\mathbf{S})$ 被分解为各个点的独立分布 $q(\mathbf{s}_1), \cdots, q(\mathbf{s}_N)$。另外，式中各个期望值项的进一步计算结果如式（4.48）和式（4.49）所示。

$$
\begin{aligned}
\langle \ln p(x_n|\mathbf{s}_n, \boldsymbol{\lambda}) \rangle_{q(\boldsymbol{\lambda})} &= \sum_{k=1}^{K} \langle s_{n,k} \ln \mathrm{Poi}(x_n|\lambda_k) \rangle_{q(\lambda_k)} \\
&= \sum_{k=1}^{K} s_{n,k}(x_n \langle \ln \lambda_k \rangle - \langle \lambda_k \rangle) + \mathrm{const.}
\end{aligned} \tag{4.48}
$$

并且

$$
\begin{aligned}
\langle \ln p(\mathbf{s}_n|\boldsymbol{\pi}) \rangle_{q(\boldsymbol{\pi})} &= \langle \ln \mathrm{Cat}(\mathbf{s}_n|\boldsymbol{\pi}) \rangle_{q(\boldsymbol{\pi})} \\
&= \sum_{k=1}^{K} s_{n,k} \langle \ln \pi_k \rangle
\end{aligned} \tag{4.49}
$$

于是，可以看出 $\mathbf{s}_n$ 的近似分布为如式（4.50）和式（4.51）所示的类分布。

$$
q(\mathbf{s}_n) = \mathrm{Cat}(\mathbf{s}_n|\boldsymbol{\eta}_n) \tag{4.50}
$$

式中

$$
\begin{aligned}
\eta_{n,k} &\propto \exp\{x_n \langle \ln \lambda_k \rangle - \langle \lambda_k \rangle + \langle \ln \pi_k \rangle\} \\
&\left(\mathrm{s.t.} \quad \sum_{k=1}^{K} \eta_{n,k} = 1 \right)
\end{aligned} \tag{4.51}
$$

为了完成这个更新表达式的计算，需要对 $\boldsymbol{\lambda}$ 和 $\boldsymbol{\pi}$ 进行各自期望值的计算，但这些期望值的计算也必须是在明确了分布 $q(\boldsymbol{\lambda})$ 和 $q(\boldsymbol{\pi})$ 的形式时才能进行。因此，在此暂且不谈这些期望值的具体计算，只将分布 $q(\mathbf{s}_n)$ 理解为简单的类分布，并按类分布期望值的计算公式给出该分布的期望表达式。

接下来，试着求出参数的近似分布的更新表达式。在此，按照同样的流程，应用变分推论给出如式（4.52）所示的表示。

$$
\begin{aligned}
\ln q(\boldsymbol{\lambda}, \boldsymbol{\pi}) &= \langle \ln p(\mathbf{X}, \mathbf{S}, \boldsymbol{\lambda}, \boldsymbol{\pi}) \rangle_{q(\mathbf{S})} + \mathrm{const.} \\
&= \langle \ln p(\mathbf{X}|\mathbf{S}, \boldsymbol{\lambda}) \rangle_{q(\mathbf{S})} + \ln p(\boldsymbol{\lambda}) + \\
&\quad \langle \ln p(\mathbf{S}|\boldsymbol{\pi}) \rangle_{q(\mathbf{S})} + \ln p(\boldsymbol{\pi}) + \mathrm{const.}
\end{aligned} \tag{4.52}
$$

在这里，由于所有期望值的计算都是关于 $q(\mathbf{S})$ 的，所以请注意，那些原本与变量 $\mathbf{S}$ 没有关系的概率分布可以直接从括号 $\langle \cdot \rangle$ 中提出来。在此，我们感兴趣的是，在如式（4.52）所示的对数表达式中，关于参数 $\boldsymbol{\lambda}$ 和 $\boldsymbol{\pi}$ 的项被分解为相互独立的项。这就意味着，所得到的关于参数 $\boldsymbol{\lambda}$ 和 $\boldsymbol{\pi}$ 的同时分布 $q(\boldsymbol{\lambda}, \boldsymbol{\pi}) = q(\boldsymbol{\lambda})q(\boldsymbol{\pi})$ 的近似结果，变成了两个各自独立的分布。

首先，如果只取出和参数 $\boldsymbol{\lambda}$ 有关的项进行计算的话，即能得到如式（4.53）所示的结果。

$$\ln q(\boldsymbol{\lambda}) = \sum_{n=1}^{N} \left\langle \sum_{k=1}^{K} s_{n,k} \ln \mathrm{Poi}(x_n|\lambda_k) \right\rangle_{q(\mathbf{s}_n)} + \sum_{k=1}^{K} \ln \mathrm{Gam}(\lambda_k|a,b) + \mathrm{const.}$$

$$= \sum_{k=1}^{K} \left\{ \left(\sum_{n=1}^{N} \langle s_{n,k} \rangle x_n + a - 1 \right) \ln \lambda_k - \left(\sum_{n=1}^{N} \langle s_{n,k} \rangle + b \right) \lambda_k \right\} + \mathrm{const.} \tag{4.53}$$

因此可以看出，参数 $\boldsymbol{\lambda}$ 的近似后验分布可以进一步分解为其 K 个元素的相互独立分布，而参数 $\boldsymbol{\lambda}$ 的各个元素的近似分布均为一个伽马分布。其中，第 k 个元素的近似分布的表示如式（4.54）和式（4.55）所示。

$$q(\lambda_k) = \mathrm{Gam}(\lambda_k|\hat{a}_k, \hat{b}_k) \tag{4.54}$$

式中

$$\begin{cases} \hat{a}_k = \sum_{n=1}^{N} \langle s_{n,k} \rangle x_n + a \\[2mm] \hat{b}_k = \sum_{n=1}^{N} \langle s_{n,k} \rangle + b \end{cases} \tag{4.55}$$

其次，如果只取出与参数 $\boldsymbol{\pi}$ 有关的项进行计算的话，就会得到如式（4.56）所示的结果。

$$\ln q(\boldsymbol{\pi}) = \sum_{n=1}^{N} \langle \ln \mathrm{Cat}(\mathbf{s}_n|\boldsymbol{\pi}) \rangle_{q(\mathbf{s}_n)} + \ln \mathrm{Dir}(\boldsymbol{\pi}|\boldsymbol{\alpha}) + \mathrm{const.}$$

$$= \sum_{k=1}^{K} \left(\sum_{n=1}^{N} \langle s_{n,k} \rangle + \alpha_k - 1 \right) \ln \pi_k + \mathrm{const.} \tag{4.56}$$

因此也可以看出，参数 $\boldsymbol{\pi}$ 的近似后验分布也可以进一步分解为其 K 个元素的相互独立分布，且第 k 个元素的近似分布为如式（4.57）和式（4.58）所示的 Dirichlet 分布。

$$q(\boldsymbol{\pi}) = \mathrm{Dir}(\boldsymbol{\pi}|\hat{\boldsymbol{\alpha}}) \tag{4.57}$$

式中

$$\hat{\alpha}_k = \sum_{n=1}^{N} \langle s_{n,k} \rangle + \alpha_k \tag{4.58}$$

由此可见，无论哪个参数的近似后验分布，都变成了与各自先验分布相同类型的概率分布。

此外，为了进行各参数近似分布更新表达式的计算，还必须要有期望值 $\langle s_{n,k} \rangle = \langle s_{n,k} \rangle_{q(\mathbf{s}_n)}$ 的计算结果。在此，由于我们已经知道 $q(\mathbf{s}_n)$ 是服从类分布的，所以该期望值即为分布 $q(\mathbf{s}_n)$ 的均值参数，亦即如式（4.59）所示的简单结果。

$$\langle s_{n,k} \rangle = \eta_{n,k} \tag{4.59}$$

同样地，我们再来看一下此前暂缓进行的期望值 $\langle \boldsymbol{\lambda} \rangle$、$\langle \ln \boldsymbol{\lambda} \rangle$ 和 $\langle \ln \boldsymbol{\pi} \rangle$ 的计算。因为已经知道 $q(\boldsymbol{\lambda})$ 和 $q(\boldsymbol{\pi})$ 分别为 Gamma 分布和 Dirichlet 分布，因此可以得到如式（4.60）～式（4.62）所示的期望值计算结果。

$$\langle \lambda_k \rangle = \frac{\hat{a}_k}{\hat{b}_k} \tag{4.60}$$

$$\langle \ln \lambda_k \rangle = \psi(\hat{a}_k) - \ln \hat{b}_k \tag{4.61}$$

$$\langle \ln \pi_k \rangle = \psi(\hat{\alpha}_k) - \psi(\sum_{i=1}^{K} \hat{\alpha}_i) \tag{4.62}$$

通过以上的计算，以各个近似分布的参数对所需要的期望值进行了表示⊖，从而使得所有近似分布都得到了明确的表示形式。在此，有一个常见的计算错误，就是有时会将 $\langle \ln f(x) \rangle$ 和 $\ln \langle f(x) \rangle$ 等同对待。如果根据最初的期望值积分定义式进行验证的话，一般来说，期望值的对数≠对数的期望值，这一点请不要忘记。

如果将上述过程进行概括的话，则可以得到如算法 4.3 所示的泊松混合模型的变分推论算法。总的来说，该算法是依次进行各个变量和参数近似分布的更新，直到达到某个预定的循环次数 MAXITER 为止。但也有通过泊松混合模型 ELBO 的计算，来追踪每次更新进度的方法。关于泊松混合模型 ELBO 的计算，请参见附录 A.4。

此外，从上述变分推论过程中进行的逐次更新可以看出，在此所进行的过程与吉布斯采样进行的各抽样步骤是非常相似的。实际上，如果将变分推论更新表达式中的期望值计算部分简单地置换为样本值，变分推论也即为吉布斯采样了。

算法 4.3   泊松混合模型的变分推论

$q(\boldsymbol{\lambda})$，$q(\boldsymbol{\pi})$ 的初始化

for $i = 1, \cdots,$ MAXITER do

  for $n = 1, \cdots, N$ do

    通过式 (4.50) 进行 $q(\mathbf{s}_n)$ 的更新

  end for

  for $k = 1, \cdots, K$ do

    通过式 (4.54) 进行 $q(\lambda_k)$ 的更新

end for

    通过式 (4.57) 进行 $q(\boldsymbol{\pi})$ 的更新

end for

4.3.4   折叠式吉布斯采样

在此，我们将进行泊松混合模型的折叠式吉布斯采样算法的推导。通常，在混合模型的折叠式吉布斯采样中，首先考虑进行如式 (4.63) 所示的同时分布的边缘化计算，以实现参数的消除。

⊖ 有时也会遇到期望值不能解析计算的情况，在这种情况下，可以通过样本的抽取，再如式 (2.14) 那样进行期望值的近似计算。

$$p(\mathbf{X}, \mathbf{S}) = \iint p(\mathbf{X}, \mathbf{S}, \boldsymbol{\lambda}, \boldsymbol{\pi}) \mathrm{d}\boldsymbol{\lambda} \mathrm{d}\boldsymbol{\pi} \tag{4.63}$$

一旦实现了对参数的边缘化计算，之后只要能从分布 $p(\mathbf{S}|\mathbf{X})$ 中进行变量 $\mathbf{S}$ 的抽取即可。边缘化计算所需要的参数后验分布等，可以根据情况通过变量 $\mathbf{S}$ 的抽样来进行计算。如图 4.7 所示，通过图模型表示，给出了参数边缘化计算前（见左图）后的模型（右图）。

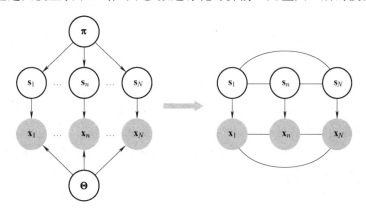

图 4.7　混合模型边缘计算后的模型

通过边缘计算后所得到的图模型可以看出，$\mathbf{s}_1, \cdots, \mathbf{s}_N$ 之间均存在着相互依存关系，因此构成了一个完全图（complete graph）。由此可以看出，如果对这样的后验分布直接进行采样的话，则需要进行样本 $\mathbf{s}_1, \cdots, \mathbf{s}_N$ 的同时抽取，因此就需要在评价了所有 $\mathbf{S}$ 可能的 K^N 个样本组合之后才能进行分布的规格化运算。这在原理上来说是可行的，但是当 N 的值增大到一定程度时，由于计算量的原因而不现实。为此，在这里我们需要探讨各个 $\mathbf{s}_1, \cdots, \mathbf{s}_N$ 是否可以分别进行采样，以便对边缘计算后的模型的后验分布 $p(\mathbf{S}|\mathbf{X})$ 使用吉布斯采样。换句话说，如果将想要抽样的变量 $\mathbf{s}_n$ 以外的所有隐性变量作为集合 $\mathbf{S}_{\backslash n} = \{\mathbf{s}_1, \cdots, \mathbf{s}_{n-1}, \mathbf{s}_{n+1}, \cdots \mathbf{s}_N\}$ 来看待时，则变量的样本 $\mathbf{s}_n$ 的样本抽取即可以从条件分布 $p(\mathbf{s}_n|\mathbf{X}, \mathbf{S}_{\backslash n})$ 这样十分简单的概率分布来进行。

按照这个想法，我们来进行如式（4.64）～式（4.66）所示的计算。

$$p(\mathbf{s}_n|\mathbf{X}, \mathbf{S}_{\backslash n}) \propto p(x_n, \mathbf{X}_{\backslash n}, \mathbf{s}_n, \mathbf{S}_{\backslash n}) \tag{4.64}$$

$$= p(x_n|\mathbf{X}_{\backslash n}, \mathbf{s}_n, \mathbf{S}_{\backslash n}) p(\mathbf{X}_{\backslash n}|\mathbf{s}_n, \mathbf{S}_{\backslash n}) p(\mathbf{s}_n|\mathbf{S}_{\backslash n}) p(\mathbf{S}_{\backslash n}) \tag{4.65}$$

$$\propto p(x_n|\mathbf{X}_{\backslash n}, \mathbf{s}_n, \mathbf{S}_{\backslash n}) p(\mathbf{s}_n|\mathbf{S}_{\backslash n}) \tag{4.66}$$

首先，在式（4.64）中，简单使用条件分布的定义，将后验分布以同时分布的形式进行表示，其中由于分母中出现的项 $p(x_n, \mathbf{X}_{\backslash n}, \mathbf{S}_{\backslash n})$ 与 $\mathbf{s}_n$ 没有直接关系，所以进行了忽略。其次，在式（4.65）中，简单采用条件分布的定义，将同时分布变换为条件分布的乘积。其中的项 $p(\mathbf{X}_{\backslash n}|\mathbf{s}_n, \mathbf{S}_{\backslash n})$，如果考虑如图 4.8 那样的图模型的话，由于 $\mathbf{s}_n$ 与各 $\mathbf{X}_{\backslash n}$ 不存在共同的父节点，所以 $\mathbf{X}_{\backslash n}$ 与 $\mathbf{s}_n$ 之间具有条件独立性。因此，可以得到如式（4.67）所示的结果。

$$p(\mathbf{X}_{\backslash n}|\mathbf{s}_n, \mathbf{S}_{\backslash n}) = p(\mathbf{X}_{\backslash n}|\mathbf{S}_{\backslash n}) \tag{4.67}$$

由此可见，该项与当前所关注的变量s_n没有关系，因此在式（4.66）中对其进行了消除。同时，由于项$p(\mathbf{S}_{\backslash n})$中也不包含变量$s_n$，因此也同样被消除。

通过所得表达式的仔细观察，可以看出，条件分布$p(s_n|\mathbf{X}, \mathbf{S}_{\backslash n})$的计算被分解为如式（4.68）和式（4.69）所示两个项。

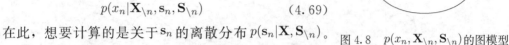

$$p(\mathbf{s}_n|\mathbf{S}_{\backslash n}) \tag{4.68}$$

$$p(x_n|\mathbf{X}_{\backslash n}, s_n, \mathbf{S}_{\backslash n}) \tag{4.69}$$

在此，想要计算的是关于s_n的离散分布$p(s_n|\mathbf{X}, \mathbf{S}_{\backslash n})$。因此，对于上述这两个式子，首先分别计算所有可能的

图 4.8 $p(x_n, \mathbf{X}_{\backslash n}, \mathbf{S}_{\backslash n})$的图模型

$s_{n,k}=1$时的概率值，如果将最终得到的结果进行归一规格化的话，就可以得到进行s_n样本抽取的概率分布（类分布）。以下，让我们更详细地研究一下这两个分布的计算。

首先是如式（4.68）所示的项$p(s_n|\mathbf{S}_{\backslash n})$，可以将其解释为如式（4.70）所示的$s_n$的预测分布。

$$p(\mathbf{s}_n|\mathbf{S}_{\backslash n}) = \int p(\mathbf{s}_n|\boldsymbol{\pi}) p(\boldsymbol{\pi}|\mathbf{S}_{\backslash n}) \mathrm{d}\boldsymbol{\pi} \tag{4.70}$$

其中，右侧的项$p(\boldsymbol{\pi}|\mathbf{S}_{\backslash n})$表示将$N-1$个样本$\mathbf{S}_{\backslash n}$当作观测数据处理时的参数$\boldsymbol{\pi}$的后验分布。如对其应用贝叶斯定理的话，则可得到如式（4.71）所示的结果。

$$p(\boldsymbol{\pi}|\mathbf{S}_{\backslash n}) \propto p(\mathbf{S}_{\backslash n}|\boldsymbol{\pi}) p(\boldsymbol{\pi}) \tag{4.71}$$

所得到的这个结果，与第 3 章中进行的使用了 Dirichlet 先验分布的类分布参数学习情况相同。如果使用如式（3.27）所示$\boldsymbol{\pi}$的后验分布进行该分布的解析求取，即能得到如式（4.72）和式（4.73）所示的以K维向量$\hat{\boldsymbol{\alpha}}_{\backslash n}$为参数的 Dirichlet 分布。

$$p(\boldsymbol{\pi}|\mathbf{S}_{\backslash n}) = \mathrm{Dir}(\boldsymbol{\pi}|\hat{\boldsymbol{\alpha}}_{\backslash n}) \tag{4.72}$$

式中

$$\hat{\alpha}_{\backslash n, k} = \sum_{n' \neq n} s_{n', k} + \alpha_k \tag{4.73}$$

式中，$\sum\limits_{n' \neq n}$表示除第n个以外的所有指数的和。

因为已知分布$p(\boldsymbol{\pi}|\mathbf{S}_{\backslash n})$是一个 Dirichlet 分布，接下来，如式（4.70）所示，如果将参数$\boldsymbol{\pi}$通过边缘化计算加以消除的话，就可以求得分布$p(s_n|\mathbf{S}_{\backslash n})$的解析表达式。对这个表达式如果使用第 3 章中导出的如式（3.32）所示的预测分布结果的话，则可以得到如式（4.74）和式（4.75）所示的以K维向量$\boldsymbol{\eta}_{\backslash n}$为参数的类分布。

$$p(\mathbf{s}_n|\mathbf{S}_{\backslash n}) = \int \mathrm{Cat}(\mathbf{s}_n|\boldsymbol{\pi}) \mathrm{Dir}(\boldsymbol{\pi}|\hat{\boldsymbol{\alpha}}_{\backslash n}) \mathrm{d}\boldsymbol{\pi}$$

$$= \mathrm{Cat}(\mathbf{s}_n|\boldsymbol{\eta}_{\backslash n}) \tag{4.74}$$

式中

$$\eta_{\backslash n, k} \propto \hat{\alpha}_{\backslash n, k} \tag{4.75}$$

接下来，进行如式（4.69）所示项$p(\mathbf{x}_n|\mathbf{X}_{\backslash n}, s_n, \mathbf{S}_{\backslash n})$的计算。从形式上看这个计算要稍微复杂一些，但其过程与求s_n的预测分布时的讨论是一样的。在此，我们从如式（4.76）所示的

同样的预测分布计算开始[—]。

$$p(x_n|\mathbf{X}_{\setminus n}, \mathbf{s}_n, \mathbf{S}_{\setminus n}) = \int p(x_n|\mathbf{s}_n, \boldsymbol{\lambda})p(\boldsymbol{\lambda}|\mathbf{X}_{\setminus n}, \mathbf{S}_{\setminus n})\mathrm{d}\boldsymbol{\lambda} \tag{4.76}$$

首先，计算上式右侧的参数的后验分布项。如果使用贝叶斯定理的话，则能变换为如式（4.77）所示的形式。

$$p(\boldsymbol{\lambda}|\mathbf{X}_{\setminus n}, \mathbf{S}_{\setminus n}) \propto p(\mathbf{X}_{\setminus n}|\mathbf{S}_{\setminus n}, \boldsymbol{\lambda})p(\boldsymbol{\lambda}) \tag{4.77}$$

由此可以看出，这是使用了泊松分布和伽马先验分布的贝叶斯推论。但是，因为需要隐性变量$\mathbf{S}_{\setminus n}$，在此为了便于计算，对其右侧进行对数运算，于是可以得到如式（4.78）所示的结果。

$$\ln p(\mathbf{X}_{\setminus n}|\mathbf{S}_{\setminus n}, \boldsymbol{\lambda})p(\boldsymbol{\lambda})$$

$$= \sum_{n' \neq n}\sum_{k=1}^{K} s_{n',k} \ln \mathrm{Poi}(x_{n'}|\lambda_k) + \sum_{k=1}^{K} \ln \mathrm{Gam}(\lambda_k|a, b)$$

$$= \sum_{k=1}^{K}\left\{\left(\sum_{n' \neq n} s_{n',k}x_{n'} + a - 1\right)\ln \lambda_k - \left(\sum_{n' \neq n} s_{n',k} + b\right)\lambda_k\right\} + \mathrm{const.} \tag{4.78}$$

因此，由所得到的结果可以看出，参数$\boldsymbol{\lambda}$的后验分布是如式（4.79）和式（4.80）所示的与先验分布相同的伽马分布[—]。

$$p(\boldsymbol{\lambda}|\mathbf{X}_{\setminus n}, \mathbf{S}_{\setminus n}) = \prod_{k=1}^{K} \mathrm{Gam}(\lambda_k|\hat{a}_{\setminus n,k}, \hat{b}_{\setminus n,k}) \tag{4.79}$$

式中

$$\begin{cases} \hat{a}_{\setminus n,k} = \sum_{n' \neq n} s_{n',k}x_{n'} + a \\ \hat{b}_{\setminus n,k} = \sum_{n' \neq n} s_{n',k} + b \end{cases} \tag{4.80}$$

其次，使用这个分布，用积分运算进行参数$\boldsymbol{\lambda}$的消除，进行关于x_n的某种预测分布的计算。为了简化计算，如果只考虑对于$s_{n,k} = 1$的某个k的话，则式（4.76）所示的积分式可以进行如下的解析积分运算结果。如式（4.81）所示。

$$p(x_n|\mathbf{X}_{\setminus n}, s_{n,k} = 1, \mathbf{S}_{\setminus n}) = \int p(x_n|\lambda_k)p(\lambda_k|\mathbf{X}_{\setminus n}, \mathbf{S}_{\setminus n})\mathrm{d}\lambda_k$$

$$= \mathrm{NB}\left(x_n|\hat{a}_{\setminus n,k}, \frac{1}{\hat{b}_{\setminus n,k} + 1}\right) \tag{4.81}$$

由此可以看出，所得结果就变成了第 3 章泊松分布预测分布中所介绍的，如式（3.43）所示的负二项分布。

这样一来，如式（4.68）及式（4.69）所示的两个概率分布的形式就变得很明确了。实际上，为了从这个概率分布中进行$\mathbf{s}_n$的样本抽取，对各个$\mathbf{s}_n$的实现值（从$\mathbf{s}_n = (1, 0, \cdots, 0, 0)^{\top}$到

[—]　在此，由于x_n为已经给定的观测数据，因此严格来说，这是一个条件预测的似然函数。

[—]　在进行吉布斯采样的实际计算中，该计算还需要借用如式（4.41）所示的后验分布的计算结果。

$s_n = (0, 0, \cdots, 0, 1)^{\top}$) 采用如式 (4.74) 及式 (4.81) 所示的公式进行评价，并采用所得到的 K 个值进行规格化的话，就可以得到用于 s_n 样本抽取的类分布。

此外，由于折叠式吉布斯采样的特性，在对各第 n 个数据进行采样时，不需要进行如式 (4.73) 和式 (4.80) 所示的那样，对每次采样重新执行 $N-1$ 个数据和隐性变量的相加。在得到第 i 个样本后，如想得到第 j 个样本，则如式 (4.73) 所示的后验分布的计算可以按照如式 (4.82) 所示的形式进行即可。

$$\hat{\alpha}_{\backslash j,k} = \hat{\alpha}_{\backslash i,k} + s_{i,k} - s_{j,k} \tag{4.82}$$

式中，$\hat{\alpha}_{\backslash j,k}$ 是对 s_i 进行抽样时使用的参数值。

如果为其加上实际被抽取的 $s_{i,k}$，则意味着如果再消去过去被抽取的旧的 $s_{j,k}$ 的部分的话，就可以得到为了进行 s_j 的抽取所必需的参数值 $\hat{\alpha}_{\backslash i,k}$。同理，对于如式 (4.80) 所示的参数更新，也可以采用如式 (4.83) 所示的更新表达式进行。

$$\begin{cases} \hat{a}_{\backslash j,k} = \hat{a}_{\backslash i,k} + s_{i,k}x_i - s_{j,k}x_j \\ \hat{b}_{\backslash j,k} = \hat{b}_{\backslash i,k} + s_{i,k} - s_{j,k} \end{cases} \tag{4.83}$$

在实际实现过程中，在通过 N 个数据计算得到参数 $\hat{\alpha}_k$ 后，同时也将所得到的 $\hat{\alpha}_k$ 送到变量 $\hat{b}_k$ 上进行暂存。在对新的 s_n 进行抽样之前，需要用到该参数值 $\hat{\alpha}_k$ 时，则从变量 $\hat{b}_k$ 中即可得到之前暂存的 $\hat{\alpha}_k$。在样本增加后，需要进行新的 s_n 采样时，再将新得到的参数值进行同样的暂存。通过这样的努力，算法不仅在计算速度上有所提高，而且在内存使用方面也变得非常有效率。

对于泊松混合模型的折叠式吉布斯采样的算法，如算法 4.4 所示。

算法 4.4　泊松混合模型的折叠式吉布斯采样

设定隐性变量 $s_1, \cdots, s_N$ 的样本初始值。

进行 $\hat{\alpha}$, $\hat{a}$, $\hat{b}$ 的计算

for $i = 1, \cdots,$ MAXITER do

　for $n = 1, \cdots, N$ do

　　对式 (4.82) 和式 (4.83) 中关于 x_n 的统计量进行清零。

　　for $k = 1, \cdots, K$ do

　　　通过式 (4.81) 进行 $p(x_n | \mathbf{X}_{\backslash n}, s_{n,k} = 1, \mathbf{S}_{\backslash n})$ 的计算

　　end for

　　通过式 (4.74) 和 $p(\mathbf{x}_n | \mathbf{X}_{\backslash n}, \mathbf{s}_n, \mathbf{S}_{\backslash n})$ 进行变量 s_n 的样本抽取

　　使用式 (4.82) 和式 (4.83) 进行关于 x_n 的统计量的追加

　end for

end for

4.3.5 简易实验

到此，我们终于完成了 3 种近似推论方法的介绍，以下通过简单的样例数据，对这 3 种近似推论方法进行应用尝试。在这里对如图 4.9 所示通过直方图表示的简单的双峰性数据，采用基于 $K = 2$ 的泊松混合模型的变分推论进行了聚类。

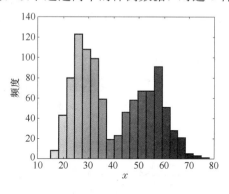

图中，数据对于簇的隶属性通过颜色来表示（深色或浅色）。由此可以看出，两个具有不同均值的泊松分布组合给出了数据的分布特性。另外，存在于两个簇之间的数据的隶属关系变得模糊，结果使得簇隶属度的期望值 $\langle \mathbf{s}_n \rangle$ 也具有相应的不确定性。在图 4.9 中，通过深与浅之间的颜色的使用，来进行这种不确定性的表示。

图 4.9 通过泊松混合模型进行的聚类

当簇数增加到 $K = 8$ 时，通过计算时间对 3 种近似方法的性能进行比较，结果如图 4.10 所示。

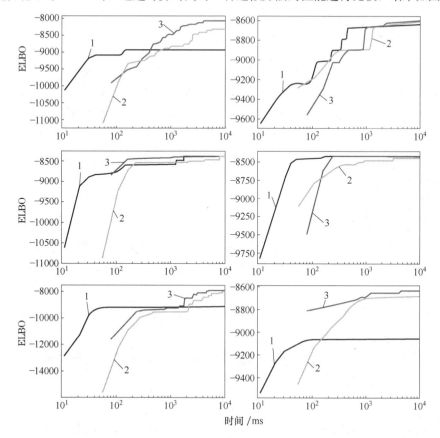

图 4.10 变分推论（VI）、吉布斯采样（GS）和折叠式吉布斯采样（CGS）的比较

1—VI 2—GS 3—CGS

在这里准备了 6 组从先验分布中随机生成的人工测试数据。在图 4.10 各分图中，横轴表示计算时间（毫秒），纵轴表示不同方法下 ELBO 的变化。另外，为了减轻方法与初始值的相关性，在各个数据集中分别进行 10 次实验，将得到的 ELBO 的平均值作为结果来使用。如图 4.10 所示的那样，虽然变分推论在初期阶段显示了快速的收敛性能，但基于吉布斯采样的两种方法与变分推论相比，最终的推论结果都有变得更好的趋势。特别是折叠式吉布斯采样，初期阶段的收敛速度和最终阶段的精度都非常良好。但是，除了模型的设计以外，由于数据的种类和数量、可以允许的计算时间不同，最终的评价也会发生变化，因此单纯地讨论哪种方法最好是没有意义的。另外，在此进行的泊松混合模型的折叠式吉布斯采样中，由于在式（4.81）所示的计算中，所需要的预测似然项可以比较简单地求得，因此与标准的吉布斯采样法相比几乎不存在计算复杂性的缺点，这多少也成了有利的条件。

在此我们建议，首先从简单的吉布斯采样的引入开始进行研究，如果对速度和最终的精度不满意的话，再引入变分推论和折叠式吉布斯采样，同时进行最终的速度和精度的比较，这也是一个不错的策略。

4.4　高斯混合模型中的推论

在本节中，作为观测模型，考虑采用由均值及精度矩阵决定的多维高斯分布，以此作为未知变量的预测分布。作为后验分布的近似推论算法，再次进行吉布斯采样、变分推论以及折叠式吉布斯采样算法的推导。因为共轭性，对于多维高斯分布参数的先验分布，在此使用高斯-Wishart 分布。与此前的泊松混合模型相比，高斯混合模型的近似推论由于使用了高斯-Wishart 分布，所以存在着诸如多维和手工计算方面有些复杂等多方面的挑战。尽管如此，但其算法推导的路线几乎是相同的。

4.4.1　高斯混合模型

在高斯混合模型（Gaussian mixture model）中，采用高斯分布作为各簇 k 中的数据 $\mathbf{x}_n \in \mathbb{R}^D$ 的观测模型。如果高斯分布的参数为 $\boldsymbol{\theta}_k = \{\boldsymbol{\mu}_k, \boldsymbol{\Lambda}_k\}$，则可将观测模型表示为如式（4.84）所示的形式。

$$p(\mathbf{x}_n|\boldsymbol{\mu}_k, \boldsymbol{\Lambda}_k) = \mathcal{N}(\mathbf{x}_n|\boldsymbol{\mu}_k, \boldsymbol{\Lambda}_k^{-1}) \tag{4.84}$$

式中，各参数 $\boldsymbol{\mu}_k \in \mathbb{R}^D$；$\boldsymbol{\Lambda}_k \in \mathbb{R}^{D \times D}$。

因此，含有隐性变量的条件分布可以表示为如式（4.85）所示的形式。

$$p(\mathbf{x}_n|\mathbf{s}_n, \boldsymbol{\mu}, \boldsymbol{\Lambda}) = \prod_{k=1}^{K} \mathcal{N}(\mathbf{x}_n|\boldsymbol{\mu}_k, \boldsymbol{\Lambda}_k^{-1})^{s_{n,k}} \tag{4.85}$$

为了表示的简化，将各簇观测模型的参数概括为 $\boldsymbol{\mu} = \{\boldsymbol{\mu}_1, \cdots, \boldsymbol{\mu}_k \boldsymbol{\Lambda}_K\}$，$\boldsymbol{\Lambda} = \{\boldsymbol{\Lambda}_1, \cdots, \boldsymbol{\Lambda}_K\}$。下面我们引入与这些观测模型的参数相对应的先验分布，这里采用如式（4.86）所示的共轭

先验分布的高斯-Wishart 分布。

$$p(\boldsymbol{\mu}_k, \boldsymbol{\Lambda}_k) = \mathcal{N}(\boldsymbol{\mu}_k|\mathbf{m}, (\beta\boldsymbol{\Lambda}_k)^{-1})\mathcal{W}(\boldsymbol{\Lambda}_k|\nu, \mathbf{W}) \tag{4.86}$$

式中，$\mathbf{m} \in \mathbb{R}^D$；$\beta \in \mathbb{R}^+$；$\mathbf{W} \in \mathbb{R}^{D \times D}$；$\nu > D - 1$；他们均为超参数。与泊松混合模型的情况相同，假定这些超参数值是跨越簇间的共同值。如果具备某些先验知识的话，则可以像 $\mathbf{m}_k \in \mathbb{R}^D$ 那样，通过下标的设定，给每个簇分别赋予不同的超参数值。

4.4.2　吉布斯采样

在此，我们尝试进行高斯混合模型的吉布斯采样算法的推导。当前所关注的后验分布是如式（4.87）所示的分布。

$$p(\mathbf{S}, \boldsymbol{\mu}, \boldsymbol{\Lambda}, \boldsymbol{\pi}|\mathbf{X}) \tag{4.87}$$

与泊松混合模型所讨论的一样，在这里，将参数和隐性变量分开进行抽样。如式（4.88）和式（4.89）所示。

$$\mathbf{S} \sim p(\mathbf{S}|\mathbf{X}, \boldsymbol{\mu}, \boldsymbol{\Lambda}, \boldsymbol{\pi}) \tag{4.88}$$

$$\boldsymbol{\mu}, \boldsymbol{\Lambda}, \boldsymbol{\pi} \sim p(\boldsymbol{\mu}, \boldsymbol{\Lambda}, \boldsymbol{\pi}|\mathbf{X}, \mathbf{S}) \tag{4.89}$$

基于这个方针，首先试着求取抽取样本 $\mathbf{S}$ 的条件分布。假设已经抽取了参数 $\boldsymbol{\mu}$，$\boldsymbol{\Lambda}$ 和 $\boldsymbol{\pi}$，如果按照只与 $\mathbf{S}$ 相关的项进行整理的话，则会变成如式（4.90）所示的结果。

$$\begin{aligned}
p(\mathbf{S}|\mathbf{X}, \boldsymbol{\mu}, \boldsymbol{\Lambda}, \boldsymbol{\pi}) &\propto p(\mathbf{X}, \mathbf{S}, \boldsymbol{\mu}, \boldsymbol{\Lambda}, \boldsymbol{\pi}) \\
&\propto p(\mathbf{X}|\mathbf{S}, \boldsymbol{\mu}, \boldsymbol{\Lambda})p(\mathbf{S}|\boldsymbol{\pi}) \\
&= \prod_{n=1}^{N} p(\mathbf{x}_n|\mathbf{s}_n, \boldsymbol{\mu}, \boldsymbol{\Lambda})p(\mathbf{s}_n|\boldsymbol{\pi})
\end{aligned} \tag{4.90}$$

其中，根据此前的例子，在此将后验分布直接变换为同时分布的比例形式，同时也采用了如式（4.5）所示的混合模型的同时分布表达式。因为从这里开始需要进行指数部分的计算，所以与之前进行的一样，对其进行取对数的运算。首先，可以得到如式（4.91）所示的观测分布的对数表达式。

$$\begin{aligned}
\ln p(\mathbf{x}_n|\mathbf{s}_n, \boldsymbol{\mu}, \boldsymbol{\Lambda}) &= \sum_{k=1}^{K} s_{n,k} \ln \mathcal{N}(\mathbf{x}_n|\boldsymbol{\mu}_k, \boldsymbol{\Lambda}_k^{-1}) \\
&= \sum_{k=1}^{K} s_{n,k}\big\{-\frac{1}{2}(\mathbf{x}_n - \boldsymbol{\mu}_k)^\top \boldsymbol{\Lambda}_k(\mathbf{x}_n - \boldsymbol{\mu}_k) + \frac{1}{2}\ln|\boldsymbol{\Lambda}_k|\big\} + \text{const.}
\end{aligned} \tag{4.91}$$

另外，由于 $\ln p(\mathbf{s}_n|\boldsymbol{\pi})$ 的结果在式（4.35）中已经给出，所以综合这两个结果的话，即可以得到如式（4.92）所示的结果。

$$\begin{aligned}
&\ln p(\mathbf{x}_n|\mathbf{s}_n, \boldsymbol{\mu}, \boldsymbol{\Lambda})p(\mathbf{s}_n|\boldsymbol{\pi}) \\
&= \sum_{k=1}^{K} s_{n,k}\big\{-\frac{1}{2}(\mathbf{x}_n - \boldsymbol{\mu}_k)^\top \boldsymbol{\Lambda}_k(\mathbf{x}_n - \boldsymbol{\mu}_k) + \frac{1}{2}\ln|\boldsymbol{\Lambda}_k| + \ln \pi_k\big\} + \text{const.}
\end{aligned} \tag{4.92}$$

由此可知，隐性变量 $\mathbf{s}_n$ 的样本只要从如式（4.93）和式（4.94）所示的类分布中进行抽取即可。

$$\mathbf{s}_n \sim \mathrm{Cat}(\mathbf{s}_n|\boldsymbol{\eta}_n) \tag{4.93}$$

式中
$$\eta_{n,k} \propto \exp\left\{ -\frac{1}{2}(\mathbf{x}_n - \boldsymbol{\mu}_k)^\top \boldsymbol{\Lambda}_k (\mathbf{x}_n - \boldsymbol{\mu}_k) + \frac{1}{2}\ln|\boldsymbol{\Lambda}_k| + \ln\pi_k \right\}$$

$$\left(\mathrm{s.t.} \quad \sum_{k=1}^{K} \eta_{n,k} = 1 \right) \tag{4.94}$$

接下来，假设隐性变量 $\mathbf{S}$ 全部作为样本给出，计算与剩下的参数相关的条件分布。所得到的结果如式（4.95）所示。

$$p(\boldsymbol{\mu}, \boldsymbol{\Lambda}, \boldsymbol{\pi}|\mathbf{X}, \mathbf{S}) \propto p(\mathbf{X}, \mathbf{S}, \boldsymbol{\mu}, \boldsymbol{\Lambda}, \boldsymbol{\pi})$$

$$\propto p(\mathbf{X}|\mathbf{S}, \boldsymbol{\mu}, \boldsymbol{\Lambda})p(\mathbf{S}|\boldsymbol{\pi})p(\boldsymbol{\mu}, \boldsymbol{\Lambda})p(\boldsymbol{\pi}) \tag{4.95}$$

其中，首先以同时分布比例的形式进行式子的变换，然后按照式（4.5）所示的形式，将混合模型分解为条件分布的乘积。由所得到的结果可以看出，关于观测分布的参数 $\boldsymbol{\mu}$ 和 $\boldsymbol{\Lambda}$ 的分布，以及表示混合比率的参数 $\boldsymbol{\pi}$ 的分布可以被分解为两个不同的项。但是，参数 $\boldsymbol{\mu}$ 和 $\boldsymbol{\Lambda}$ 这两个参数不能得到分解，仍然需要求出它们的同时分布。

首先，求出以 $\boldsymbol{\mu}$，$\boldsymbol{\Lambda}$ 同时作为条件的条件分布。通过取对数运算，并仅对与 $\boldsymbol{\mu}$ 和 $\boldsymbol{\Lambda}$ 相关的项进行整理，则得到如式（4.96）所示的结果。

$$\ln p(\mathbf{X}|\mathbf{S}, \boldsymbol{\mu}, \boldsymbol{\Lambda})p(\boldsymbol{\mu}, \boldsymbol{\Lambda})$$

$$= \sum_{n=1}^{N}\sum_{k=1}^{K} s_{n,k}\ln\mathcal{N}(\mathbf{x}_n|\boldsymbol{\mu}_k, \boldsymbol{\Lambda}_k^{-1}) + \sum_{k=1}^{K}\ln\mathrm{NW}(\boldsymbol{\mu}_k, \boldsymbol{\Lambda}_k|\mathbf{m}, \beta, \nu, \mathbf{W})$$

$$= \sum_{k=1}^{K}\left\{ \sum_{n=1}^{N} s_{n,k}\ln\mathcal{N}(\mathbf{x}_n|\boldsymbol{\mu}_k, \boldsymbol{\Lambda}_k^{-1}) + \ln\mathrm{NW}(\boldsymbol{\mu}_k, \boldsymbol{\Lambda}_k|\mathbf{m}, \beta, \nu, \mathbf{W}) \right\} \tag{4.96}$$

由此可以看出，想要求得的条件分布被分解为独立的 K 个分布。在此，采用第 3 章中进行的，与高斯-Wishart 分布的贝叶斯推论计算相同的流程来进行分布的求取。也就是说，由于 $p(\boldsymbol{\mu}_k, \boldsymbol{\Lambda}_k|\mathbf{X}, \mathbf{S}) = p(\boldsymbol{\mu}_k|\boldsymbol{\Lambda}_k, \mathbf{X}, \mathbf{S})p(\boldsymbol{\Lambda}_k|\mathbf{X}, \mathbf{S})$，因此可先求出 $\boldsymbol{\mu}_k$ 的分布后，再利用其结果求出 $\boldsymbol{\Lambda}_k$ 的分布。关于式（4.96）中关于 k 的求和式的内容，如果将其以关于 $\boldsymbol{\mu}_k$ 的项进行整理的话，则可以得到如式（4.97）所示的形式。

$$\sum_{n=1}^{N} s_{n,k}\ln\mathcal{N}(\mathbf{x}_n|\boldsymbol{\mu}_k, \boldsymbol{\Lambda}_k^{-1}) + \ln\mathrm{NW}(\boldsymbol{\mu}_k, \boldsymbol{\Lambda}_k|\mathbf{m}, \beta, \nu, \mathbf{W})$$

$$= -\frac{1}{2}\left\{ \boldsymbol{\mu}_k^\top\left(\sum_{n=1}^{N} s_{n,k} + \beta\right)\boldsymbol{\Lambda}_k\boldsymbol{\mu}_k - 2\boldsymbol{\mu}_k^\top\left(\boldsymbol{\Lambda}_k\sum_{n=1}^{N} s_{n,k}\mathbf{x}_n + \beta\boldsymbol{\Lambda}_k\mathbf{m}\right) \right\} + \mathrm{const.} \tag{4.97}$$

上述结果可以整理为一个二次函数的形式。因此，参数 $\boldsymbol{\mu}_k$ 的样本可以按照如式（4.98）和式（4.99）所示的多维高斯分布进行抽取。

$$\boldsymbol{\mu}_k \sim \mathcal{N}(\boldsymbol{\mu}_k|\hat{\mathbf{m}}_k, (\hat{\beta}_k\boldsymbol{\Lambda}_k)^{-1}) \tag{4.98}$$

式中

$$
\begin{cases}
\hat{\beta}_k = \sum_{n=1}^{N} s_{n,k} + \beta \\[2mm]
\hat{\mathbf{m}}_k = \dfrac{\sum_{n=1}^{N} s_{n,k}\mathbf{x}_n + \beta\mathbf{m}}{\hat{\beta}_k}
\end{cases}
\tag{4.99}
$$

接下来，进行分布 $p(\mathbf{\Lambda}_k|\mathbf{X},\mathbf{S})$ 的计算。由于给定条件的分布相关性，因此可以得到如式（4.100）所示的结果。

$$
\ln p(\mathbf{\Lambda}_k|\mathbf{X},\mathbf{S}) = \ln p(\boldsymbol{\mu}_k,\mathbf{\Lambda}_k|\mathbf{X},\mathbf{S}) - \ln p(\boldsymbol{\mu}_k|\mathbf{\Lambda}_k,\mathbf{X},\mathbf{S})
\tag{4.100}
$$

其中，刚刚求得的 $p(\boldsymbol{\mu}_k|\mathbf{\Lambda}_k,\mathbf{X},\mathbf{S})$ 的结果如式（4.98）所示。如果将其代入的话，同时消除关于 $\boldsymbol{\mu}_k$ 的项，则可以整理得到如式（4.101）所示的关于参数 $\mathbf{\Lambda}_k$ 的分布表达式。

$$
\begin{aligned}
&\ln p(\mathbf{\Lambda}_k|\mathbf{X},\mathbf{S}) \\[2mm]
&= \frac{\sum_{n=1}^{N} s_{n,k} + \nu - D - 1}{2}\ln|\mathbf{\Lambda}_k| - \\[2mm]
&\quad \frac{1}{2}\operatorname{Tr}\left\{\left(\sum_{n=1}^{N} s_{n,k}\mathbf{x}_n\mathbf{x}_n^{\top} + \beta\mathbf{m}\mathbf{m}^{\top} - \hat{\beta}_k\hat{\mathbf{m}}_k\hat{\mathbf{m}}_k^{\top} + \mathbf{W}^{-1}\right)\mathbf{\Lambda}_k\right\} + \text{const.}
\end{aligned}
\tag{4.101}
$$

因此可以看出，参数 $\mathbf{\Lambda}_k$ 的样本可以从如式（4.102）和式（4.103）所示的 Wishart 分布中抽取。

$$
\mathbf{\Lambda}_k \sim \mathcal{W}(\mathbf{\Lambda}_k|\hat{\nu}_k,\hat{\mathbf{W}}_k)
\tag{4.102}
$$

式中

$$
\begin{cases}
\hat{\mathbf{W}}_k^{-1} = \sum_{n=1}^{N} s_{n,k}\mathbf{x}_n\mathbf{x}_n^{\top} + \beta\mathbf{m}\mathbf{m}^{\top} - \hat{\beta}_k\hat{\mathbf{m}}_k\hat{\mathbf{m}}_k^{\top} + \mathbf{W}^{-1} \\[4mm]
\hat{\nu}_k = \sum_{n=1}^{N} s_{n,k} + \nu
\end{cases}
\tag{4.103}
$$

至此，我们就可以根据求得的分布及相关的公式进行参数 $\boldsymbol{\mu}$ 和 $\mathbf{\Lambda}$ 的样本同时抽取。在实际实现时，可以首先使用式（4.102）进行各个 $\mathbf{\Lambda}_k$ 的抽取，然后再使用抽得的参数值从式（4.98）开始抽取各 $\boldsymbol{\mu}_k$。

最后需要求取的是为了进行参数 $\boldsymbol{\pi}$ 的样本抽取的条件分布。但从式（4.95）来看，可以将其作为 $p(\boldsymbol{\pi}|\mathbf{X},\mathbf{S}) \propto p(\mathbf{S}|\boldsymbol{\pi})p(\boldsymbol{\pi})$ 来求得。因此，它与观测模型的项 $p(\mathbf{X}|\mathbf{S},\boldsymbol{\mu},\mathbf{\Lambda})$ 没有关系，于是可以直接使用通过泊松混合模型吉布斯采样法求得的如式（4.44）所示的分布。

综上所述，可以将高斯混合模型后验分布的吉布斯采样方法概括为如算法 4.5 所示的算法。

算法 4.5　高斯混合模型的吉布斯采样

设定参数样本 $\boldsymbol{\mu}$，$\mathbf{\Lambda}$，$\boldsymbol{\pi}$ 的初始值
for $i = 1,\cdots,\text{MAXITER}$ do
　　for $n = 1,\cdots,N$ do

按照式（4.93）进行 s_n 的样本抽取

  end for

  for $k = 1, \cdots, K$ do

   按照式（4.102）进行 $\boldsymbol{\Lambda}_k$ 的样本抽取

   按照式（4.98）进行 $\boldsymbol{\mu}_k$ 的样本抽取

  end for

  按照式（4.44）进行 $\boldsymbol{\pi}$ 的样本抽取

 end for

4.4.3　变分推论

  与此前进行的泊松混合模型变分推论一样，在高斯混合模型的变分推论中，也是像如式（4.104）所示的那样，将隐性变量和参数分别进行近似，从而可以导出计算效率高的算法。

$$p(\mathbf{S}, \boldsymbol{\mu}, \boldsymbol{\Lambda}, \boldsymbol{\pi}|\mathbf{X}) \approx q(\mathbf{S})q(\boldsymbol{\mu}, \boldsymbol{\Lambda}, \boldsymbol{\pi}) \tag{4.104}$$

  首先，对分布 $q(\mathbf{S})$ 套用变分推论公式（4.25），则可得到如式（4.105）所示的结果。

$$\ln q(\mathbf{S}) = \langle \ln p(\mathbf{X}, \mathbf{S}, \boldsymbol{\mu}, \boldsymbol{\Lambda}, \boldsymbol{\pi}) \rangle_{q(\boldsymbol{\mu}, \boldsymbol{\Lambda}, \boldsymbol{\pi})} + \text{const.}$$

$$= \langle \ln p(\mathbf{X}|\mathbf{S}, \boldsymbol{\mu}, \boldsymbol{\Lambda}) \rangle_{q(\boldsymbol{\mu}, \boldsymbol{\Lambda})} + \langle \ln p(\mathbf{S}|\boldsymbol{\pi}) \rangle_{q(\boldsymbol{\pi})} + \text{const.}$$

$$= \sum_{n=1}^{N} \{ \langle \ln p(\mathbf{x}_n|\mathbf{s}_n, \boldsymbol{\mu}, \boldsymbol{\Lambda}) \rangle_{q(\boldsymbol{\mu}, \boldsymbol{\Lambda})} + \langle \ln p(\mathbf{s}_n|\boldsymbol{\pi}) \rangle_{q(\boldsymbol{\pi})} \} + \text{const.} \tag{4.105}$$

  从该结果可知，近似分布 $q(\mathbf{S})$ 可以分解为 N 个项。在此，如果只针对某 s_n 进行计算的话，则可以得到如式（4.106）和式（4.107）所示的结果。

$$\langle \ln p(\mathbf{x}_n|\mathbf{s}_n, \boldsymbol{\mu}, \boldsymbol{\Lambda}) \rangle_{q(\boldsymbol{\mu}, \boldsymbol{\Lambda})}$$

$$= \sum_{k=1}^{K} \langle s_{n,k} \ln \mathcal{N}(\mathbf{x}_n|\boldsymbol{\mu}_k, \boldsymbol{\Lambda}_k^{-1}) \rangle_{q(\boldsymbol{\mu}_k, \boldsymbol{\Lambda}_k)}$$

$$= \sum_{k=1}^{K} s_{n,k} \{ -\frac{1}{2}\mathbf{x}_n^{\top} \langle \boldsymbol{\Lambda}_k \rangle \mathbf{x}_n + \mathbf{x}_n^{\top} \langle \boldsymbol{\Lambda}_k \boldsymbol{\mu}_k \rangle -$$

$$\frac{1}{2}\langle \boldsymbol{\mu}_k^{\top} \boldsymbol{\Lambda}_k \boldsymbol{\mu}_k \rangle + \frac{1}{2}\langle \ln |\boldsymbol{\Lambda}_k| \rangle \} + \text{const.} \tag{4.106}$$

并且

$$\langle \ln p(\mathbf{s}_n|\boldsymbol{\pi}) \rangle_{q(\boldsymbol{\pi})} = \langle \ln \text{Cat}(\mathbf{s}_n|\boldsymbol{\pi}) \rangle_{q(\boldsymbol{\pi})}$$

$$= \sum_{k=1}^{K} s_{n,k} \langle \ln \pi_k \rangle \tag{4.107}$$

  如果将以上两个结果结合起来，则 s_n 的近似分布可以表示为如式（4.108）和式（4.109）所示的类分布。

$$q(\mathbf{s}_n) = \mathrm{Cat}(\mathbf{s}_n | \boldsymbol{\eta}_n) \tag{4.108}$$

式中
$$\eta_{n,k} \propto \exp\Big\{-\frac{1}{2}\mathbf{x}_n^\top \langle \boldsymbol{\Lambda}_k \rangle \mathbf{x}_n + \mathbf{x}_n^\top \langle \boldsymbol{\Lambda}_k \boldsymbol{\mu}_k \rangle - \frac{1}{2}\langle \boldsymbol{\mu}_k^\top \boldsymbol{\Lambda}_k \boldsymbol{\mu}_k \rangle +$$
$$\frac{1}{2}\langle \ln |\boldsymbol{\Lambda}_k| \rangle + \langle \ln \pi_k \rangle \Big\}$$
$$\Big(\text{s.t.}\quad \sum_{k=1}^{K}\eta_{n,k} = 1\Big) \tag{4.109}$$

由于目前还不清楚参数的近似后验分布 $q(\boldsymbol{\mu}, \boldsymbol{\Lambda})$ 和 $q(\boldsymbol{\pi})$ 的分布表达式，因此各期望值的详细计算还不能立即进行。但因为 $q(\boldsymbol{\mu}, \boldsymbol{\Lambda})$ 和 $q(\boldsymbol{\pi})$ 分别是与先验分布相同的高斯-Wishart 分布和 Dirichlet 分布，因此，出现在这些分布中的期望值，当前可以立即进行解析计算。

首先，如式（4.110）所示，求出参数近似分布的更新表达式。
$$\ln q(\boldsymbol{\mu}, \boldsymbol{\Lambda}, \boldsymbol{\pi}) = \langle \ln p(\mathbf{X}, \mathbf{S}, \boldsymbol{\mu}, \boldsymbol{\Lambda}, \boldsymbol{\pi}) \rangle_{q(\mathbf{S})} + \mathrm{const.}$$
$$= \langle \ln p(\mathbf{X}|\mathbf{S}, \boldsymbol{\mu}, \boldsymbol{\Lambda}) \rangle_{q(\mathbf{S})} + \ln p(\boldsymbol{\mu}, \boldsymbol{\Lambda}) +$$
$$\langle \ln p(\mathbf{S}|\boldsymbol{\pi}) \rangle_{q(\mathbf{S})} + \ln p(\boldsymbol{\pi}) + \mathrm{const.} \tag{4.110}$$

由此可以看出，与高斯混合模型吉布斯采样中的讨论相同，通过这里得到的结果，可以将参数分布分解为两个项，其中一个为与观测变量分布参数 $\boldsymbol{\mu}$ 及 $\boldsymbol{\Lambda}$ 相关的项，另一个为与隐性变量分布的参数 $\boldsymbol{\pi}$ 相关的项。

首先，只取出与 $\boldsymbol{\mu}$，$\boldsymbol{\Lambda}$ 相关的项，则可以得到如式（4.111）所示的结果。
$$\ln q(\boldsymbol{\mu}, \boldsymbol{\Lambda})$$
$$= \sum_{n=1}^{N}\langle \sum_{k=1}^{K} s_{n,k} \ln \mathcal{N}(\mathbf{x}_n | \boldsymbol{\mu}_k, \boldsymbol{\Lambda}_k^{-1}) \rangle_{q(\mathbf{s}_n)} +$$
$$\sum_{k=1}^{K} \ln \mathrm{NW}(\boldsymbol{\mu}_k, \boldsymbol{\Lambda}_k | \mathbf{m}, \beta, \nu, \mathbf{W}) + \mathrm{const.}$$
$$= \sum_{k=1}^{K}\Big\{\sum_{n=1}^{N}\langle s_{n,k} \rangle \ln \mathcal{N}(\mathbf{x}_n | \boldsymbol{\mu}_k, \boldsymbol{\Lambda}_k^{-1}) +$$
$$\ln \mathrm{NW}(\boldsymbol{\mu}_k, \boldsymbol{\Lambda}_k | \mathbf{m}, \beta, \nu, \mathbf{W})\Big\} + \mathrm{const.} \tag{4.111}$$

由此可以看出，在这里只需要分别进行 K 个近似后验分布的计算就可以了。在式（4.111）中，如果首先对关于 $\boldsymbol{\mu}_k$ 的项进行整理和综合的话，则可以得到如式（4.112）所示的结果。
$$\ln q(\boldsymbol{\mu}_k | \boldsymbol{\Lambda}_k) = -\frac{1}{2}\Big\{\boldsymbol{\mu}_k^\top \Big(\sum_{n=1}^{N}\langle s_{n,k} \rangle + \beta\Big)\boldsymbol{\Lambda}_k \boldsymbol{\mu}_k -$$
$$2\boldsymbol{\mu}_k^\top \Big(\boldsymbol{\Lambda}_k \sum_{n=1}^{N}\langle s_{n,k} \rangle \mathbf{x}_n + \beta \boldsymbol{\Lambda}_k \mathbf{m}\Big)\Big\} + \mathrm{const.} \tag{4.112}$$

其中，在给定参数 $\boldsymbol{\Lambda}_k$ 的条件下，参数 $\boldsymbol{\mu}_k$ 的近似分布可以表示为如式（4.113）和式（4.114）

所示的多维高斯分布。

$$q(\boldsymbol{\mu}_k|\boldsymbol{\Lambda}_k) = \mathcal{N}(\boldsymbol{\mu}_k|\hat{\mathbf{m}}_k, (\hat{\beta}_k\boldsymbol{\Lambda}_k)^{-1}) \tag{4.113}$$

式中

$$\begin{cases} \hat{\beta}_k = \sum_{n=1}^{N}\langle s_{n,k}\rangle + \beta \\ \hat{\mathbf{m}}_k = \dfrac{\sum_{n=1}^{N}\langle s_{n,k}\rangle\mathbf{x}_n + \beta\mathbf{m}}{\hat{\beta}_k} \end{cases} \tag{4.114}$$

接下来进行分布 $q(\boldsymbol{\Lambda})$ 的求取。由于分布的条件相关性，可以得到如式（4.115）所示的表达式。

$$\ln q(\boldsymbol{\Lambda}_k) = \ln q(\boldsymbol{\mu}_k, \boldsymbol{\Lambda}_k) - \ln q(\boldsymbol{\mu}_k|\boldsymbol{\Lambda}_k) \tag{4.115}$$

将刚刚求得的 $q(\boldsymbol{\mu}_k|\boldsymbol{\Lambda}_k)$ 的结果代入式（4.115），通过整理，则可以得到如式（4.116）所示的关于 $\boldsymbol{\Lambda}_k$ 的分布表达式。

$$\begin{aligned} &\ln q(\boldsymbol{\Lambda}_k)\\ =&\frac{\sum_{n=1}^{N}\langle s_{n,k}\rangle + \nu - D - 1}{2}\ln|\boldsymbol{\Lambda}_k| - \\ &\frac{1}{2}\mathrm{Tr}\Big\{\Big(\sum_{n=1}^{N}\langle s_{n,k}\rangle\mathbf{x}_n\mathbf{x}_n^{\top} + \beta\mathbf{m}\mathbf{m}^{\top} - \hat{\beta}_k\hat{\mathbf{m}}_k\hat{\mathbf{m}}_k^{\top} + \mathbf{W}^{-1}\Big)\boldsymbol{\Lambda}_k\Big\} + \mathrm{const.} \end{aligned} \tag{4.116}$$

因此，可以求出 $\boldsymbol{\Lambda}_k$ 的近似后验分布，并通过计算得到如式（4.117）和式（4.118）所示的 Wishart 分布。

$$q(\boldsymbol{\Lambda}_k) = \mathcal{W}(\boldsymbol{\Lambda}_k|\hat{\nu}_k, \hat{\mathbf{W}}_k) \tag{4.117}$$

式中

$$\begin{cases} \hat{\mathbf{W}}_k^{-1} = \sum_{n=1}^{N}\langle s_{n,k}\rangle\mathbf{x}_n\mathbf{x}_n^{\top} + \beta\mathbf{m}\mathbf{m}^{\top} - \hat{\beta}_k\hat{\mathbf{m}}_k\hat{\mathbf{m}}_k^{\top} + \mathbf{W}^{-1} \\ \hat{\nu}_k = \sum_{n=1}^{N}\langle s_{n,k}\rangle + \nu \end{cases} \tag{4.118}$$

于是可以知道，观测模型参数的近似后验分布 $q(\boldsymbol{\mu}, \boldsymbol{\Lambda}) = q(\boldsymbol{\mu}|\boldsymbol{\Lambda})q(\boldsymbol{\Lambda})$，可以采用与先验分布相同的独立的 K 个高斯-Wishart 分布来求取。

并且，从式（4.110）来看，参数 $\boldsymbol{\pi}$ 的近似后验分布可以从 $\langle\ln p(\mathbf{S}|\boldsymbol{\pi})\rangle_{q(\mathbf{S})} + \ln p(\boldsymbol{\pi})$ 中计算出来。因此，也可以直接使用泊松混合模型中得到的如式（4.57）所示的结果。

至此可以看出，正如我们所希望的那样，各个参数的后验分布与先验分布相同，成为高斯-Wishart 分布和 Dirichlet 分布。因此，如果参考第 2 章中介绍的各种期望值的计算的话，则可以得到如式（4.119）～式（4.122）所示的更新表达式所需的期望值。

$$\langle\boldsymbol{\Lambda}_k\rangle = \hat{\nu}_k\hat{\mathbf{W}}_k \tag{4.119}$$

$$\langle\ln|\boldsymbol{\Lambda}_k|\rangle = \sum_{d=1}^{D}\psi\Big(\frac{\hat{\nu}_k + 1 - d}{2}\Big) + D\ln 2 + \ln|\hat{\mathbf{W}}_k| \tag{4.120}$$

$$\langle\boldsymbol{\Lambda}_k\boldsymbol{\mu}_k\rangle = \hat{\nu}_k\hat{\mathbf{W}}_k\hat{\mathbf{m}}_k \tag{4.121}$$

$$\langle \boldsymbol{\mu}_k^\top \boldsymbol{\Lambda}_k \boldsymbol{\mu}_k \rangle = \hat{\nu}_k \hat{\mathbf{m}}_k^\top \hat{\mathbf{W}}_k \hat{\mathbf{m}}_k + \frac{D}{\hat{\beta}_k} \tag{4.122}$$

如果综合考虑以上这些计算结果的话，最终可以得到如算法 4.6 所示的实际算法。高斯-Wishart 分布的近似后验分布等计算，多少有些麻烦，但其过程基本上全都是与在泊松混合模型中出现的计算流程相同。

算法 4.6　高斯混合模型的变分推论

参数 $q(\boldsymbol{\mu}, \boldsymbol{\Lambda})$，$q(\boldsymbol{\pi})$ 的初始化

for $i = 1, \cdots,$ MAXITER do

    for $n = 1, \cdots, N$ do

        通过式（4.108）进行 $q(\mathbf{s}_n)$ 的更新

    end for

    for $k = 1, \cdots, K$ do

        通过式（4.113）和式（4.117）进行 $q(\boldsymbol{\mu}_k, \boldsymbol{\Lambda}_k)$ 的更新

    end for

    通过式（4.57）进行 $q(\boldsymbol{\pi})$ 的更新

end for

4.4.4　折叠式吉布斯采样

在此，尝试导出高斯混合模型的折叠式吉布斯采样算法。首先，考虑如式（4.123）所示的模型，通过边缘分布的计算实现高斯混合模型所有参数 $\boldsymbol{\mu}$，$\boldsymbol{\Lambda}$ 及 $\boldsymbol{\pi}$ 的消除。

$$p(\mathbf{X}, \mathbf{S}) = \iint p(\mathbf{X}, \mathbf{S}, \boldsymbol{\mu}, \boldsymbol{\Lambda}, \boldsymbol{\pi}) \mathrm{d}\boldsymbol{\mu} \mathrm{d}\boldsymbol{\Lambda} \mathrm{d}\boldsymbol{\pi} \tag{4.123}$$

与泊松混合模型中折叠式吉布斯采样的步骤一样，在假定 $\mathbf{S}_{\backslash n}$ 已经抽取的情况下，重新进行 $\mathbf{s}_n$ 抽取的计算。与 $\mathbf{s}_n$ 相关的后验分布可以通过如式（4.124）所示的两个项来表示。

$$p(\mathbf{s}_n | \mathbf{X}, \mathbf{S}_{\backslash n}) \propto p(\mathbf{x}_n | \mathbf{X}_{\backslash n}, \mathbf{s}_n, \mathbf{S}_{\backslash n}) p(\mathbf{s}_n | \mathbf{S}_{\backslash n}) \tag{4.124}$$

关于 $p(\mathbf{s}_n | \mathbf{S}_{\backslash n})$，如果再次使用通过泊松混合模型得到的如式（4.74）所示的结果的话，显然没有问题。与泊松混合模型中的折叠式吉布斯采样不同的地方在于似然函数的项 $p(\mathbf{x}_n | \mathbf{X}_{\backslash n}, \mathbf{s}_n, \mathbf{S}_{\backslash n})$，在此需要再次仔细计算一遍。这一项可以通过如式（4.125）所示的边缘分布计算进行表示。

$$p(\mathbf{x}_n | \mathbf{X}_{\backslash n}, \mathbf{s}_n, \mathbf{S}_{\backslash n}) = \iint p(\mathbf{x}_n | \mathbf{s}_n, \boldsymbol{\mu}, \boldsymbol{\Lambda}) p(\boldsymbol{\mu}, \boldsymbol{\Lambda} | \mathbf{X}_{\backslash n}, \mathbf{S}_{\backslash n}) \mathrm{d}\boldsymbol{\mu} \mathrm{d}\boldsymbol{\Lambda} \tag{4.125}$$

其中，右边的 $p(\boldsymbol{\mu}, \boldsymbol{\Lambda} | \mathbf{X}_{\backslash n}, \mathbf{S}_{\backslash n})$ 正好是在给定数据 $\mathbf{X}_{\backslash n}$ 和 $\mathbf{S}_{\backslash n}$ 已经抽样的情况下，参数 $\boldsymbol{\mu}$、$\boldsymbol{\Lambda}$ 的后验分布，因此可以像式（4.126）所示的那样进行计算。

$$p(\boldsymbol{\mu}, \boldsymbol{\Lambda} | \mathbf{X}_{\backslash n}, \mathbf{S}_{\backslash n}) \propto p(\mathbf{X}_{\backslash n} | \mathbf{S}_{\backslash n}, \boldsymbol{\mu}, \boldsymbol{\Lambda}) p(\boldsymbol{\mu}, \boldsymbol{\Lambda}) \tag{4.126}$$

由于再次进行后验分布的计算的确比较麻烦，所以在此稍微走一下捷径，借用式（4.98）

及式（4.102）所示已经得到的吉布斯采样计算结果。但是，在这些式子中，需要将原有的 $\mathbf{X}$，$\mathbf{S}$ 分别替换为 $\mathbf{X}_{\backslash n}$，$\mathbf{S}_{\backslash n}$。经过这样的简单替换，即可以得到如式（4.127）和式（4.128）所示的高斯-Wishart 分布的后验分布。

$$p(\boldsymbol{\mu}, \boldsymbol{\Lambda} | \mathbf{X}_{\backslash n}, \mathbf{S}_{\backslash n}) = \prod_{k=1}^{K} \mathcal{N}(\boldsymbol{\mu}_k | \hat{\mathbf{m}}_{\backslash n,k}, (\hat{\beta}_{\backslash n,k}\boldsymbol{\Lambda}_k)^{-1}) \mathcal{W}(\boldsymbol{\Lambda}_k | \hat{\nu}_{\backslash n,k}, \hat{\mathbf{W}}_{\backslash n,k}) \tag{4.127}$$

式中

$$\begin{cases} \hat{\beta}_{\backslash n,k} = \sum_{n' \neq n} s_{n',k} + \beta \\[2mm] \hat{\mathbf{m}}_{\backslash n,k} = \dfrac{\sum_{n' \neq n} s_{n',k}\mathbf{x}_{n'} + \beta\mathbf{m}}{\hat{\beta}_{\backslash n,k}} \\[3mm] \hat{\mathbf{W}}_{\backslash n,k}^{-1} = \sum_{n' \neq n} s_{n',k}\mathbf{x}_{n'}\mathbf{x}_{n'}^{\top} + \beta\mathbf{m}\mathbf{m}^{\top} - \hat{\beta}_{\backslash n,k}\hat{\mathbf{m}}_{\backslash n,k}\hat{\mathbf{m}}_{\backslash n,k}^{\top} + \mathbf{W}^{-1} \\[3mm] \hat{\nu}_{\backslash n,k} = \sum_{n' \neq n} s_{n',k} + \nu \end{cases} \tag{4.128}$$

接下来是如式（4.125）所示的边缘分布的计算。这里也考虑到对于某个特定的 k，$s_{n,k} = 1$ 的情况。如果采用 3.4.3 节中进行的预测分布的计算结果（见式（3.139））的话，可以得到如式（3.121）所定义的多维 Student's t 分布表示。如式（4.129）所示。

$$p(\mathbf{x}_n | \mathbf{X}_{\backslash n}, s_{n,k} = 1, \mathbf{S}_{\backslash n})$$

$$= \iint p(\mathbf{x}_n | \boldsymbol{\mu}_k, \boldsymbol{\Lambda}_k) p(\boldsymbol{\mu}_k, \boldsymbol{\Lambda}_k | \mathbf{X}_{\backslash n}, \mathbf{S}_{\backslash n}) \mathrm{d}\boldsymbol{\mu}_k \mathrm{d}\boldsymbol{\Lambda}_k$$

$$= \mathrm{St}\left(\mathbf{x}_n | \hat{\mathbf{m}}_{\backslash n,k}, \frac{(1 - D + \hat{\nu}_{\backslash n,k})\hat{\beta}_{\backslash n,k}}{1 + \hat{\beta}_{\backslash n,k}}\hat{\mathbf{W}}_{\backslash n,k}, 1 - D + \hat{\nu}_{\backslash n,k}\right) \tag{4.129}$$

至此，我们已经完成了主要的计算。但是，对于式（4.124）还要采用如式（4.74）和式（4.129）所示的结果来评估各个 s_n 的可取值，如果把得到的值进行规格化的话，即可以得到用于进行样本 s_n 抽取的类分布。

另外，在实现过程中也不需要每次抽取 s_n 时都使用 $N-1$ 个数据重新进行如式（4.74）及式（4.129）所示的计算。在实际抽取过程中，样本的 s_j 抽取是在样本 s_i 抽取后再进行的，考虑到这一情况，在此将与高斯-Wishart 分布的参数有关的更新表达式，改写为如式（4.130）所示的形式。

$$\begin{cases} \hat{\beta}_{\backslash j,k} = \hat{\beta}_{\backslash i,k} + s_{i,k} - s_{j,k} \\[2mm] \hat{\mathbf{m}}_{\backslash j,k} = \dfrac{\hat{\beta}_{\backslash i,k}\hat{\mathbf{m}}_{\backslash i,k} + s_{i,k}\mathbf{x}_i - s_{j,k}\mathbf{x}_j}{\hat{\beta}_{\backslash j,k}} \\[3mm] \hat{\mathbf{W}}_{\backslash j,k}^{-1} = \hat{\mathbf{W}}_{\backslash i,k}^{-1} + \dfrac{s_{i,k}(\mathbf{x}_i - \mathbf{m})(\mathbf{x}_i - \mathbf{m})^{\top}}{\hat{\beta}_{\backslash i,k}} - \dfrac{s_{j,k}(\mathbf{x}_j - \mathbf{m})(\mathbf{x}_j - \mathbf{m})^{\top}}{\hat{\beta}_{\backslash j,k}} \\[3mm] \hat{\nu}_{\backslash j,k} = \hat{\nu}_{\backslash i,k} + s_{i,k} - s_{j,k} \end{cases} \tag{4.130}$$

通过这样的改写，可以在只增加必要变量的情况下，使得算法的计算在内存和速度方面可以有较高的效率。

除此之外，这里我们还需要给出进行参数 $\mathbf{W}_k^{-1}$ 更新的算法，但在该更新计算过程中有必要进行似然函数的计算，该计算也还需要用到参数 $\mathbf{W}_k$。因此，当维度 D 较大时，这个逆矩阵的计算有时会花费很多的时间。在此，可以通过附录 A.1 中如式（A.9）所示的 rank-1 更新的应用，可以高效率地实现参数 $\mathbf{W}_k$ 的逐次更新。概括高斯混合模型的折叠式吉布斯采样，可以得到的算法如算法 4.7 所示。

算法 4.7　高斯混合模型的折叠式吉布斯采样

设定隐性变量 $s_1, \cdots, s_N$ 的样本初始值。

进行 $\hat{\beta}$，$\hat{\mathbf{m}}$，$\hat{\mathbf{W}}$，$\hat{\nu}$ 的计算

for $i = 1, \cdots$, MAXITER do

  for $n = 1, \cdots, N$ do

    对式（4.82）和式（4.130）中关于 $\mathbf{x}_n$ 的统计量进行清零。

    for $k = 1, \cdots, K$ do

      通过式（4.129）进行 $p(\mathbf{x}_n | \mathbf{X}_{\backslash n}, s_{n,k} = 1, \mathbf{S}_{\backslash n})$ 的计算

    end for

    通过式（4.74）和 $p(\mathbf{x}_n | \mathbf{X}_{\backslash n}, s_n, \mathbf{S}_{\backslash n})$ 进行变量 s_n 的样本抽取

    使用式（4.82）和式（4.130）进行关于 $\mathbf{x}_n$ 的统计量的追加

  end for

end for

4.4.5　简易实验

如图 4.11 所示，为 $K = 3$ 的高斯混合模型对 $N = 200$ 的二维观测数据进行聚类的结果。

在此采用的推论方法为变分推论，图 4.11 中，根据隐性变量的期望值 $\langle s_{n,k} \rangle$ 来给相应的数据点进行色度区分。一方面，对于使用泊松分布的例子，具有可以假定观测数据均为非负性这样的特征。另一方面，在采用高斯分布的情况下，则可通过精度矩阵捕捉到数据维度间的相互关系。

另外，一般来说，混合模型不是仅能够进行聚类的随机模型，事实上，也可以采用多维高斯混合模型进行诸如 K 元分类[⊖]等其他机器学习任务。图 4.12 所示为一个包含有新数据的类预测模型的图模型，图中预先给定的各数据点的类隶属情况通过变量 $\mathbf{S}$ 进行估计，就像事先给数据贴上类标签一样[⊖]。

⊖　在分类任务中通常将其称为类（class）而不是簇。

⊖　此外，在半监督学习（semi-supervised learning）的分类任务中，也存在 $\mathbf{S}$ 的部分值没有被观测的情况，在这种情况下也可以通过各种近似算法进行推论。

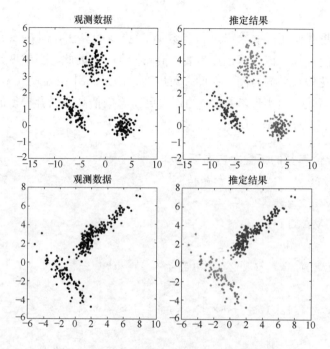

图 4.11   通过高斯混合模型进行的聚类

这里的目标是，在给定新的输入数据 $\mathbf{x}_*$ 的情况下，调查新输入的数据 $\mathbf{x}_*$ 对应的未知类隶属 $\mathbf{s}_*$ 的概率分布。按照与折叠式吉布斯采样计算相同的要领，可以得到如式（4.131）所示 $\mathbf{x}_*$ 的类隶属概率。

$$p(\mathbf{s}_*|\mathbf{x}_*, \mathbf{X}, \mathbf{S}) \propto p(\mathbf{x}_*|\mathbf{s}_*, \mathbf{X}, \mathbf{S})p(\mathbf{s}_*|\mathbf{S}) \qquad (4.131)$$

在更复杂的模型中，数据的预测分布 $p(\mathbf{x}_*|\mathbf{s}_*, \mathbf{X}, \mathbf{S})$ 有时无法进行解析计算（参数不能通过积分运算加以消除）。在这种情况下，对这种无法进行解析计算的部分，可以进一步采用基于新的取样调查和分析的积分近似等方法。在这个分类的例子中，因为使用了共轭先验分布，所以可以通过边缘分布的解析计算进行参数的消除。此外，隐性变量 $\mathbf{S}$ 也是作为标签数据被预先给定，所以不需要使用任何近似算法，就可以实现 $\mathbf{s}_*$ 的解析预测。图 4.13 所示给出的是一个类个数 $K = 3$ 时的实际预测。

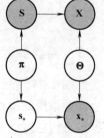

图 4.12   包括新数据的类预测模型

图 4.13a 所示的数据，已经通过图形表示给出了各个数据的类隶属标签 $\mathbf{S}$。在图 4.13b 中，首先按照式（4.131）所示的计算进行类隶属概率的计算，然后以此为基础，用图形表现给定新的数据点 $\mathbf{x}_*$ 时的类隶属的预测平均值 $\langle\mathbf{s}_*\rangle$。图 4.13b 中有趣的是，尽管图中右侧的区域中不存在 • 数据点，但被分类为 • 类的概率却变高了。这表示了与只靠近 * 或 △ 类的数据点相比，在此区域给出了较高的趋向于方差较大的 • 类的概率。

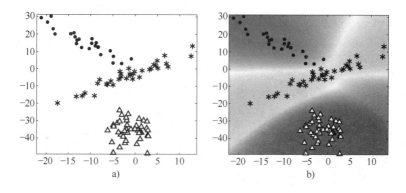

图 4.13　高斯混合模型的分类预测

像这样，在基于贝叶斯推论的机器学习的探索中，聚类和分类等不同任务的设定，只不过是模型上变量的条件及方法的设定不同而已。另外，这次使用的是比较简单的多维高斯分布，对数据相对于各个类别的类隶属变量进行建模。但在具有更复杂分布结构的数据聚类或分类任务中，则需要针对各个类或簇，设计与之相称的、具有更细致表现能力的生成模型。因此，探索能够更好地进行给定数据表现的模型，以及应用与其相对应的高效推论算法，成为贝叶斯学习的本质。

在第 5 章中，作为扩展模型，将介绍自然语言处理中的主题模型，以及用于时间序列数据处理的隐马尔可夫模型等。这些模型使用的也是基于本章介绍的混合模型的思想，同时也用到了这里介绍的关于近似推论的各种方法。

参考 4.1　大数据与贝叶斯学习

正如大数据这一词语所表示的含义那样，随着网络和计算机的爆发性普及，每天在服务器上都会积蓄着大量的数据。另一方面，在数据数量 N 非常大的情况下，通过极大似然估计的参数推定结果和贝叶斯学习中的参数后验分布是渐进一致的，这是一个理论性的结论。那么，在进行大量数据分析的大数据时代，利用贝叶斯概率推论的价值会消失吗？

在直接回答该问题之前，首先以一维高斯分布的参数学习为例，我们来比较一下根据极大似然估计和贝叶斯推论得出的学习结果。作为模型，如式（3.47）所示，考虑在固定精度参数 λ 后，从 N 个观测数据 $\mathbf{X}$ 中进行均值参数 μ 的学习。如参考 3.3 中介绍的那样，极大似然估计将求出能够使得似然函数最大化的参数。如果对如式（3.47）所示的分布进行关于参数 μ 的对数微分的话，则会得到如式（4.132）所示的结果。

$$\frac{\partial \ln p(\mathbf{X}|\mu)}{\partial \mu} = -\sum_{n=1}^{N} \lambda(x_n - \mu) \tag{4.132}$$

在此，如果将上式的结果设为 0 来进行求解的话，则可以得出如式（4.133）所示的，分布取得最大值时的均值参数。

$$\mu_{\mathrm{ML}} = \frac{1}{N}\sum_{n=1}^{N} x_n \tag{4.133}$$

另一方面，如果采用引入先验分布的贝叶斯推论来解决相同问题的话，则可以如式（3.51）所示的那样得到相应的后验分布。在这个分布中，如果数据数量 N 变得足够大的话，则如式（3.53）所示的精度参数就会随着无限增大，从而使得如式（3.54）所示的均值参数逐渐接近如式（4.133）所示的极大似然估计的结果。如这个例子所示，的确，在数据数量 N 非常大的情况下，两者的学习结果是一致的。

但是，从实际情况来看，以上"数据数量 N 足够大"这一假设本身对于现实问题来说是不合适的。例如，考虑以全体国民为对象的内阁支持率的舆论调查，即使在没有得到真正的全体国民的统计结果的情况下，如果实际上能得到随机选择的数万人的回答结果的话，也可以期待得到相当正确的内阁支持率的推定值。但是所得到的真正令人感兴趣的洞察却是诸如：回答调查问卷的是女性的情况下的支持率，或者是居住在当地的 $20\sim25$ 岁的年轻人的支持率等，以及更详细的分析结果。也就是说，"数据数量 N 足够大"这样的状况，原本分析的必要性就很薄弱，如果认为已经足够了的话，就应该对分析对象进行更详细的处理。因此可以说，虽然我们希望通过数据分析能够得到一些有用的见解，但实际遇到的却常常是数据不足的情况。

再举一个例子，就是作为机器学习重要应用领域的商品推荐算法。对于刚开始使用 EC 网站的顾客，由于几乎还没有什么购买经历，因此商品推荐算法必须随时对这种"小规模数据"进行分析，以预测这类刚刚开始购买活动的顾客的喜好。在参考 1.1 中也曾经提到，机器学习中的重要作用之一是对可利用信息的整合。就推荐算法的例子来说，在这种情况下，需要将用户多方面的信息与其他多数使用者的购买经历等进行组合，通过不同维度的数据进行推测，最终可能得到建设性的建议。在贝叶斯学习中，通过概率分布的组合进行模型的构建，从而可以实现各种信息的整合。除此之外，对于这种参数众多的复杂模型，通过极大似然估计的学习是不适合的，其结果是会引起如图 1.20 所示的显著过拟合。

总而言之，贝叶斯学习的意义不完全是数据数量 N 的大小的问题，其真正意义在于，随着可利用的数据的维数（种类数）D 的增加，贝叶斯学习发挥的优势越明显。因此可以说，这正是组合、活用各种各样信息来源的，适合大数据时代的方法论。

第 5 章　应用模型的构建和推论

在第 4 章中，以混合模型为题材，介绍了各种近似推论方法（吉布斯采样、变分推论等）的实际推导。在本章中，作为实践中常用的随机模型，将介绍各种降维的方法，用于时间序列数据处理的隐马尔可夫模型以及自然语言处理中的主题模型等，并针对这些模型尝试用同样的流程进行近似推论算法的推导。

在本章后半部分的算法推导中，虽然会出现模型愈加复杂的趋势，但是读者依然可以基于自身的兴趣来对内容进行自由选择，因此也请不用过多介意。另外，在这里由均匀场近似的变分推论用得比较多，究其理由，是因为通常通过均匀场近似变分推论的一次推导，就能根据推论结果容易地进行吉布斯采样方法的推导。并且，在本章的后半部分内容中，还介绍了包括 logistic 回归和神经网等相关非线性函数模型的有效的贝叶斯学习方法。

本章中，越到后半部分，算法的导出越会出现复杂的模型，读者基本上可以自由选择自己感兴趣的地方来阅读；另外，在这里多使用基于平均场近似的变分推论，其理由是：如果能够导出一次平均场近似的变分推论，从其结果中可以很容易地导出吉布斯采样。并且，在本章的后半部分，也用高效的贝叶斯学习方法讲解包含 logistic 回归和神经网络等非线性函数的模型。

5.1　线性降维

正如在第 1 章中简单提及的那样，线性降维（linear dimensionality reduction）通过多维数据到低维空间的映射来实现数据量的消减，进而实现数据特征和模型的提取特征，是进行数据的概括和可视化等的基本技术。实际上，众多的实践经验也表明，在许多真实数据中，能够在比观测数据的维度数 D 小得多的 M 维空间中充分表现数据的主要趋势。不仅是在机器学习的领域，在其他众多的不同应用领域中，降维思想都得到了发展和应用。随后将要介绍的被称为概率主成分分析（probabilistic principal component analysis）、因子分析（factor analysis）或概率矩阵分解（probabilistic matrix factorization）等方法与降维技术具有很深的关联，但是，我们在这里主要将重点放在一般通用方法所使用的模型简单介绍上。另外，作为具体的应用，在此还进行了利用线性降维模型的图像数据压缩和缺失值内插处理等简易实验。由于降维和缺失值内插思想与此后将要介绍的非负值矩阵因子分解和张量分解的模型也是共通的，所以建议预先读一读本节的内容。

5.1.1　模型

在线性降维中，要实现的目标是以低维度的隐性变量 $\mathbf{X} = \{\mathbf{x}_1, \cdots, \mathbf{x}_n\}$ 来进行观测数据 $\mathbf{Y} = \{\mathbf{y}_1, \cdots, \mathbf{y}_N\}$ 的表示$^{\ominus}$。在此，假定 $\mathbf{y}_n \in \mathbb{R}^D$ 与 $\mathbf{x}_n \in \mathbb{R}^M$ 之间是线性关系，并使用矩阵参数 $\mathbf{W} \in \mathbb{R}^{M \times D}$ 及偏置参数 $\boldsymbol{\mu} \in \mathbb{R}^D$，则可以考虑将关于 $\mathbf{y}_n$ 的概率分布表示为如式（5.1）所示的形式$^{\ominus}$。

$$p(\mathbf{y}_n | \mathbf{x}_n, \mathbf{W}, \boldsymbol{\mu}) = \mathcal{N}(\mathbf{y}_n | \mathbf{W}^\top \mathbf{x}_n + \boldsymbol{\mu}, \sigma_y^2 \mathbf{I}_D) \tag{5.1}$$

式中，$\sigma_y^2 \in \mathbb{R}^+$ 是所有维度中共同的方差参数；均值 $\mathbf{W}^\top \mathbf{x}_n + \boldsymbol{\mu}$ 的作用是表示 $\mathbf{y}_n$ 无法表现的与观测数据之间允许的偏差。

为了简单起见，在此假定方差参数为某一定值。如果想通过数据来进行该方差参数的学习时，也可以通过使用伽马先验分布和 Wishart 先验分布来对其进行推论。

同样，关于参数 $\mathbf{W}$，$\boldsymbol{\mu}$，$\mathbf{X}$ 也假设为如式（5.2）～式（5.4）所示的均值参数为零向量的高斯分布。

$$p(\mathbf{W}) = \prod_{d=1}^{D} \mathcal{N}(\mathbf{W}_d | \mathbf{0}, \boldsymbol{\Sigma}_w) \tag{5.2}$$

$$p(\boldsymbol{\mu}) = \mathcal{N}(\boldsymbol{\mu} | \mathbf{0}, \boldsymbol{\Sigma}_{\boldsymbol{\mu}}) \tag{5.3}$$

$$p(\mathbf{x}_n) = \mathcal{N}(\mathbf{x}_n | \mathbf{0}, \mathbf{I}_M) \tag{5.4}$$

式中，协方差矩阵 $\boldsymbol{\Sigma}_w$ 以及 $\boldsymbol{\Sigma}_{\boldsymbol{\mu}}$ 为预先设定的超参数。

需要注意的是，参数 $\mathbf{W}$ 和 $\boldsymbol{\mu}$ 是对数据整体产生影响的参数；另一方面，$\mathbf{x}_n$ 是与各数据点 $\mathbf{y}_n$ 相对应的隐性变量。另外，假设 $\mathbf{W}_d \in \mathbb{R}^M$ 是矩阵 $\mathbf{W}$ 的第 d 列的向量。综上所述，包括 N 个观测数据的全部同时分布可以表示为如式（5.5）所示的形式。

$$p(\mathbf{Y}, \mathbf{X}, \mathbf{W}, \boldsymbol{\mu}) = p(\mathbf{W}) p(\boldsymbol{\mu}) \prod_{n=1}^{N} p(\mathbf{y}_n | \mathbf{x}_n, \mathbf{W}, \boldsymbol{\mu}) p(\mathbf{x}_n) \tag{5.5}$$

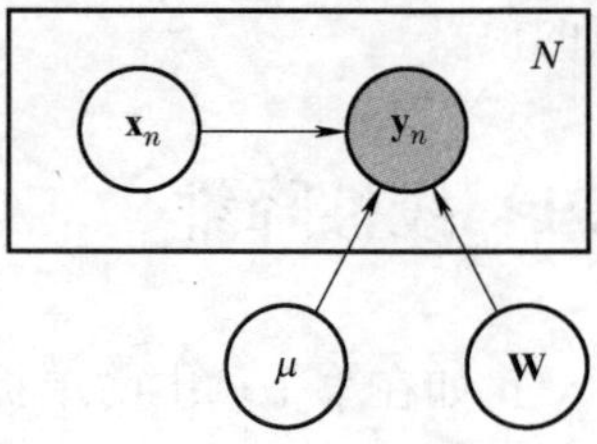

图 5.1 所示为与以上设定相对应的图模型。

图 5.1　线性降维的图模型

5.1.2　变分推论

在给定观测数据 $\mathbf{Y}$ 后的后验分布可以表示为如式（5.6）所示的形式。

$\ominus$　在多数情况均假定 $M < D$，但并不意味着在贝叶斯学习中具有潜在变量的空间必须小于观测数据空间这样的限制。

$\ominus$　对于 $\mathbf{x}_n$ 的维数 $d = 1$ 的一维变量的情况，如果构建通常的 $x_{n,d} = 1$ 模型，即使在不使用偏置参数的情况下，模型也能获得同等性能。

$$p(\mathbf{X}, \mathbf{W}, \boldsymbol{\mu}|\mathbf{Y}) = \frac{p(\mathbf{Y}, \mathbf{X}, \mathbf{W}, \boldsymbol{\mu})}{p(\mathbf{Y})} \tag{5.6}$$

式中，分母计算所需的重积分如式（5.7）所示：

$$p(\mathbf{Y}) = \iint p(\mathbf{Y}, \mathbf{X}, \mathbf{W}, \boldsymbol{\mu})\mathrm{d}\mathbf{X}\mathrm{d}\mathbf{W}\mathrm{d}\boldsymbol{\mu} \tag{5.7}$$

由于在线性降维的模型中无法进行解析的计算，因此在这里使用变分推论，将实际的后验分布以如式（5.8）所示的分解表达式来近似。

$$p(\mathbf{X}, \mathbf{W}, \boldsymbol{\mu}|\mathbf{Y}) \approx q(\mathbf{X})q(\mathbf{W})q(\boldsymbol{\mu}) \tag{5.8}$$

在此假设的基础上，如果采用如式（4.25）所示的变分推论，则只需进行如式（5.9）～式（5.11）所示的 3 个更新表达式的计算即可⊖。

$$\ln q(\boldsymbol{\mu}) = \sum_{n=1}^{N} \langle \ln p(\mathbf{y}_n|\mathbf{x}_n, \mathbf{W}, \boldsymbol{\mu}) \rangle_{q(\mathbf{x}_n)q(\mathbf{W})} + \ln p(\boldsymbol{\mu}) + \mathrm{const.} \tag{5.9}$$

$$\ln q(\mathbf{W}) = \sum_{n=1}^{N} \langle \ln p(\mathbf{y}_n|\mathbf{x}_n, \mathbf{W}, \boldsymbol{\mu}) \rangle_{q(\mathbf{x}_n)q(\boldsymbol{\mu})} + \sum_{d=1}^{D} \ln p(\mathbf{W}_d) + \mathrm{const.} \tag{5.10}$$

$$\ln q(\mathbf{X}) = \sum_{n=1}^{N} \{ \langle \ln p(\mathbf{y}_n|\mathbf{x}_n, \mathbf{W}, \boldsymbol{\mu}) \rangle_{q(\mathbf{W})q(\boldsymbol{\mu})} + \ln p(\mathbf{x}_n) \} + \mathrm{const.} \tag{5.11}$$

接下来，如果在各个式子中进行具体的期望值计算，则能够得到变分推论的更新算法。

在此，因为参数 $\boldsymbol{\mu}$ 的更新表达式最简单，所以首先进行该更新式的推导。在式（5.9）等号右边的第一项中，如果对与 $\boldsymbol{\mu}$ 相关的项进行整理的话，则可以得到如式（5.12）所示的结果。

$$\sum_{n=1}^{N} \langle \ln p(\mathbf{y}_n|\mathbf{x}_n, \mathbf{W}, \boldsymbol{\mu}) \rangle_{q(\mathbf{x}_n)q(\mathbf{W})}$$

$$= -\frac{1}{2}\left\{ \boldsymbol{\mu}^{\top} N\sigma_y^{-2}\boldsymbol{\mu} - 2\boldsymbol{\mu}^{\top}\sigma_y^{-2}\sum_{n=1}^{N}\left(\mathbf{y}_n - \langle \mathbf{W}^{\top} \rangle \langle \mathbf{x}_n \rangle \right) \right\} + \mathrm{const.} \tag{5.12}$$

同时将式（5.9）中的先验分布也整理为与参数 $\boldsymbol{\mu}$ 相关的项，于是可以得到如式（5.13）所示的结果。

$$\ln p(\boldsymbol{\mu}) = -\frac{1}{2}\boldsymbol{\mu}^{\top}\boldsymbol{\Sigma}_{\boldsymbol{\mu}}^{-1}\boldsymbol{\mu} + \mathrm{const.} \tag{5.13}$$

将上述两个与 $\boldsymbol{\mu}$ 相关的表达式相加，并通过整理，则可得到如式（5.14）所示的结果。

$$\ln q(\boldsymbol{\mu}) = -\frac{1}{2}\left\{ \boldsymbol{\mu}^{\top}(N\sigma_y^{-2}\mathbf{I}_D + \boldsymbol{\Sigma}_{\boldsymbol{\mu}}^{-1})\boldsymbol{\mu} - \right.$$

$$\left. 2\boldsymbol{\mu}^{\top}\sigma_y^{-2}\sum_{n=1}^{N}\left(\mathbf{y}_n - \langle \mathbf{W}^{\top} \rangle \langle \mathbf{x}_n \rangle \right) \right\} + \mathrm{const.} \tag{5.14}$$

⊖ 也可以对参数 $\mathbf{W}$ 和 $\boldsymbol{\mu}$ 的分布不进行分解，以此进行更新表达式的求取。

由该结果可以看出，$q(\boldsymbol{\mu})$ 的分布可以归结为如式（5.15）和式（5.16）所示的高斯分布。

$$q(\boldsymbol{\mu}) = \mathcal{N}(\boldsymbol{\mu}|\hat{\mathbf{m}}_{\boldsymbol{\mu}}, \hat{\boldsymbol{\Sigma}}_{\boldsymbol{\mu}}) \tag{5.15}$$

式中，

$$\begin{cases} \hat{\boldsymbol{\Sigma}}_{\boldsymbol{\mu}}^{-1} = N\sigma_y^{-2}\mathbf{I}_D + \boldsymbol{\Sigma}_{\boldsymbol{\mu}}^{-1} \\ \hat{\mathbf{m}}_{\boldsymbol{\mu}} = \sigma_y^{-2}\hat{\boldsymbol{\Sigma}}_{\boldsymbol{\mu}}\sum_{n=1}^{N}(\mathbf{y}_n - \langle\mathbf{W}^{\top}\rangle\langle\mathbf{x}_n\rangle) \end{cases} \tag{5.16}$$

接下来，按照式（5.10）进行参数 $\mathbf{W}$ 分布的近似计算。在此，将式中的期望值项以关于参数 $\mathbf{W}$ 的项进行整理，则可以得到如式（5.17）所示的结果。

$$\langle \ln p(\mathbf{y}_n|\mathbf{x}_n, \mathbf{W}, \boldsymbol{\mu}) \rangle_{q(\mathbf{x}_n)q(\boldsymbol{\mu})}$$

$$= -\frac{1}{2}\{\sigma_y^{-2}\langle\mathbf{x}_n^{\top}\mathbf{W}\mathbf{W}^{\top}\mathbf{x}_n\rangle - 2\sigma_y^{-2}(\mathbf{y}_n - \langle\boldsymbol{\mu}\rangle)^{\top}\mathbf{W}^{\top}\langle\mathbf{x}_n\rangle + \text{const.}$$

$$= -\frac{1}{2}\sum_{d=1}^{D}\left\{\mathbf{W}_d^{\top}\sigma_y^{-2}\langle\mathbf{x}_n\mathbf{x}_n^{\top}\rangle\mathbf{W}_d - 2\mathbf{W}_d^{\top}\sigma_y^{-2}(y_{n,d} - \langle\mu_d\rangle)\langle\mathbf{x}_n\rangle\right\} + \text{const.} \tag{5.17}$$

由此可以看出，参数 $\mathbf{W}$ 的分布被分解为 D 个独立的项来表示。另外，需要注意的是，在上述计算中，如式（5.18）和式（5.19）所示的那样，对参数 $\mathbf{W}$ 进行了列向量的分解。

$$\mathbf{x}_n^{\top}\mathbf{W}\mathbf{W}^{\top}\mathbf{x}_n = \sum_{d=1}^{D}\mathbf{x}_n^{\top}\mathbf{W}_d\mathbf{W}_d^{\top}\mathbf{x}_n = \sum_{d=1}^{D}\mathbf{W}_d^{\top}\mathbf{x}_n\mathbf{x}_n^{\top}\mathbf{W}_d \tag{5.18}$$

$$(\mathbf{y}_n - \langle\boldsymbol{\mu}\rangle)^{\top}\mathbf{W}^{\top}\langle\mathbf{x}_n\rangle = \sum_{d=1}^{D}\mathbf{W}_d^{\top}(y_{n,d} - \langle\mu_d\rangle)\langle\mathbf{x}_n\rangle \tag{5.19}$$

此外，式（5.10）中参数 $\mathbf{W}$ 的先验分布项可以表示为如式（5.20）所示的形式，亦即同样采用 D 个项的和来表示（根据此前先验分布的设计）。

$$\ln p(\mathbf{W}) = -\frac{1}{2}\sum_{d=1}^{D}\mathbf{W}_d^{\top}\boldsymbol{\Sigma}_w^{-1}\mathbf{W}_d + \text{const.} \tag{5.20}$$

于是，如果将式（5.17）和式（5.20）的结果进行综合的话，作为参数 $\mathbf{W}$ 的近似后验分布，也可以变成如式（5.21）和式（5.22）所示那样通过 D 个独立分布的表示。

$$q(\mathbf{W}) = \prod_{d=1}^{D}\mathcal{N}(\mathbf{W}_d|\hat{\mathbf{m}}_{w_d}, \hat{\boldsymbol{\Sigma}}_w) \tag{5.21}$$

式中

$$\begin{cases} \hat{\boldsymbol{\Sigma}}_w^{-1} = \sigma_y^{-2}\sum_{n=1}^{N}\langle\mathbf{x}_n\mathbf{x}_n^{\top}\rangle + \boldsymbol{\Sigma}_w^{-1} \\ \hat{\mathbf{m}}_{w_d} = \sigma_y^{-2}\hat{\boldsymbol{\Sigma}}_w\sum_{n=1}^{N}(y_{n,d} - \langle\mu_d\rangle)\langle\mathbf{x}_n\rangle \end{cases} \tag{5.22}$$

最后，根据式（5.11）进行隐性变量 $\mathbf{X}$ 的后验分布的近似计算。由于如式（5.11）所示的那样，该分布采用了单独的 N 个项的和来表示，因此只需要求出关于第 n 个隐性变量 $\mathbf{x}_n$ 的分布形式就足够了。在此，第一个期望值项的计算如式（5.23）所示。

$$\langle \ln p(\mathbf{y}_n|\mathbf{x}_n, \mathbf{W}, \boldsymbol{\mu}) \rangle_{q(\mathbf{W})q(\boldsymbol{\mu})}$$
$$= -\frac{1}{2} \left\{ \mathbf{x}_n^\top \sigma_y^{-2} \langle \mathbf{W}\mathbf{W}^\top \rangle \mathbf{x}_n - 2\mathbf{x}_n^\top \sigma_y^{-2} \langle \mathbf{W} \rangle \big(\mathbf{y}_n - \langle \boldsymbol{\mu} \rangle\big) \right\} + \text{const.} \tag{5.23}$$

另外，在 $\mathbf{x}_n$ 的先验分布的各项中，如果只对其进行与 $\mathbf{x}_n$ 相关的项整理的话，则可以得到如式（5.24）所示的结果。

$$\ln p(\mathbf{x}_n) = -\frac{1}{2} \mathbf{x}_n^\top \mathbf{x}_n + \text{const.} \tag{5.24}$$

将这些结果进行相加，则可以得到如式（5.25）所示的结果。

$$\ln q(\mathbf{x}_n) = -\frac{1}{2} \{ \mathbf{x}_n^\top (\sigma_y^{-2} \sum_{d=1}^{D} \langle \mathbf{W}_d \mathbf{W}_d^\top \rangle + \mathbf{I}_M) \mathbf{x}_n -$$
$$2\mathbf{x}_n^\top \sigma_y^{-2} \langle \mathbf{W} \rangle (\mathbf{y}_n - \langle \boldsymbol{\mu} \rangle) \} + \text{const.} \tag{5.25}$$

因此，可以得到如式（5.26）和式（5.27）所示的 $\mathbf{X}$ 的近似后验分布。

$$q(\mathbf{X}) = \prod_{n=1}^{N} \mathcal{N}(\mathbf{x}_n|\hat{\boldsymbol{\mu}}_{\mathbf{x}_n}, \hat{\boldsymbol{\Sigma}}_x) \tag{5.26}$$

式中

$$\begin{cases} \hat{\boldsymbol{\Sigma}}_x^{-1} = \sigma_y^{-2} \sum_{d=1}^{D} \langle \mathbf{W}_d \mathbf{W}_d^\top \rangle + \mathbf{I}_M \\ \hat{\boldsymbol{\mu}}_{\mathbf{x}_n} = \sigma_y^{-2} \hat{\boldsymbol{\Sigma}}_x \langle \mathbf{W} \rangle (\mathbf{y}_n - \langle \boldsymbol{\mu} \rangle) \end{cases} \tag{5.27}$$

至此，由于明确了变分推论交互更新中各个概率分布处理的近似分布表达式，所以可以得到如式（5.28）～（5.32）所示的、计算中必需的各期望值的解析计算结果。

$$\langle \boldsymbol{\mu} \rangle = \hat{\mathbf{m}}_{\boldsymbol{\mu}} \tag{5.28}$$

$$\langle \mathbf{W}_d \rangle = \hat{\mathbf{m}}_{w_d} \tag{5.29}$$

$$\langle \mathbf{W}_d \mathbf{W}_d^\top \rangle = \hat{\mathbf{m}}_{w_d} \hat{\mathbf{m}}_{w_d}^\top + \hat{\boldsymbol{\Sigma}}_w \tag{5.30}$$

$$\langle \mathbf{x}_n \rangle = \hat{\boldsymbol{\mu}}_{\mathbf{x}_n} \tag{5.31}$$

$$\langle \mathbf{x}_n \mathbf{x}_n^\top \rangle = \hat{\boldsymbol{\mu}}_{\mathbf{x}_n} \hat{\boldsymbol{\mu}}_{\mathbf{x}_n}^\top + \hat{\boldsymbol{\Sigma}}_x \tag{5.32}$$

在想导出线性降维模型的吉布斯采样时，可以通过简单地将上述期望值置换为样本值来得到。

5.1.3　数据的不可逆压缩

在此，使用线性降维算法，尝试进行 Olivetti face 数据集$^{\ominus}$的人脸图像的数据压缩。各原始的人脸图像的维数为 $D = 32 \times 32 = 1024$，图 5.2 示出了分别在 $M = 32$，$M = 4$ 时所进行的降维压缩结果，图中图像复原时进行像素值 $\bar{\mathbf{y}}_n$ 计算的算法如式（5.33）所示，式中的各个期望值采用的是降维算法充分收敛后所得到的相应的期望值。

$$\bar{\mathbf{y}}_n = \langle \mathbf{W}^\top \rangle \langle \mathbf{x}_n \rangle + \langle \boldsymbol{\mu} \rangle \tag{5.33}$$

$\ominus$　http://www.cl.cam.ac.uk/research/dtg/attarchive/facedatabase.html.

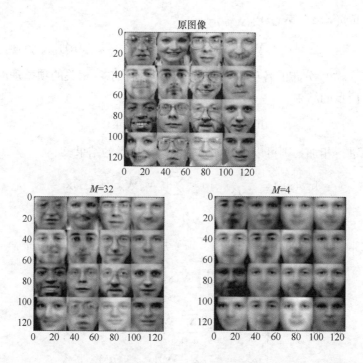

图 5.2　人脸图像的压缩

$M = 32$时，数据量的大小可以大约压缩到原有大小的 3%，因此在图 5.2 的结果中，复原图像看起来有些模糊。但是，通过这种降维压缩的作用能够进行不需要的干扰信息的消除，反而会使得数据变得更加平滑，因此也作为线性降维应用的用途来考虑。当设定 $M = 4$ 时，数据量大约可以压缩到原来的 0.4%，但此时各个图像的许多细节部分均出现了丢失，通过复原得到的所有人脸图像看起来几乎都是相同的。如何更好地进行维度 M 的设定，可以根据 3.5.3 节介绍的简单模型选择的方法来决定，但在实践中上也应该综合考虑降维压缩的最初目的以及所需要的计算成本、存储成本等因素来进行确定。

5.1.4　缺失值内插

作为线性降维的另一项应用，在此我们尝试进行使用线性降维的缺失值内插算法的推导。在现实世界的问题中，由于在数据获取、存储过程中的传感器、通信以及服务器等的暂时性故障，经常会发生数据部分缺失的情况。另外，在组合多个传感器进行某种处理时，有时也会出现某几个传感器发生故障，或者由于成本等方面原因没有布置安装的情况。为了应对这种情况，可能会需要非常费时地进行学习模型的重新构建或者分别构建。除此之外，一般情况下，在服务器的查询和文档信息等数据中，也会有很多空白的项目。因此，这样的缺失值内插应用对机器学习系统来说是一项普遍的任务，如果将具有缺失值的观测数据原封不动地扔掉也是非常可惜的。另一方面，作为预处理，有时会简单地以数据整体的平均值作为缺失的值，或者取缺失值附近的数据进行线性内插等，并将预处理得到的结果传递给后段的机器学习算法。但是，这种简单处理方式的结果会使得后段的学习算法无法进行插入值和真正观测值的区分，因此无法进行正确信息的预测和推定。与使用这种预处理的方法相比，理想的做法是我们基于对数据假定的结构（模型）进行的缺失值内插，这种方法所获得的数据一致性，能够使得后段的学习算法利用更多的信息和知识进行解析。

在贝叶斯学习中进行的缺失值内插并不需要特别的方法，一旦定义了模型，就可以采用与其他参数和隐性变量完全相同的处理方法来进行推论。也就是说，将缺失值作为没有附加条件的未观测变量来处理，通过后验分布的（近似）求取来进行预测。下面，如式（5.34）所示，看一下假设第 n 个数据 $\mathbf{y}_n$ 的部分元素缺失的情况。

$$\mathbf{y}_n = \begin{bmatrix} \mathbf{y}_{n,\tilde{D}} \\ \mathbf{y}_{n,\backslash \tilde{D}} \end{bmatrix} \tag{5.34}$$

在此，将垂直向量 $\mathbf{y}_n$ 的元素分割为有缺失值的部分和已观测的部分，并假设 $\mathbf{y}_{n,\tilde{D}} \in \mathbb{R}^{\tilde{D}}$ 为数据缺失的部分，$\mathbf{y}_{n,\backslash \tilde{D}} \in \mathbb{R}^{D-\tilde{D}}$ 为已观测的部分。在式（5.34）中，我们假定数据缺失的部分和已观测的部分在 $\mathbf{y}_n$ 中是按顺序排列的。但是，即使是数据缺失值混杂在零散位置情况下，相关的讨论也是相同的。

这里的目标是要求出关于数据缺失部分 $\mathbf{y}_{n,\tilde{D}}$ 的后验分布。如果将 $\mathbf{Y}_{\backslash n}$ 看作为从数据整体的集合 $\mathbf{Y}$ 中只消去 $\mathbf{y}_n$ 的部分得到的子集的话，则理想的方法是对分布 $p(\mathbf{y}_{n,\tilde{D}}|\mathbf{y}_{n,\backslash \tilde{D}}, \mathbf{Y}_{\backslash n})$，求出其除已观测变量以外的全部变量的边缘分布。但是，与线性降维模型中不能计算周边似然函数 $p(\mathbf{Y})$ 的原因一样，也无法得到这个边缘分布的解析结果。因此，最简单的解决方法是再次使用变分推论的框架，像如式（5.55）所示的那样，对整个后验分布进行近似分解。

$$p(\mathbf{y}_{n,\tilde{D}}, \mathbf{X}, \mathbf{W}, \boldsymbol{\mu}|\mathbf{y}_{n,\backslash \tilde{D}}, \mathbf{Y}_{\backslash n}) \approx q(\mathbf{y}_{n,\tilde{D}})q(\mathbf{X})q(\mathbf{W})q(\boldsymbol{\mu}) \tag{5.35}$$

在此后进行的关于缺失值近似分布的求取，也与此前变分推论中进行的其他参数、隐性变量的求取过程相同，通过变分推论的优化循环进行参数的更新。在此，使用如式（4.25）所示的变分推论，可以推导出如式（5.36）所示的 $q(\mathbf{y}_{n,\tilde{D}})$ 的更新表达式。

$$\begin{aligned} &\ln q(\mathbf{y}_{n,\tilde{D}}) \\ &= -\frac{1}{2}\{\mathbf{y}_{n,\tilde{D}}^{\top}\sigma_y^{-2}\mathbf{y}_{n,\tilde{D}} - 2\mathbf{y}_{n,\tilde{D}}^{\top}\sigma_y^{-2}(\langle \mathbf{W}_{\tilde{D}}^{\top}\rangle\langle\mathbf{x}_n\rangle + \langle\boldsymbol{\mu}_{\tilde{D}}\rangle)\} + \text{const.} \end{aligned} \tag{5.36}$$

式中，$\mathbf{W}_{\tilde{D}}$ 为从矩阵 $\mathbf{W}$ 最上方取出的一个 $\tilde{D} \times \tilde{D}$ 的子矩阵。

同样，$\boldsymbol{\mu}_{\tilde{D}}$ 也表示从 $\boldsymbol{\mu}$ 中只取开始的最初 $\tilde{D}$ 个元素构成的向量。从这个结果可以看出，所求的缺失值近似分布可以表示为如式（5.37）所示的 $\tilde{D}$ 维高斯分布。

$$q(\mathbf{y}_{n,\tilde{D}}) = \mathcal{N}(\mathbf{y}_{n,\tilde{D}}|\langle \mathbf{W}_{\tilde{D}}^{\top}\rangle\langle\mathbf{x}_n\rangle + \langle\boldsymbol{\mu}_{\tilde{D}}\rangle, \sigma_y^2\mathbf{I}_{\tilde{D}}) \tag{5.37}$$

由此结果可以看出，如果能够得到其他几个概率分布参数的期望值 $\langle\mathbf{x}_n\rangle$，$\langle\mathbf{W}\rangle$，$\langle\boldsymbol{\mu}\rangle$，即可以通过优化过程循环的简单进行，得到表现缺失值 $\mathbf{y}_{n,\tilde{D}}$ 的平均值的分布均值。在此，关于 $\mathbf{y}_{n,\tilde{D}}$ 以外的几个近似分布的求取，还需要再行导出相应的参数更新表达式。在这些参数求取的过程完成以后，只需要简单地根据式（5.37）来进行 $\mathbf{y}_{n,\bar{D}}$ 的期望值的计算，相应的计算结果如式（5.38）所示。

$$\langle \mathbf{y}_{n,\bar{D}} \rangle = \langle \mathbf{W}_{\bar{D}}^{\top} \rangle \langle \mathbf{x}_n \rangle + \langle \boldsymbol{\mu}_{\bar{D}} \rangle \tag{5.38}$$

通过如式（5.38）所示的推论结果，不仅可以求得进行缺失值内插的推定值，还可以在插值过程中同时进行参数和隐性变量的学习。

图 5.3 所示是通过以上导出的缺失值内插算法，对此前采用线性降维得到的人脸图像进行缺失像素值内插的结果。

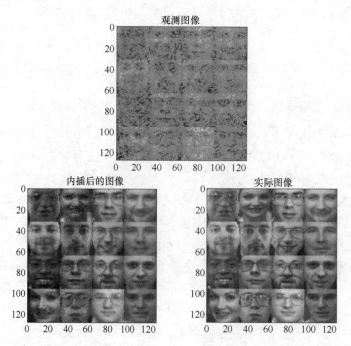

图 5.3   人脸图像的缺失像素值内插

图 5.3 中，观测图像的像素缺失的概率均为 50%。从上到下依次排列的是具有缺失值的观测数据，通过内插推定得到的图像以及原始的实际图像。由此可以看出，在内插处理前，具有缺失值的观测数据是难以看出人脸的数据；经过内插处理后，除了细节部分以外，可以确认能够大致复原正确的图像。

5.2   非负值矩阵因子分解

非负值矩阵因子分解（Nonnegative Matrix Factorization，NMF）与线性降维相同，也是一种将数据映射到低维子空间的方法。如其名字所示的那样，该模型假定观测数据和其他所有未观测变量均为非负性。非负值矩阵因子分解可以应用于无负值的数据中，同样也可以实现通过线性降维进行的图像数据的压缩和内插。另外，在通过快速傅里叶变换对语音数据进行处理时，使用这种可以假定非负性的模型，大多时候都能得到更好的表现。除此之外，关于推荐算法和自然语言处理，由于大多都是可以假定没有负值数据的情况，所以也得到了广泛的尝试了和应用。在非负值矩阵因子分解中，提出了各种不同的随机模型来实现数据的表现。在此，我们决定使用泊松分布和伽马分布来进行模型的构建。

5.2.1　模型

在非负值矩阵因子分解中，像如式（5.39）所示的那样，将各元素均为非负值的矩阵 $\mathbf{X} \in \mathbb{N}^{D \times N}$ 分解为同样具有非负值元素的 2 个矩阵 $\mathbf{W} \in \mathbb{R}^{+ D \times M}$ 和 $\mathbf{H} \in \mathbb{R}^{+ M \times N}$。

$$\mathbf{X} \approx \mathbf{W}\mathbf{H} \tag{5.39}$$

其中，$\mathbf{X}$ 的每个元素可以表示为如式（5.40）所示的形式。

$$
\begin{aligned}
X_{d,n} &= \sum_{m=1}^{M} S_{d,m,n} \\
&\approx \sum_{m=1}^{M} W_{d,m} H_{m,n}
\end{aligned} \tag{5.40}
$$

在此，引入了一个新的辅助变量 $\mathbf{S} \in \mathbb{N}^{D \times M \times N}$，其元素的表示如式（5.41）所示。

$$S_{d,m,n} \approx W_{d,m} H_{m,n} \tag{5.41}$$

从式（5.39）所示的矩阵分解的观点来看，中间变量 $\mathbf{S}$ 也不是必须要有的。但是在非负值矩阵因子分解中，众所周知，通过这种新引入的隐性变量，可以导出有效的变分推论和吉布斯采样的算法。一般来说，当效率高的推论算法不能从模型直接导出时，通过在模型中引入这种辅助的隐性变量，经常可以顺利地实现更新表达式的导出。在这里，辅助变量 $\mathbf{S}$ 按照如式（5.42）所示的泊松分布进行模型化。

$$
\begin{aligned}
p(\mathbf{S}|\mathbf{W}, \mathbf{H}) &= \prod_{d=1}^{D} \prod_{m=1}^{M} \prod_{n=1}^{N} p(S_{d,m,n}|W_{d,m}, H_{m,n}) \\
&= \prod_{d=1}^{D} \prod_{m=1}^{M} \prod_{n=1}^{N} \mathrm{Poi}(S_{d,m,n}|W_{d,m}H_{m,n})
\end{aligned} \tag{5.42}
$$

观测数据使用如式（5.43）所示的 Delta 分布（Delta distribution）来表现。

$$
\begin{aligned}
p(\mathbf{X}|\mathbf{S}) &= \prod_{d=1}^{D} \prod_{n=1}^{N} p(X_{d,n}|\mathbf{S}_{d,:,n}) \\
&= \prod_{d=1}^{D} \prod_{n=1}^{N} \mathrm{Del}\Big(X_{d,n}\Big|\sum_{m=1}^{M} S_{d,m,n}\Big)
\end{aligned} \tag{5.43}
$$

其中，Delta 分布是如式（5.44）所示的离散概率分布。

$$\text{Del}(x|z) = \begin{cases} 1 & x = z \\ 0 & \text{其他} \end{cases} \tag{5.44}$$

其中，从数据生成的角度来看，Delta 分布考虑原封不动地以 $\sum_{m=1}^{M} S_{d,m,n}$ 得到的值作为 $X_{d,n}$ 的值来处理。另外，如式（5.45）和式（5.46）所示，将 $\mathbf{W}$ 和 $\mathbf{H}$ 的先验分布设定为泊松分布的共轭先验分布的伽马分布。

$$p(\mathbf{W}) = \prod_{d=1}^{D} \prod_{m=1}^{M} p(W_{d,m})$$

$$= \prod_{d=1}^{D} \prod_{m=1}^{M} \text{Gam}(W_{d,m}|a_W, b_W) \tag{5.45}$$

$$p(\mathbf{H}) = \prod_{m=1}^{M} \prod_{n=1}^{N} p(H_{m,n})$$

$$= \prod_{m=1}^{M} \prod_{n=1}^{N} \text{Gam}(H_{m,n}|a_H, b_H) \tag{5.46}$$

式中，$a_W \in \mathbb{R}^+$，$b_W \in \mathbb{R}^+$，$a_H \in \mathbb{R}^+$ 以及 $b_H \in \mathbb{R}^+$ 为伽马分布的超参数。

如果考虑这些随机变量之间的相关性的话，则可以像如式（5.47）所示的那样，将它们作为同时分布重新进行表示。

$$p(\mathbf{X}, \mathbf{S}, \mathbf{W}, \mathbf{H}) = p(\mathbf{X}|\mathbf{S})p(\mathbf{S}|\mathbf{W}, \mathbf{H})p(\mathbf{W})p(\mathbf{H}) \tag{5.47}$$

图 5.4 所示是以矩阵的元素进行描述的非负值因子分解的图模型。图 5.5 所示是将声音数据采用接下来介绍的变分推论进行矩阵分解的结果。

在图 5.5 中，图 5.5c 为风琴演奏声音数据 $\mathbf{X}$ 的频谱（spectrogram）图，颜色表示的是能量的强度。图 5.5a 的两个列所给出的曲线分别为 $M = 2$ 时各自的 $\mathbf{W}_{:,1}$ 以及 $\mathbf{W}_{:,2}$ 的推定结果，分别进行着风琴琴音的高频曲线以及低频曲线的表示。图 5.5b 的两行曲线是 $\mathbf{H}$ 的推定结果，这表示各个 $\mathbf{W}$ 模式在时间序列上的"使用方法"，首先在开始的 0.6s 左右使用表示低音部分的曲线，从中间的 3.3s 开始使用表示高音部分的曲线。这样，非负值矩阵因子分解除了将频谱图映射到低维空间来提取一个特征模式外，还通过缺失值内插思想的应用进行数据中、高频成分的复原（超解析）等。

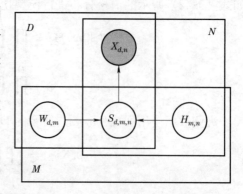

图 5.4　非负值因子分解的图模型

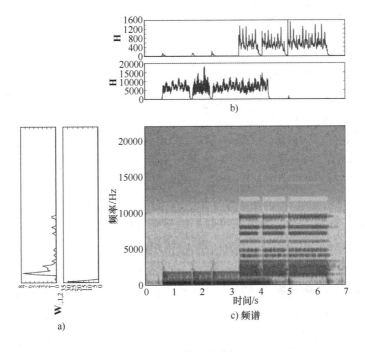

图 5.5　声谱图的分解

5.2.2　变分推论

以下，从刚才构建的模型开始，以观测数据 $\mathbf{X}$ 为观测变量，尝试进行推论算法所需要的未观测变量 $\mathbf{W}$，$\mathbf{H}$ 以及 $\mathbf{S}$ 的后验分布的推导。在此，还是采用之前的例子中使用的变分推论，并且如式（5.48）所示的那样，假定后验分布可以分解为各个变量的独立分布。

$$p(\mathbf{S},\mathbf{W},\mathbf{H}|\mathbf{X}) \approx q(\mathbf{S})q(\mathbf{W})q(\mathbf{H}) \tag{5.48}$$

基于上述后验分布的分解假设，结合式（5.47）所示的同时模型分布表达式，采用如式（4.25)所示的变分推论，则可以得到如式（5.49）～式（5.51）所示的各个近似分布的更新表达式。

$$\ln q(\mathbf{W}) = \langle \ln p(\mathbf{S}|\mathbf{W},\mathbf{H}) \rangle_{q(\mathbf{S})q(\mathbf{H})} + \ln p(\mathbf{W}) + \text{const.}$$
$$= \sum_{d=1}^{D}\sum_{m=1}^{M}\left\{ \sum_{n=1}^{N}\langle \ln p(S_{d,m,n}|W_{d,m},H_{m,n})\rangle_{q(\mathbf{S})q(\mathbf{H})} + \right.$$
$$\left. \ln p(W_{d,m}) \right\} + \text{const.} \tag{5.49}$$

$$\ln q(\mathbf{H}) = \langle \ln p(\mathbf{S}|\mathbf{W},\mathbf{H}) \rangle_{q(\mathbf{S})q(\mathbf{W})} + \ln p(\mathbf{H}) + \text{const.}$$
$$= \sum_{m=1}^{M}\sum_{n=1}^{N}\left\{ \sum_{d=1}^{D}\langle \ln p(S_{d,m,n}|W_{d,m},H_{m,n})\rangle_{q(\mathbf{S})q(\mathbf{W})} + \right.$$
$$\left. \ln p(H_{m,n}) \right\} + \text{const.} \tag{5.50}$$

$$\ln q(\mathbf{S}) = \ln p(\mathbf{X}|\mathbf{S}) + \langle \ln p(\mathbf{S}|\mathbf{W},\mathbf{H}) \rangle_{q(\mathbf{W})q(\mathbf{H})} + \text{const.}$$

$$= \sum_{d=1}^{D}\sum_{n=1}^{N}\Big\{\ln p(X_{d,n}|\sum_{m=1}^{M}S_{d,m,n})+$$

$$\sum_{m=1}^{M}\langle \ln p(S_{d,m,n}|W_{d,m},H_{m,n})\rangle_{q(\mathbf{W})q(\mathbf{H})}\Big\} + \text{const.} \tag{5.51}$$

首先，从较简单的关于变量 $\mathbf{W}$ 的后验分布开始，尝试进行近似后验分布的求取。从式（5.49）可以看出，由于关于变量 $\mathbf{W}$ 的近似后验分布的对数表达式被分解为与 d 和 m 相关的和项，因此该近似分布由 DM 个独立分布构成。也就是说，在此只需要进行关于变量 $\mathbf{W}$ 的元素 $W_{d,m}$ 的近似分布推导就足够了。关于泊松分布对数期望值的部分，如果忽略与 $W_{d,m}$ 无关的项进行计算的话，则可以得到如式（5.52）所示的结果。

$$\langle \ln p(S_{d,m,n}|W_{d,m},H_{m,n})\rangle_{q(\mathbf{S})q(\mathbf{H})}$$

$$= \langle S_{d,m,n}\rangle \ln W_{d,m} - \langle H_{m,n}\rangle W_{d,m} + \text{const.} \tag{5.52}$$

其中，元素 $W_{d,m}$ 的伽马先验分布的对数可以通过如式（5.53）所示的表达式来表示。

$$\ln p(W_{d,m}|a_W, b_W) = (a_W - 1)\ln W_{d,m} - b_W W_{d,m} + \text{const.} \tag{5.53}$$

如果将该表达式的结果代入式（5.49）中关于 n 的加法运算的话，则可以得到如式（5.54）和式（5.55）所示的结果。

$$\ln q(W_{d,m}) = (\sum_{n=1}^{N}\langle S_{d,m,n}\rangle + a_W - 1)\ln W_{d,m} - \tag{5.54}$$

$$(\sum_{n=1}^{N}\langle H_{m,n}\rangle + b_W)W_{d,m} + \text{const.} \tag{5.55}$$

由这一结果可以看出，通过整理，$W_{d,m}$ 的近似后验分布 $q(W_{d,m})$ 的对数表达式与其先验分布相同，均为伽马分布的对数表达式。因此，如果重新引入参数 $\hat{a}_W$ 和 $\hat{b}_W$ 来对 $W_{d,m}$ 的近似后验分布进行表示的话，则可以表示为如式（5.56）和式（5.57）所示的伽马分布。

$$q(W_{d,m}) = \text{Gam}(W_{d,m}|\hat{a}_W^{(d,m)}, \hat{b}_W^{(m)}) \tag{5.56}$$

式中

$$\begin{cases} \hat{a}_W^{(d,m)} = \sum_{n=1}^{N}\langle S_{d,m,n}\rangle + a_W \\ \hat{b}_W^{(m)} = \sum_{n=1}^{N}\langle H_{m,n}\rangle + b_W \end{cases} \tag{5.57}$$

其中，关于 $\mathbf{S}$ 和 $\mathbf{H}$ 的期望值的计算，稍后再来进行。

其次，关于变量 $\mathbf{H}$ 的近似后验分布的计算也可以通过式（5.50）来进行。从模型的定义可知，由于变量 $\mathbf{W}$ 和 $\mathbf{H}$ 正好是对称的关系，因此这里的导出过程与 $\mathbf{W}$ 的情况是一致的。并且，作为近似分布的结果可以得到如式（5.58）和式（5.59）所示的伽马分布。

$$q(H_{m,n}) = \text{Gam}(H_{m,n}|\hat{a}_H^{(m,n)}, \hat{b}_H^{(m)}) \tag{5.58}$$

式中

$$
\begin{cases}
\hat{a}_H^{(m,n)} = \displaystyle\sum_{d=1}^{D} \langle S_{d,m,n} \rangle + a_H \\[4mm]
\hat{b}_H^{(m)} = \displaystyle\sum_{d=1}^{D} \langle W_{d,m} \rangle + b_H
\end{cases}
\tag{5.59}
$$

最后，尝试进行关于隐性变量 $\mathbf{S}$ 的更新表达式的求取。由式（5.51）可知，$\mathbf{S}$ 的近似分布的对数可以通过与 d 和 n 相关的和项进行分解。首先，只进行式（5.51）中 $\mathbf{S}$ 的泊松分布的对数期望值项的整理，可以得到如式（5.60）所示的结果。

$$
\sum_{m=1}^{M} \langle \ln p(S_{d,m,n} | W_{d,m}, H_{m,n}) \rangle_{q(\mathbf{W})q(\mathbf{H})}
$$
$$
= -\sum_{m=1}^{M} \ln S_{d,m,n}! + \sum_{m=1}^{M} S_{d,m,n}(\langle \ln W_{d,m} \rangle + \langle \ln H_{m,n} \rangle) + \text{const.}
\tag{5.60}
$$

从这个结果可以看出，所得到的表达式与式（2.34）所定义的多项分布的对数表达式具有相同的函数形式。另外，如果注意到式（5.51）中 Delta 分布的部分，则有其中的 $S_{d,m,n}$ 要求满足 $\sum_{m=1}^{M} S_{d,m,n} = X_{d,n}$ 这一条件。因此，近似分布 $q(\mathbf{S})$ 可以表示为如式（5.61）和式（5.62）所示的维数为 $X_{d,n}$ 的 M 项分布。

$$
q(\mathbf{S}_{d,:,n}) = \text{Mult}(\mathbf{S}_{d,:,n} | \hat{\boldsymbol{\pi}}_{d,n}, X_{d,n})
\tag{5.61}
$$

式中

$$
\hat{\pi}_{d,n}^{(m)} \propto \exp(\langle \ln W_{d,m} \rangle + \langle \ln H_{m,n} \rangle)
$$
$$
\left(\text{s.t.} \sum_{m=1}^{M} \hat{\pi}_{d,n}^{(m)} = 1 \right)
\tag{5.62}
$$

在此，对于具有三维结构的 $\mathbf{S}$，将由 d 和 n 指定的部分记为 $\mathbf{S}_{d,:,n} \in \mathbb{N}^M$。

综上所述，通过如式（5.48）所示的分解假定，使得所有近似后验分布的形式都变得清楚了。在以上各近似分布的更新表达中，所需要的期望值均可以进行解析计算，其结果如式（5.63）～式（5.67）所示。

$$
\langle S_{d,m,n} \rangle = X_{d,n} \hat{\pi}_{d,n}^{(m)}
\tag{5.63}
$$

$$
\langle W_{d,m} \rangle = \frac{\hat{a}_W^{(d,m)}}{\hat{b}_W^{(m)}}
\tag{5.64}
$$

$$
\langle H_{m,n} \rangle = \frac{\hat{a}_H^{(m,n)}}{\hat{b}_H^{(m)}}
\tag{5.65}
$$

$$
\langle \ln W_{d,m} \rangle = \psi(\hat{a}_W^{(d,m)}) - \ln \hat{b}_W^{(m)}
\tag{5.66}
$$

$$
\langle \ln H_{m,n} \rangle = \psi(\hat{a}_H^{(m,n)}) - \ln \hat{b}_H^{(m)}
\tag{5.67}
$$

除此之外，对于式（5.56）以及式（5.58）的计算中所需要的 $\mathbf{S}$ 的期望值，通过代入式（5.61）所示的结果，可以从更新算法中实现变量 $\mathbf{S}$ 的消除。从而使得最终得到的更新表

达式是一个依存于 **W** 以及 **H** 的两重循环的数值更新算法。这样就不需要直接处理大规模的三维数组 **S**，因此在内存和计算效率方面也更优秀。详情请参见参考文献［5］。

5.3　隐马尔可夫模型

在本节中，介绍作为时间序列数据的建模而被广泛使用的隐马尔可夫模型（Hidden Markov Model，HMM）。隐马尔可夫模型不仅是传统语音信号和字符串数据的处理模型，还是在碱基排列和金融交易数据等的实际应用中非常重要的模型。在之前介绍的模型中，如式（5.68）所示，在参数 θ 给定后，数据 $\mathbf{X} = \{\mathbf{x}_1, \cdots, \mathbf{x}_N\}$ 的各数据的分布具有条件独立性。

$$p(\mathbf{X}|\theta) = \prod_{n=1}^{N} p(x_n|\theta) \tag{5.68}$$

但是，考虑到现实世界的许多数据，如传感器连续取得的数据以及网络上存储的记录等所表现的那样，是以时间顺序的关系进行保存的，因此采用这种简单的模型来说明这样的现象是很困难的。

如图 5.6 所示，是一个序列数据的泊松隐马尔可夫模型（PHMM）和泊松混合模型（PMM）的推论结果。

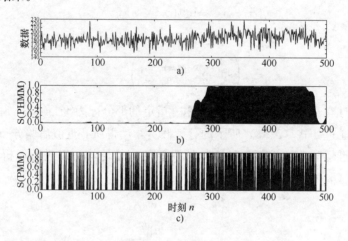

图 5.6　序列数据的泊松隐马尔可夫模型（PHMM）和泊松混合模型（PMM）的推论结果

图 5.6a 表示数据个数 $N = 500$ 的非负整数值的时间序列数据。数据本身是为了介绍而人工制作的，对于这样的序列数据，可以将其想象为设置在办公室的温度传感器、某场所中单位时间内的入场者计数器等给出的数据，总之将其考虑为容易想象的东西。如果仔细对全部数据进行观察的话，可以看出，在前半段时间和后半段时间中，数据具有不同的趋势，特别是从时刻 300 附近开始，在其后的时间中，出现高数值的频率比前半部分变高了。

与聚类问题中使用混合模型推论各数据潜在簇隶属度时的情况相同，如果针对这样的时间序列数据使用隐马尔可夫模型，则可以进行不能直接观测的潜在序列状态的提取。在图 5.6b 中，通过泊松观测模型的隐马尔可夫模型进行变分推论，给出了隐性变量 $\mathbf{S} = \{\mathbf{s}_1, \cdots, \mathbf{s}_N\}$ 的后验分布的近似推论结果。图 5.6 中曲线描绘的是各个时刻隐性变量近似后验分布的期望值 $\langle \mathbf{s}_1 \rangle, \cdots, \langle \mathbf{s}_N \rangle$，详细的情况将在随后介绍。在这个例子中，各隐性变量 $\mathbf{s}_n$ 的维度 $K = 2$，可以提取到前半部分和后半部分数据所具有的不同两种趋势。另外，作为参考，在图 5.6c 中，采用第 4 章介绍的泊松混合模型的近似推论，也给出了相应的隐性变量的推论结果。在这种没有将时间趋势模型化的混合模型中，由于只能将各时刻给出的瞬时观测数据值的大小作为信息来处理，与图 5.6b 所给出的结果相比，混合模型的推论结果变成了一种密集切换的状态，没有很好地捕捉到数据的特征。

像这样的隐马尔可夫模型，由于具有假设数据存在离散的时间序列状态这一模型，能够通过诸如时间序列数据变化的检测，实现下一个时刻出现的数据点预测等功能。因此，即使对于混合模型难以实现的应用，隐马尔可夫模型也可以给出解解决办法。

5.3.1　模型

在簇数为 K 的混合模型中，只需要给隐性变量加上时间依存关系即可实现一个隐马尔可夫模型。在混合模型中，关于隐性变量 $\mathbf{S} = \{\mathbf{s}_1, \cdots, \mathbf{s}_N\}$ 的发生过程，我们假定了式（5.69）所示的独立性。

$$p(\mathbf{S}|\boldsymbol{\pi}) = \prod_{n=1}^{N} p(\mathbf{s}_n|\boldsymbol{\pi}) \tag{5.69}$$

在此时的隐马尔可夫模型中，我们给相邻的隐性变量 $\mathbf{s}_n, \mathbf{s}_{n-1}$ 之间附加了式（5.70）所示的依赖性。

$$p(\mathbf{S}|\boldsymbol{\pi}, \mathbf{A}) = p(\mathbf{s}_1|\boldsymbol{\pi}) \prod_{n=2}^{N} p(\mathbf{s}_n|\mathbf{s}_{n-1}, \mathbf{A}) \tag{5.70}$$

在隐马尔可夫模型中，特将隐性变量 $\mathbf{S}$ 称为状态序列（state sequence）。在式（5.70）中，作为状态间转移的决定参数，新引入了 $K \times K$ 的转移概率矩阵（transition probability matrix）$\mathbf{A}$。另外，在混合模型中，作为比率参数的 $\boldsymbol{\pi}$ 是一个影响全体数据的隐性变量。但在隐马尔可夫模型中，参数 $\boldsymbol{\pi}$ 只决定最开始的状态 $\mathbf{s}_1$。因此，在隐马尔可夫模型中，将参数 $\boldsymbol{\pi}$ 称为初始概率（initial probability）。

此外，在如式（5.70）所示的模型中，由于只在两个相邻的状态之间存在状态依存关系，所以被称为一阶马尔可夫链（first order Markov chain）。但是，状态 $\mathbf{s}_n$ 可能不是仅仅与 $\mathbf{s}_{n-1}$ 有依存关系，也可能还与 $\mathbf{s}_{n-2}$，甚至是 $\mathbf{s}_{n-3}$ 都拥有依存关系。在这种情况下，我们分别称其为二阶马尔可夫链和三阶马尔可夫链。一般来说，随着马尔可夫链阶数的增加，则越可能成为学习复杂的时间依赖关系的模型，但推论中伴随着的计算成本也会同时增加。在这里，我们只考虑一阶的马尔可夫链模型，但之后将要介绍的关于推论的基本构思均可以扩

展到任意的 M 阶马尔可夫链。

下面，再详细介绍一下关于决定状态序列 $\mathbf{S}$ 的初始概率参数 $\boldsymbol{\pi}$ 和转移概率矩阵参数 $\mathbf{A}$ 。如果状态个数固定为 K 的话，则根据如式（5.71）所示的参数为 $\boldsymbol{\pi}$ 的类分布来决定初始状态 $\mathbf{s}_1$ 。

$$p(\mathbf{s}_1|\boldsymbol{\pi}) = \mathrm{Cat}(\mathbf{s}_1|\boldsymbol{\pi}) \tag{5.71}$$

其中，作为参数 $\boldsymbol{\pi}$ 的先验分布，我们决定引入如式（5.72）所示的 Dirichlet 分布，该分布为类分布的共轭先验分布。

$$p(\boldsymbol{\pi}) = \mathrm{Dir}(\boldsymbol{\pi}|\boldsymbol{\alpha}) \tag{5.72}$$

式中，$\boldsymbol{\alpha}$ 为 Dirichlet 分布的超参数。

另一方面，转移概率矩阵 $\mathbf{A}$ 在一阶马尔可夫链模型中表现为一个 $K \times K$ 的矩阵。由状态 i 向状态 j 转移的概率值用元素 $A_{j,i}$ 来表示⊖。例如，假设有如式（5.73）所示的一个 3×3 的矩阵 $\mathbf{A}$ 。

$$\mathbf{A} = \begin{bmatrix} 0.5 & 0.0 & 0.1 \\ 0.2 & 0.8 & 0.4 \\ 0.3 & 0.2 & 0.5 \end{bmatrix} \tag{5.73}$$

其中，这里的 $A_{2,3} = 0.4$ 表示的是，当第 $n-1$ 个状态为 $s_{n-1,3} = 1$ 时，下面的第 n 个状态为 $s_{n,2} = 1$ 的概率为 0.4 。由于在任何一个当前状态下，下一个状态都必须转移到 $K = 3$ 个状态中的某一个状态，因此转移概率矩阵的任意列的和必须为 $1(\sum_{j=1}^{K} A_{j,i} = 1)$ 。另外，在 $A_{1,2} = 0.0$ 这种情况，通常给出关于状态转移的强烈制约。这种情况下，意味着从状态 2 转移到状态 1 的情形在所有相邻的隐性变量间不会发生。另外，如图 5.7 所示，为如式（5.73）所示的转移概率矩阵的状态转移图（state transition diagram），以从视觉上进行更直观的表达。

通过状态转移概率矩阵 $\mathbf{A}$ ，则从状态 $\mathbf{s}_{n-1}$ 向 $\mathbf{s}_n$ 转移的概率具体用公式来表现的话，可以表示为如式（5.74)所示的形式。

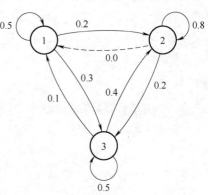

图 5.7 式（5.73）的状态转移图

$$\begin{aligned} p(\mathbf{s}_n|\mathbf{s}_{n-1}, \mathbf{A}) &= \prod_{i=1}^{K} \mathrm{Cat}(\mathbf{s}_n|\mathbf{A}_{:,i})^{s_{n-1,i}} \\ &= \prod_{i=1}^{K} \prod_{j=1}^{K} A_{j,i}^{s_{n,j}s_{n-1,i}} \end{aligned} \tag{5.74}$$

⊖ 根据介绍文档的不同，也有 i 与 j 的表示变得与此相反的情况。根据本书中计算和实现的情况，因为考虑 $\mathbf{A}_{:,i}$ 是表示自状态 i 的转移概率列向量，大多会使情况变得简单，因此采用了本文中这样的定义方法。

在此，表达式的表现形式与混合模型中引入的混合分布结构相同。前一个变量的状态为 s_{n-1} 时，下一个目的状态的选择由概率 $\mathbf{A}_{:,i}$ 决定。另外，这里的类分布是在 $\mathbf{A}$ 的各列给定时的状态分布，而作为 $\mathbf{A}$ 的各列对应的先验分布，则可以使用如式（5.75）所示的 K 维 Dirichlet 分布。

$$p(\mathbf{A}_{:,i}) = \mathrm{Dir}(\mathbf{A}_{:,i}|\boldsymbol{\beta}_{:,i}) \tag{5.75}$$

式中，K 维向量 $\boldsymbol{\beta}_{:,i}$ 是转移概率矩阵先验分布的超参数。

通过每个元素 $\beta_{j,i}$ 值的设定，可以预先假定概率转移矩阵 $\mathbf{A}$ 的各种结构。

在完成上述转移概率矩阵的介绍后，随后进行的过程与混合模型相同，在给定状态隐性变量 s_n 的情况下，反过来进行观测数据 $\mathbf{x}_n$ 的生成分布的模型化。如果把数据 $\mathbf{X} = \{\mathbf{x}_1, \cdots, \mathbf{x}_N\}$ 的观测模型设为 $p(\mathbf{X}|\mathbf{S}, \boldsymbol{\Theta})$，则同时分布可以表示为如式（5.76）所示的形式。

$$\begin{aligned}
&p(\mathbf{X}, \mathbf{S}, \boldsymbol{\Theta}, \boldsymbol{\pi}, \mathbf{A}) \\
&= p(\mathbf{X}|\mathbf{S}, \boldsymbol{\Theta})p(\mathbf{S}|\boldsymbol{\pi}, \mathbf{A})p(\boldsymbol{\Theta})p(\boldsymbol{\pi})p(\mathbf{A}) \\
&= p(\boldsymbol{\Theta})p(\boldsymbol{\pi})p(\mathbf{A})p(\mathbf{x}_1|\mathbf{s}_1, \boldsymbol{\Theta})p(\mathbf{s}_1|\boldsymbol{\pi})\prod_{n=2}^{N} p(\mathbf{x}_n|\mathbf{s}_n, \boldsymbol{\Theta})p(\mathbf{s}_n|\mathbf{s}_{n-1}, \mathbf{A})
\end{aligned} \tag{5.76}$$

与该模型相对应的图模型如图 5.8 所示。从状态 s_1 开始依次生成状态序列，可以从各个状态生成观测值 $\mathbf{x}_n$。

在隐马尔可夫模型中，观测数据 $\mathbf{X}$ 的分布可以自由选择。在第 4 章的混合模型中引入的泊松分布和高斯分布自不必说，在进行 DNA 或 RNA 等碱基序列的解析时，还可以使用类分布来表示碱基的种类。在这里，因为将如图 5.6 所示的各观测数据 $\mathbf{x}_n$ 作为一维的非负整数值来处理，所以作为观测模型，像如式（5.77）所示的那样，假定为参数 $\boldsymbol{\Theta} = \boldsymbol{\lambda} = \{\boldsymbol{\lambda}_1, \cdots, \boldsymbol{\lambda}_K\}$ 的泊松分布。

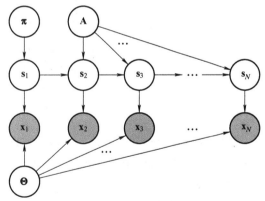

图 5.8　隐马尔可夫模型的图模型

$$p(x_n|\mathbf{s}_n, \boldsymbol{\lambda}) = \prod_{k=1}^{K} \mathrm{Poi}(x_n|\lambda_k)^{s_{n,k}} \tag{5.77}$$

另外，作为各参数 λ_k 的共轭先验分布，在此引入如式（5.78）所示的伽马先验分布。

$$p(\lambda_k) = \mathrm{Gam}(\lambda_k|a, b) \tag{5.78}$$

式中，a，b 为预先赋予定值的超参数。

5.3.2　完全分解变分推论

下面采用刚才根据泊松观测模型构建的隐马尔可夫模型，尝试通过变分推论进行后验分布求取的近似算法的推导。在隐马尔可夫模型中，只是在混合模型隐性变量的相关部分引入了时间依存关系，因此采用混合模型相同的构思，通过参数和隐性变量分解的近似推论似乎是一个比较好的解决方案。但是，在我们所进行的模型中，由于具有很复杂的状态序列处理，所以为了简单起见，如式（5.59）所示的那样，在时间方向上也分别进行分解，从而进行推论。

$$p(\mathbf{S}, \boldsymbol{\lambda}, \mathbf{A}, \boldsymbol{\pi}|\mathbf{X}) \approx \Big\{ \prod_{n=1}^{N} q(\mathbf{s}_n) \Big\} q(\boldsymbol{\lambda}, \mathbf{A}, \boldsymbol{\pi}) \tag{5.79}$$

其中，引入了$q(\mathbf{S})$在时间序列方向的分解$q(\mathbf{s}_n)$。我们将这种具有时间序列方向分解假定的近似称为完全分解变分推论（completely factorized variational inference）。对$q(\mathbf{S})$不做这种分解假定的推论方法也在稍后加以介绍。

在此，由于进行了如式（5.79）所示的分解假定，所以可以立即采用如式（4.25）所示的变分推论，导出如式（5.80）～式（5.83）所示的近似推论算法所必需的表达式。

$$\ln q(\boldsymbol{\lambda}, \boldsymbol{\pi}, \mathbf{A}) = \sum_{n=1}^{N} \langle \ln p(x_n|\mathbf{s}_n, \boldsymbol{\lambda}) \rangle_{q(\mathbf{s}_n)} + \langle \ln p(\mathbf{S}|\boldsymbol{\pi}, \mathbf{A}) \rangle_{q(\mathbf{S})} +$$
$$\ln p(\boldsymbol{\lambda}) + \ln p(\boldsymbol{\pi}) + \ln p(\mathbf{A}) + \text{const.} \tag{5.80}$$

$$\ln q(\mathbf{s}_1) = \langle \ln p(x_1|\mathbf{s}_1, \boldsymbol{\lambda}) \rangle_{q(\boldsymbol{\lambda})} + \langle \ln p(\mathbf{s}_1|\boldsymbol{\pi}) \rangle_{q(\boldsymbol{\pi})} +$$
$$\langle \ln p(\mathbf{s}_2|\mathbf{s}_1, \mathbf{A}) \rangle_{q(\mathbf{A})q(\mathbf{s}_2)} + \text{const.} \tag{5.81}$$

$$\ln q(\mathbf{s}_n) = \langle \ln p(x_n|\mathbf{s}_n, \boldsymbol{\lambda}) \rangle_{q(\boldsymbol{\lambda})} + \langle \ln p(\mathbf{s}_{n+1}|\mathbf{s}_n, \mathbf{A}) \rangle_{q(\mathbf{A})q(\mathbf{s}_{n+1})} +$$
$$\langle \ln p(\mathbf{s}_n|\mathbf{s}_{n-1}, \mathbf{A}) \rangle_{q(\mathbf{A})q(\mathbf{s}_{n-1})} + \text{const.} \tag{5.82}$$

$$\ln q(\mathbf{s}_N) = \langle \ln p(x_N|\mathbf{s}_N, \boldsymbol{\lambda}) \rangle_{q(\boldsymbol{\lambda})} +$$
$$\langle \ln p(\mathbf{s}_N|\mathbf{s}_{N-1}, \mathbf{A}) \rangle_{q(\mathbf{A})q(\mathbf{s}_{N-1})} + \text{const.} \tag{5.83}$$

其中，关于隐性变量$\mathbf{S}$的近似分布，由于模型假定了与相邻隐性变量的时间依存关系$p(\mathbf{s}_n|\mathbf{s}_{n-1}, \mathbf{A})$，所以需要像在此所进行的那样，分为$n=1$，$2 \leqslant n \leqslant N-1$，$n=N$这3种情况，分别进行计算。

下面，首先从参数的近似分布开始计算。从式（5.80）可以看出，与观测模型相关的参数$\boldsymbol{\lambda}$可以独立于其他参数$\boldsymbol{\pi}$、$\mathbf{A}$进行计算。如果只关注与$\boldsymbol{\lambda}$有关的项，则可以得到如式（5.84）所示的结果。

$$\ln q(\boldsymbol{\lambda}) = \sum_{n=1}^{N} \langle \ln p(x_n|\mathbf{s}_n, \boldsymbol{\lambda}) \rangle_{q(\mathbf{s}_n)} + \ln p(\boldsymbol{\lambda}) + \text{const.} \tag{5.84}$$

关于这个分布的计算，可以采用与第4章中介绍的泊松混合模型变分推论中参数$\boldsymbol{\lambda}$的近似后验分布完全相同的流程进行计算。在此，对所得到的近似后验分布，以如式（5.85）和式（5.86）所示的形式，重新给出计算结果。

$$q(\lambda_k) = \text{Gam}(\lambda_k|\hat{a}_k, \hat{b}_k) \tag{5.85}$$

式中

$$
\begin{cases}
\hat{a}_k = \sum_{n=1}^{N} \langle s_{n,k} \rangle x_n + a \\
\hat{b}_k = \sum_{n=1}^{N} \langle s_{n,k} \rangle + b
\end{cases}
\tag{5.86}
$$

其次，关于参数 $\boldsymbol{\pi}$ 和 $\mathbf{A}$ 的分布该如何进行呢？关于这些参数分布的计算也可以从式（5.80）开始，但是如果按照如式（5.70）所示的那样进行详细计算的话，则可以如式（5.87）所示的那样，进一步将 $\boldsymbol{\pi}$ 和 $\mathbf{A}$ 的分布进行分别计算。

$$
\begin{aligned}
\ln q(\boldsymbol{\pi}, \mathbf{A}) = & \langle \ln p(\mathbf{s}_1 | \boldsymbol{\pi}) \rangle_{q(\mathbf{s}_1)} + \ln p(\boldsymbol{\pi}) + \\
& \sum_{n=2}^{N} \langle \ln p(\mathbf{s}_n | \mathbf{s}_{n-1}, \mathbf{A}) \rangle_{q(\mathbf{s}_n, \mathbf{s}_{n-1})} + \ln p(\mathbf{A}) + \text{const.}
\end{aligned}
\tag{5.87}
$$

下面，先从简单的 $\boldsymbol{\pi}$ 的分布计算开始。如果使用类分布和 Dirichlet 分布的定义式进行对数计算，则可以得到如式（5.88）所示的结果。

$$
\ln q(\boldsymbol{\pi}) = \sum_{i=1}^{K} \langle s_{1,i} \rangle \ln \pi_i + \sum_{i=1}^{K} \alpha_i \ln \pi_i + \text{const.}
\tag{5.88}
$$

其中，如果注意到 $\sum_{i=1}^{K} \pi_i = 1$ 的限制条件，则可以得到如式（5.89）和式（5.90）所示的近似后验分布。

$$
q(\boldsymbol{\pi}) = \text{Dir}(\boldsymbol{\pi} | \hat{\boldsymbol{\alpha}})
\tag{5.89}
$$

式中
$$
\hat{\alpha}_i = \langle s_{1,i} \rangle + \alpha_i
\tag{5.90}
$$

从这个更新表达式来看，所得到的分布的参数即为最初状态 $\mathbf{s}_1$ 的期望值与先验分布的超参数之和。

接下来，进行关于新出现的参数 $\mathbf{A}$ 的近似后验分布计算。在此，需要注意的是，转移概率矩阵中的各列存在 $\sum_{j=1}^{K} A_{j,i} = 1$ 的限制条件。因此，如果根据式（5.80）进行与参数 $\mathbf{A}$ 相关的项的整理的话，则可以得到如式（5.91）所示的结果。

$$
\begin{aligned}
\ln q(\mathbf{A}) &= \sum_{n=2}^{N} \sum_{i=1}^{K} \sum_{j=1}^{K} \langle s_{n-1,i} s_{n,j} \rangle \ln A_{j,i} + \sum_{i=1}^{K} \sum_{j=1}^{K} \beta_{j,i} \ln A_{j,i} + \text{const.} \\
&= \sum_{i=1}^{K} \sum_{j=1}^{K} \left\{ \sum_{n=2}^{N} \langle s_{n-1,i} s_{n,j} \rangle + \beta_{j,i} \right\} \ln A_{j,i} + \text{const.}
\end{aligned}
\tag{5.91}
$$

从该结果可以看出，参数 $\mathbf{A}$ 的近似后验分布可以表示为 K 个独立的 Dirichlet 分布，如式（5.92）和式（5.93）所示。

$$
q(\mathbf{A}) = \prod_{i=1}^{K} \text{Dir}(\mathbf{A}_{:,i} | \hat{\boldsymbol{\beta}}_{:,i})
\tag{5.92}
$$

式中
$$
\hat{\beta}_{j,i} = \sum_{n=2}^{N} \langle s_{n-1,i} s_{n,j} \rangle + \beta_{j,i}
\tag{5.93}
$$

这意味着，关于概率转移矩阵参数的分布是通过在整个状态中计算从状态 i 到状态 j 的转移期望值来计算的。另外，这里由 $\langle s_{n-1,i}s_{n,j}\rangle$ 表示的期望值，实际上根据在此进行的如式（5.79）所示的分解假定，可以如式（5.94）所示的那样，简单地通过两个项来分别进行计算。

$$\langle s_{n-1,i}s_{n,j}\rangle_{q(s_{n-1},s_n)} = \langle s_{n-1,i}\rangle_{q(s_{n-1})}\langle s_{n,j}\rangle_{q(s_n)} \tag{5.94}$$

状态序列 $\mathbf{S}$ 的近似分布的计算可以以式（5.81）～式（5.83）分别开始进行。但是，由于 $\ln p(x_n|s_n,\lambda)$ 的期望值项在这些表达式中都是共通的，所以先行展开计算。如果代入式（5.77）所示的观测模型，并对关于 s_n 的项进行整理的话，则可以得到如式（5.95）所示的结果。

$$\langle\ln p(x_n|\mathbf{s}_n,\boldsymbol{\lambda})\rangle_{q(\boldsymbol{\lambda})} = \sum_{i=1}^{K} s_{n,i}\langle\ln p(x_n|\lambda_i)\rangle + \text{const.}$$

$$= \sum_{i=1}^{K} s_{n,i}(x_n\langle\ln\lambda_i\rangle - \langle\lambda_i\rangle) + \text{const.} \tag{5.95}$$

首先，为了进行 s_1 的近似后验分布的求取，在固定其余的近似后验分布 $q(\boldsymbol{\lambda})q(\boldsymbol{\pi})q(\mathbf{A})$ 以及 $q(\mathbf{S}_{\setminus 1}) = q(\mathbf{s}_2)\cdots q(\mathbf{s}_N)$ 的基础上，对式（5.81）中关于 s_1 的项进行整理，可以得到如式（5.96）所示的结果。

$$\ln q(\mathbf{s}_1) = \sum_{i=1}^{K} s_{1,i}\left\{\langle\ln p(x_1|\lambda_i)\rangle_{q(\lambda_i)} + \langle\ln\pi_i\rangle + \sum_{j=1}^{K}\langle s_{2,j}\rangle\langle\ln A_{j,i}\rangle\right\} + \text{const.} \tag{5.96}$$

由此结果可以看出，如果将 $\boldsymbol{\eta}_1$ 作为近似分布的参数，那么 s_1 的后验分布就可以表示为如式（5.97）和式（5.98）所示的类分布。

其中，
$$q(\mathbf{s}_1) = \text{Cat}(\mathbf{s}_1|\boldsymbol{\eta}_1) \tag{5.97}$$

式中
$$\eta_{1,i} \propto \exp\left\{\langle\ln p(x_1|\lambda_i)\rangle_{q(\lambda_i)} + \langle\ln\pi_i\rangle + \sum_{j=1}^{K}\langle s_{2,j}\rangle\langle\ln A_{j,i}\rangle\right\}$$

$$\left(\text{s.t.} \quad \sum_{i=1}^{K}\eta_{1,i} = 1\right) \tag{5.98}$$

同理，在 $2 \leqslant n \leqslant N-1$ 的情况下，通过式（5.82）的展开，最终可以得到如式（5.99）和式（5.50）所示的类分布。

$$q(\mathbf{s}_n) = \text{Cat}(\mathbf{s}_n|\boldsymbol{\eta}_n) \tag{5.99}$$

式中
$$\eta_{n,i} \propto \exp\left\{\langle\ln p(x_n|\lambda_i)\rangle_{q(\lambda_i)} + \sum_{j=1}^{K}\langle s_{n-1,j}\rangle\langle\ln A_{i,j}\rangle + \sum_{j=1}^{K}\langle s_{n+1,j}\rangle\langle\ln A_{j,i}\rangle\right\}$$

$$\left(\text{s.t.} \quad \sum_{i=1}^{K}\eta_{n,i} = 1\right) \tag{5.100}$$

最后，关于 $n = N$，如果对式（5.83）进行展开，则可以得到如式（5.101）和式（5.102）所示的类分布。

$$q(\mathbf{s}_N) = \mathrm{Cat}(\mathbf{s}_N | \boldsymbol{\eta}_N) \tag{5.101}$$

式中
$$\eta_{N,i} \propto \exp\left\{ \langle \ln p(x_N | \lambda_i) \rangle_{q(\lambda_i)} + \sum_{j=1}^{K} \langle s_{N-1,j} \rangle \langle \ln A_{i,j} \rangle \right\}$$

$$\left(\text{s.t.} \quad \sum_{i=1}^{K} \eta_{N,i} = 1 \right) \tag{5.102}$$

至此，我们完成了所有的更新表达式的推导。关于各更新表达式中出现的期望值，可以解析计算得到如式（5.103）～式（5.108）所示的结果。

$$\langle s_{n,i} \rangle = \eta_{n,i} \tag{5.103}$$

$$\langle s_{n-1,i} s_{n,j} \rangle = \langle s_{n-1,i} \rangle \langle s_{n,j} \rangle \tag{5.104}$$

$$\langle \lambda_i \rangle = \frac{\hat{a}_i}{\hat{b}_i} \tag{5.105}$$

$$\langle \ln \lambda_i \rangle = \psi(\hat{a}_i) - \ln \hat{b}_i \tag{5.106}$$

$$\langle \ln \pi_i \rangle = \psi(\hat{\alpha}_i) - \psi\left(\sum_{i'=1}^{K} \hat{\alpha}_{i'} \right) \tag{5.107}$$

$$\langle \ln A_{j,i} \rangle = \psi(\hat{\beta}_{j,i}) - \psi\left(\sum_{j'=1}^{K} \hat{\beta}_{j',i} \right) \tag{5.108}$$

5.3.3　结构化变分推论

在 5.3.2 小节，根据如式（5.79）所示的关于时间方向的完全分解假定，比较简单地导出了隐马尔可夫模型的变分推论算法。众所周知，其实在状态序列的推论中，也可以不需要这种时间方向的分解假定，与混合模型的情况一样，仅通过如式（5.109）所示的参数和隐性变量的分解假定就可以导出高效率的近似算法。

$$p(\mathbf{S}, \boldsymbol{\lambda}, \boldsymbol{\pi}, \mathbf{A} | \mathbf{X}) \approx q(\mathbf{S}) q(\boldsymbol{\lambda}, \boldsymbol{\pi}, \mathbf{A}) \tag{5.109}$$

相对于基于如式（5.79）所示的完全分解假定的变分推论，采用如式（5.109）所示的方法进行的算法推导有时也被称为结构化变分推论（structured variational inference）。一般来说，像这样假定的分解项数越少，就越有可能捕捉到更多真实的后验分布中包含的相关信息，后验分布的近似性能也会更好。以如式（5.109）所示的分解假定为基础，试着采用变分推论的公式，则 $q(\mathbf{S})$ 的近似分布的计算式可以表示为如式（5.110）所示的形式。

$$\ln q(\mathbf{S}) = \sum_{n=1}^{N} \langle \ln p(x_n | \mathbf{s}_n, \boldsymbol{\lambda}) \rangle_{q(\boldsymbol{\lambda})} + \langle \ln p(\mathbf{S} | \boldsymbol{\pi}, \mathbf{A}) \rangle_{q(\boldsymbol{\pi}) q(\mathbf{A})} + \mathrm{const.} \tag{5.110}$$

在完全分解变分推论中，可以分别进行每个分布 $q(\mathbf{s}_n)$ 的计算，结果得到 N 个独立的类分布。请注意，在此时进行的算法推导中，由于没有基于分解的假定，而是考虑隐性变量 $\mathbf{S}$ 全局的同时分布，所以不能分解为那种独立的分布。

在这里想要进行的，不是像到目前为止所做的那样，进行分布 $q(\mathbf{S})$ 的参数概率分布的求取，而是在如式（5.110）所示的计算中，将$\boldsymbol{\lambda}$和$\boldsymbol{\pi}$，$\mathbf{A}$等参数近似分布计算所需要的期望值$\langle s_{n,i} \rangle$和$\langle s_{n-1,i} s_{n,j} \rangle$限定到某个最低限度。因此，对于如式（5.110）所示的$q(\mathbf{S})$的计算，即$\langle s_{n-1,i} s_{n,j} \rangle$这里的目标是有效进行如式（5.111）和式（5.112）所示的两个边缘分布的计算。

$$q(\mathbf{s}_n) = \sum_{\mathbf{S}_{\backslash n}} q(\mathbf{S}) \tag{5.111}$$

$$q(\mathbf{s}_{n-1}, \mathbf{s}_n) = \sum_{\mathbf{S}_{\backslash \{n-1, n\}}} q(\mathbf{S}) \tag{5.112}$$

式中，$\mathbf{S}_{\backslash n}$是从$\mathbf{S}$中除去$\mathbf{s}_n$后得到的部分状态变量的子集；$\mathbf{S}_{\backslash \{n-1, n\}}$是从$\mathbf{S}$中消去$\mathbf{s}_{n-1}$以及$\mathbf{s}_n$后得到的状态变量的子集。

在此，即使是只考虑如式（5.111）所示的边缘分布计算所必需的和项的运算，由于这种简单的方法必须进行全部K^{N-1}种组合的计算，因此也是不现实的。为了有效地进行这样的边缘分布计算，这里将介绍被称为前向后向算法（forward backward algorithm）的方法。众所周知，这是一种更为通用的图模型的严密推论算法，也是消息传递（message passing）的一个例子。

首先，从如式（5.111）所示的计算开始。通过如式（5.110）所示的分解，在此可以将分布$q(\mathbf{S})$表示为如式（5.113）所示的4个项的乘积。

$$\begin{aligned}
q(\mathbf{S}) \propto \exp\{ & \langle \ln p(\mathbf{X}_{1:n-1}, \mathbf{S}_{1:n-1} | \boldsymbol{\lambda}, \boldsymbol{\pi}, \mathbf{A}) \rangle + \\
& \langle \ln p(\mathbf{s}_n | \mathbf{s}_{n-1}, \mathbf{A}) \rangle + \\
& \langle \ln p(x_n | \mathbf{s}_n, \boldsymbol{\lambda}) \rangle + \\
& \langle \ln p(\mathbf{X}_{n+1:N}, \mathbf{S}_{n+1:N} | \mathbf{s}_n, \boldsymbol{\lambda}, \mathbf{A}) \rangle \} \\
= \tilde{p}&(\mathbf{X}_{1:n-1}, \mathbf{S}_{1:n-1}) \tilde{p}(\mathbf{s}_n | \mathbf{s}_{n-1}) \tilde{p}(x_n | \mathbf{s}_n) \tilde{p}(\mathbf{X}_{n+1:N}, \mathbf{S}_{n+1:N} | \mathbf{s}_n)
\end{aligned} \tag{5.113}$$

式中，$\mathbf{X}_{a:b}$等表示像$\mathbf{X}_{a:b} = \{x_a, x_{a+1}, \cdots, x_{b-1}, x_b\}$这样连续$b - a + 1$个元素构成的集合。

另外，这里为了简单起见，对各个期望值进行如式（5.114）～式（5.117）所示的取指数的表示。

$$\tilde{p}(\mathbf{X}_{1:n-1}, \mathbf{S}_{1:n-1}) = \exp\{ \langle \ln p(\mathbf{X}_{1:n-1}, \mathbf{S}_{1:n-1} | \boldsymbol{\lambda}, \boldsymbol{\pi}, \mathbf{A}) \rangle \} \tag{5.114}$$

$$\tilde{p}(\mathbf{s}_n | \mathbf{s}_{n-1}) = \exp\{ \langle \ln p(\mathbf{s}_n | \mathbf{s}_{n-1}, \mathbf{A}) \rangle \} \tag{5.115}$$

$$\tilde{p}(x_n | \mathbf{s}_n) = \exp\{ \langle \ln p(x_n | \mathbf{s}_n, \boldsymbol{\lambda}) \rangle \} \tag{5.116}$$

$$\tilde{p}(\mathbf{X}_{n+1:N}, \mathbf{S}_{n+1:N} | \mathbf{s}_n) = \exp\{ \langle \ln p(\mathbf{X}_{n+1:N}, \mathbf{S}_{n+1:N} | \mathbf{s}_n, \boldsymbol{\lambda}, \mathbf{A}) \rangle \} \tag{5.117}$$

如果将这些表示用于式（5.111）的话，则边缘分布$q(\mathbf{s}_n)$可以表示为如式（5.118）所示的形式。

$$\begin{aligned}
q(\mathbf{s}_n) \propto \tilde{p}(x_n | \mathbf{s}_n) & \sum_{\mathbf{S}_{1:n-1}} \tilde{p}(\mathbf{s}_n | \mathbf{s}_{n-1}) \tilde{p}(\mathbf{X}_{1:n-1}, \mathbf{S}_{1:n-1}) \cdot \\
& \sum_{\mathbf{S}_{n+1:N}} \tilde{p}(\mathbf{X}_{n+1:N}, \mathbf{S}_{n+1:N} | \mathbf{s}_n) \\
= \mathbf{f}&(\mathbf{s}_n) \mathbf{b}(\mathbf{s}_n)
\end{aligned} \tag{5.118}$$

其中，引入的函数 $\mathbf{f}(\mathbf{s}_n)$ 以及 $\mathbf{b}(\mathbf{s}_n)$ 的表示如式（5.119）和式（5.120）所示。

$$\mathbf{f}(\mathbf{s}_n) = \tilde{p}(x_n|\mathbf{s}_n) \sum_{\mathbf{S}_{1:n-1}} \tilde{p}(\mathbf{s}_n|\mathbf{s}_{n-1})\tilde{p}(\mathbf{X}_{1:n-1}, \mathbf{S}_{1:n-1}) \tag{5.119}$$

$$\mathbf{b}(\mathbf{s}_n) = \sum_{\mathbf{S}_{n+1:N}} \tilde{p}(\mathbf{X}_{n+1:N}, \mathbf{S}_{n+1:N}|\mathbf{s}_n) \tag{5.120}$$

在此，虽然引入了各种各样的新符号，但这里的重点是以 $\mathbf{s}_n$ 为中心的，分为两个部分来表示的求取边缘分布 $q(\mathbf{s}_n)$ 的计算。假设 $\mathbf{f}(\mathbf{s}_n)$ 及 $\mathbf{b}(\mathbf{s}_n)$ 已计算完毕，则可以通过式（5.118）进行关于变量 $\mathbf{s}_n$ 的 K 个实现值的计算，最终通过归一的规格化操作实现边缘分布 $q(\mathbf{s}_n)$ 的求取。同样，如式（5.112）所示，关于边缘分布 $q(\mathbf{s}_{n-1}, \mathbf{s}_n)$ 的计算，也可以表示为如式（5.121）所示的形式。

$$q(\mathbf{s}_{n-1}, \mathbf{s}_n) \propto \tilde{p}(x_n|\mathbf{s}_n)\tilde{p}(\mathbf{s}_n|\mathbf{s}_{n-1})\mathbf{f}(\mathbf{s}_{n-1})\mathbf{b}(\mathbf{s}_n) \tag{5.121}$$

关于这个，只要进行一次 $\mathbf{f}(\mathbf{s}_{n-1})$ 以及 $\mathbf{b}(\mathbf{s}_n)$ 的求取计算后，如果在式（5.121）右边进行 $\mathbf{s}_{n-1}$ 和 $\mathbf{s}_n$ 的 $K \times K$ 种组合计算，并通过归一的规格化操作化，则可得到边缘分布 $q(\mathbf{s}_{n-1}, \mathbf{s}_n)$ 的计算结果。

另外，如果对如式（5.119）所示的 $\mathbf{f}(\mathbf{s}_n)$ 进行更进一步的分解的话，则可以得到如式（5.122）所示的递归表达式。

$$\mathbf{f}(\mathbf{s}_n) = \tilde{p}(x_n|\mathbf{s}_n) \sum_{\mathbf{s}_{n-1}} \tilde{p}(\mathbf{s}_n|\mathbf{s}_{n-1})\tilde{p}(x_{n-1}|\mathbf{s}_{n-1}) \cdot$$

$$\sum_{\mathbf{S}_{1:n-2}} \tilde{p}(\mathbf{s}_{n-1}|\mathbf{s}_{n-2})\tilde{p}(\mathbf{X}_{1:n-2}, \mathbf{S}_{1:n-2})$$

$$= \tilde{p}(x_n|\mathbf{s}_n) \sum_{\mathbf{s}_{n-1}} \tilde{p}(\mathbf{s}_n|\mathbf{s}_{n-1})\mathbf{f}(\mathbf{s}_{n-1}) \tag{5.122}$$

因此，在进行最初的 $\mathbf{f}(\mathbf{s}_1) = \tilde{p}(x_1|\mathbf{s}_1)\tilde{p}(\mathbf{s}_1)$ 计算后，如果按顺序将式（5.122）使用 $N-1$ 次的话，就可以求出所有不同的 n 时的 $\mathbf{f}(\mathbf{s}_n)$。如果按照同样的顺序，将如式（5.120）所示的 $\mathbf{b}(\mathbf{s}_n)$ 进行展开的话，则会变成如式（5.123）所示的结果。

$$\mathbf{b}(\mathbf{s}_n) = \sum_{\mathbf{s}_{n+1}} \tilde{p}(x_{n+1}|\mathbf{s}_{n+1})\tilde{p}(\mathbf{s}_{n+1}|\mathbf{s}_n) \sum_{\mathbf{S}_{n+2:N}} \tilde{p}(\mathbf{X}_{n+2:N}, \mathbf{S}_{n+2:N}|\mathbf{s}_{n+1})$$

$$= \sum_{\mathbf{s}_{n+1}} \tilde{p}(x_{n+1}|\mathbf{s}_{n+1})\tilde{p}(\mathbf{s}_{n+1}|\mathbf{s}_n)\mathbf{b}(\mathbf{s}_{n+1}) \tag{5.123}$$

在此所得到的是与刚才进行的 $\mathbf{f}(\mathbf{s}_n)$ 计算方向相反的结果。如果从 $\mathbf{b}(\mathbf{s}_N) = 1$ 开始按顺序应用的话，就可以求得所有的 $\mathbf{b}(\mathbf{s}_n)$。

另外，在实际计算中，如果采用计算机来进行如式式（5.122）以及式（5.123）所示计算的话，由于求和之后所得到的非常小的数再进行乘法运算，当 N 的值大到某种程度时，反复计算的结果就有可能引起数值的下溢。为了防止这种情况的发生，在每次进行如式（5.122）以及式（5.123）所示的递归计算时，请对 $\mathbf{f}(\mathbf{s}_n)$ 及 $\mathbf{b}(\mathbf{s}_n)$ 进行规格化，从而使得其 K 个元素的和为 1。

采用结构化变分推论时的状态期望值的计算，可以直接采用如式（5.122）和式（5.123）所示计算的值来求取，所得到的结果如式（5.124）和式（5.125）所示。

$$\langle s_{n,i} \rangle = q(s_{n,i} = 1) \tag{5.124}$$

$$\langle s_{n-1,i} s_{n,j} \rangle = q(s_{n-1,i} = 1, s_{n,j} = 1) \tag{5.125}$$

一方面，由于结构化变分推论可以处理完全分解变分推论中无法把握的状态间的相关性信息，因此在理论上来说，其后验分布的近似推论能力会变得更好。另一方面，完全分解变分推论可以进行每个点的近似分布 $q(\mathbf{S}) = \prod_{n=1}^{N} q(s_n)$ 的计算，因此除了比较容易实现并行化之外，在新的数据点 x_{n+1} 到来时，即使不重新参照所有过去的数据序列，也可以进行参数更新的推论（逐次学习）。如果将二者的特点进行结合的话，则可以得到一种中肯的想法，亦即可以考虑先将序列分割成几个小批量（minibatch）$\mathbf{S}_1, \cdots, \mathbf{S}_B$，然后进行如式（5.126）所示的推论。

$$q(\mathbf{S}) = \prod_{i=1}^{B} q(\mathbf{S}_i) \tag{5.126}$$

式中，$B \leqslant N$ 为小批量的总数；$\mathbf{S}_i$ 表示属于第 i 个小批量的状态序列。

通过这种分解，在保持各小批量内时间序列的依存关系的同时，可以在各个小批量间进行独立的推论计算。此外，还可以在访问了某个小批量之后，马上进行与参数相关的近似分布的更新，然后进行下一个小批量的更新。通过这样的更新顺序，当数据序列较长时，也会取得比结构化变分推论收敛时间更短的高效推论效果。

参考 5.1   如何评估一个算法？

应用领域中机器学习算法的性能评价是一个非常困难的领域，需要对各种因素加以考虑，从而来决定各个方法的优劣。

在很多应用中，最让人在意的一点是针对欲推测量的预测性能。一般来说，把全部数据划分为学习用数据和验证用数据两类。在很多情况下，将用于验证的数据的预测精度作为算法最终的定量评价来使用。关于预测精度，如果是连续值的推定，则通常采用平方误差。如果是分类问题的话，则经常采用正确率等数值指标。基本上，以想要达成的任务和领域知识为基础，所提出来的指标应该在大多情况下都被认为是妥当的指标。

其次，另一个重要的指标就是计算成本。由于很多机器学习算法包含了优化和抽样等数值计算，所以只会使得算法的计算时间变得更长。通过并行处理和大容量存储器的使用，可以在一定程度上进行性能的提高。因此，在很多情况下，不考虑成本只将预测准确度作为评价指标是没有意义的。另外，以本节的隐马尔可夫模型为例来看，一般在同一模型中可以导出多个不同的算法，因此根据计算成本和精度要求灵活地调整方法也很重要。

再者，为了使算法更好地适用于实际服务，也需要良好的运行维护性。一般来说，机器学习算法完成之后，几乎没有哪个算法算是最终完成了的，还必须配合环境的变化进行不断持续地更新。因此，可扩展性也是机器学习算法应该具有的重要性质，最理想的是为了提高新性能的想法和数据的追加，或者为了能够灵活应对需求的变化可以进行方法的构建。

值得注意的是，无论如何也决不能只拘泥于预测精度追求，最终的数值指标也只是为了对结果进行简明易懂的概括的手段。有时候即使在数值上取得了突破性的性能改善，但对使用服务的用户方的体验来说，往往是几乎感觉不到有什么变化。因此，应该时常注意设定的数值目标是否能够真正地探索想要实现的服务和想要解决的问题。

5.4 主题模型

主题模型（topic model）是一种生成模型的总称，主要用于自然语言书写的文本分析。这里以最简单的隐 Dirichlet 分配模型（Latent Dirichlet Allocation，LDA）为例进行介绍。在 LDA 模型中，我们认为，由一系列单词构成的文本或文档，其背后存在着隐含的主题（政治、体育、音乐等），并将文本中的各个单词想象为基于该主题生成的。因此，如果通过大量文本数据进行主题学习的话，则可以利用该学习结果进行新闻报道的分类和推荐，也可以在给定某些单词的情况下，进行主题上关联密切的文本的查询及搜索等应用。另外，近年来，不仅将 LDA 模型应用于自然语言处理，还用于图像和基因数据处理等应用中。

5.4.1 模型

在 LDA 模型中，将文本作为忽略单词的顺序，仅看出现频率的数据（bag of words）来处理。另外，还假定各个文本中可能存在多个潜在的主题（latent topic）。例如，以活跃在甲级联赛的棒球选手的相关新闻报道为分析文本时，可以认为文本背后存在着"体育"和"海外"等主题。其中，各主题是关于词汇（vocabulary）（单词的种类）出现频率的分布。例如，如果主题是"体育"的话，则像"比赛"、"得分"、"足球"、"棒球"、"赛车"、"胜败"等单词的出现频率可能会变高。如果是"海外"这个主题的话，则会经常出现"国际"、"贸易"、"首脑"、"英国"、"日美"这样的单词。但是，由于各个主题是根据 LDA 模型的推论，从大量的文本数据中学习到的词汇频率分布，所以需要注意的是，并没有必要给各个主题赋予一个"体育"或"海外"这样的具体名称。

对于采用 bag of words 表示的文本数据生成过程的假说，我们在此进行相应的随机模型的构建。首先从语言的整理开始。

在假设词汇的总数为 V 时，预先以 $v = 1, \cdots, V$ 作为各个单词的索引。并且，$\mathbf{w}_{d,n} \in \{0,1\}^V (\sum_{v=1}^V w_{d,n,v} = 1)$，表示文本 d 中的第 n 个单词。因此，某个文本 d 可以表示为

单词的集合 $\mathbf{W}_d = \{\mathbf{w}_{d,1}, \cdots, \mathbf{w}_{d,N}\}$。进而，将 D 个这样的单词集合整理为一个集合 $\mathbf{W} = \{\mathbf{W}_1, \cdots, \mathbf{W}_D\}$ 时，则称其为文本集合（document collection）$^\ominus$。该文本集合 $\mathbf{W}$ 即为 LDA 模型中的观测数据。

当主题的总数固定为 K 时，与第 k 个主题对应的参数 $\phi_k \in (0,1)^V (\sum_{v=1}^{V} \phi_{k,v} = 1)$，表示各单词的种类 $v = 1, \cdots, V$ 在第 k 个主题中出现的比率。例如，当 $\phi_{k,v} = 0.01$ 时，则表示主题 k（例如运动）以 1% 的比例包含单词 v（例如比赛）的意思。并且，在各文本 d 中，与被称为主题比率（topic proportion）相对应的参数 $\theta_d \in \{0,1\}^K (\sum_{k=1}^{K} \theta_{d,k} = 1)$，表示文本 d 是由怎样的主题分配构成的。另外，$\mathbf{z}_{d,n} \in \{0,1\}^K (\sum_{k=1}^{K} z_{d,n,k} = 1)$ 是文本 d 中第 n 个单词的主题分配（topic assignment），表示单词 $\mathbf{w}_{d,n}$ 相对于 K 个主题的生成分布的隐性变量。

通过以上的定义，下面来考虑进行这些参数变量生成的概率分布。首先，单词 $\mathbf{w}_{d,n}$ 以及主题分配 $\mathbf{z}_{d,n}$ 的生成概率分布可以是如式（5.127）和式（5.128）所示的类分布。

$$p(\mathbf{w}_{d,n}|\mathbf{z}_{d,n}, \mathbf{\Phi}) = \prod_{k=1}^{K} \mathrm{Cat}(\mathbf{w}_{d,n}|\phi_k)^{z_{d,n,k}} \tag{5.127}$$

$$p(\mathbf{z}_{d,n}|\theta_d) = \mathrm{Cat}(\mathbf{z}_{d,n}|\theta_d) \tag{5.128}$$

式中，将参数变量 $\mathbf{\Phi}$ 记为 $\mathbf{\Phi} = \{\phi_1, \cdots, \phi_K\}$。

对应于主题分配 $\mathbf{z}_{d,n}$ 值为 1 的某一特定 k，单词 $\mathbf{w}_{d,n}$ 是在给定主题 k 的比率参数变量 ϕ_k 的情况下，由相应的类分布生成。其中，参数变量 ϕ_k 表示各个词汇对应于主题 k 的频率分布，与生成的具体单词相对应。另外，隐性变量 $\mathbf{z}_{d,n}$ 是根据文本 d 所具有的主题比率 θ_d 生成的。对于 $\theta_{d,k}$ 值越大的主题 k，在文本 d 中出现 $z_{d,n,k} = 1$ 的概率越高。

对于上述两个类分布的各个参数变量，由于共轭性的考虑，在此以式（5.129）和式（5.130)所示的 Dirichlet 先验分布生成。

$$p(\theta_d) = \mathrm{Dir}(\theta_d|\alpha) \tag{5.129}$$

$$p(\phi_k) = \mathrm{Dir}(\phi_k|\beta) \tag{5.130}$$

式中，α 以及 β 分别为各个 Dirichlet 分布的超参数，并且假定预先赋予了某种固定的值。

如果将以上的生成过程采用图模型来表示的话，则可得到如图 5.9 所示的模型。

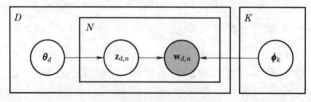

图 5.9 LDA 的图模型

$\ominus$ 在此，假设各个文本拥有一个共同的单词数 N。但是，在每个文本具有不同的单词数 N_d 的情况下，此时的讨论也不会改变。

并且，如果将各变量$\mathbf{w}_{d,n}$，$\mathbf{z}_{d,n}$，ϕ_k以及$\boldsymbol{\theta}_d$分别采用相应的集合形式$\mathbf{W}$，$\mathbf{Z}$，$\boldsymbol{\Phi}$以及$\boldsymbol{\Theta}$来表示的话，则可以将这些变量及参数整体的同时分布大致归纳为如式（5.131）所示的形式。

$$p(\mathbf{W},\mathbf{Z},\boldsymbol{\Phi},\boldsymbol{\Theta}) = p(\mathbf{W}|\mathbf{Z},\boldsymbol{\Phi})p(\mathbf{Z}|\boldsymbol{\Theta})p(\boldsymbol{\Phi})p(\boldsymbol{\Theta}) \tag{5.131}$$

式中，各个分布的表达式如式（5.132）～式（5.135）所示。

$$p(\mathbf{W}|\mathbf{Z},\boldsymbol{\Phi}) = \prod_{d=1}^{D}\prod_{n=1}^{N} p(\mathbf{w}_{d,n}|\mathbf{z}_{d,n},\boldsymbol{\Phi}) \tag{5.132}$$

$$p(\mathbf{Z}|\boldsymbol{\Theta}) = \prod_{d=1}^{D}\prod_{n=1}^{N} p(\mathbf{z}_{d,n}|\boldsymbol{\theta}_d) \tag{5.133}$$

$$p(\boldsymbol{\Phi}) = \prod_{k=1}^{K} p(\phi_k) \tag{5.134}$$

$$p(\boldsymbol{\Theta}) = \prod_{d=1}^{D} p(\boldsymbol{\theta}_d) \tag{5.135}$$

如图 5.10 所示，是在实际的文本数据中，应用 LDA 模型来近似推定主题参数变量$\boldsymbol{\Phi}$以及隐性变量$\mathbf{Z}$的后验分布的结果。

"Arts"	"Budgets"	"Children"	"Education"
NEW	MILLION	CHILDREN	SCHOOL
FILM	TAX	WOMEN	STUDENTS
SHOW	PROGRAM	PEOPLE	SCHOOLS
MUSIC	BUDGET	CHILD	EDUCATION
MOVIE	BILLION	YEARS	TEACHERS
PLAY	FEDERAL	FAMILIES	HIGH
MUSICAL	YEAR	WORK	PUBLIC
BEST	SPENDING	PARENTS	TEACHER
ACTOR	NEW	SAYS	BENNETT
FIRST	STATE	FAMILY	MANIGAT
YORK	PLAN	WELFAIRE	NAMPHY
OPERA	MONEY	MEN	STATE
THEATER	PROGRAMS	PERCENT	PRESIDENT
ACTRESS	GOVERNMENT	CARE	ELEMENTARY
LOVE	CONGRESS	LIFE	HAITI

The William Randolph Hearst Foundation will give $ 1.25 million to Lincoln Center, Metropolitan Opera Co., New York Philharmonic and Juilliard School. "Our board felt that we had a real opportunity to make a mark on the future of the performing arts with these grants an act every bit as important as our traditional areas of support in health, medical research, education and the social services," Hearst Foundation President Randolph A. Hearst said Monday in announcing the grants. Lincoln Center's share will be $200,000 for its new building, which will house young artists and provide new public facilities. The Metropolitan Opera Co. and New York Philharmonic will receive $400,000 each. The Juilliard School, where music and the performing arts are taught, will get $250,000. The Hearst Foundation, a leading supporter of the Lincoln Center Consolidated Corporate Fund, will make its usual annual $100,000 donation, too.

图 5.10　从文本中提取的主题和潜在变量（摘自参考文献［3］）

对于提取到的每一个主题，图 5.10 都给出了该出题中频繁出现的单词。例如，从最左边的列来看，因为排列有 "FILM"、"MUSIC"、"PLAY" 这样的单词，可以推测其主题是抽象的 Arts（艺术）。因为主题并不是把单词紧紧聚类到一起，所以也要注意像"NEW"和"STATE"这样的词语会跨越多个主题存在。也就是说，根据文本的不同，既有推定"NEW"是从 Arts 主题中生成的，也有推定是从 Budgets 主题中生成的情况。因此，在像这样的 LDA 模型中，即使对同一个单词也可以根据文本的不同，而给出不同语境下的解释。另外，在图 5.10 的下方，对于某一给定的文本 d，将其中各个单词对应的隐性变量的期望值 $\langle \mathbf{z}_{d,n} \rangle$ 进行了着色表示，其中的颜色对应于期望值特别高的主题。由此可以看出，所给定的文本可以理解为各种主题的混合生成。

5.4.2　变分推论

LDA 模型推论的目标是像如式（5.136）所示的计算那样，在给定文本集合 $\mathbf{W}$ 的情况下，给出其余变量的后验分布。

$$p(\mathbf{Z}, \mathbf{\Theta}, \mathbf{\Phi} | \mathbf{W}) = \frac{p(\mathbf{W}, \mathbf{Z}, \mathbf{\Theta}, \mathbf{\Phi})}{p(\mathbf{W})} \tag{5.136}$$

为了得到这个分布的解析结果，有必要进行分母中出现的分布 $p(\mathbf{W})$ 的边缘似然函数的计算，这就需要对文本集合所有单词可能的主题分配 $\mathbf{Z}$ 的组合进行评价，其计算量是不现实的。因此，与其他模型一样，在此的目标就是通过应用变分推论，实现如式（5.136）所示后验分布的近似表示。

在 LDA 模型的变分推论中，对于真正的后验分布，如果假定如式（5.137）所示的隐性变量 $\mathbf{Z}$ 和关于其他随机变量的分解，则将如众所周知的那样，可以导出解析的更新规则。

$$p(\mathbf{Z}, \mathbf{\Theta}, \mathbf{\Phi} | \mathbf{W}) \approx q(\mathbf{Z}) q(\mathbf{\Theta}, \mathbf{\Phi}) \tag{5.137}$$

如果基于这个假定应用如式（4.25）所示的变分推论的话，则可以得到如式（5.138）和式（5.139）所示的两项结果。

$$\ln q(\mathbf{Z}) = \langle \ln p(\mathbf{W} | \mathbf{Z}, \mathbf{\Phi}) \rangle_{q(\mathbf{\Phi})} + \langle \ln p(\mathbf{Z} | \mathbf{\Theta}) \rangle_{q(\mathbf{\Theta})} + \text{const.}$$

$$= \sum_{d=1}^{D} \sum_{n=1}^{N} \{ \langle \ln p(\mathbf{w}_{d,n} | \mathbf{z}_{d,n}, \mathbf{\Phi}) \rangle_{q(\mathbf{\Phi})} + \langle \ln p(\mathbf{z}_{d,n} | \boldsymbol{\theta}_d) \rangle_{q(\boldsymbol{\theta}_d)} \} + \text{const.} \tag{5.138}$$

$$\ln q(\mathbf{\Theta}, \mathbf{\Phi}) = \langle \ln p(\mathbf{W} | \mathbf{Z}, \mathbf{\Phi}) \rangle_{q(\mathbf{Z})} + \ln p(\mathbf{\Phi}) +$$

$$\langle \ln p(\mathbf{Z} | \mathbf{\Theta}) \rangle_{q(\mathbf{Z})} + \ln p(\mathbf{\Theta}) + \text{const.}$$

$$= \sum_{d=1}^{D} \sum_{n=1}^{N} \langle \ln p(\mathbf{w}_{d,n} | \mathbf{z}_{d,n}, \mathbf{\Phi}) \rangle_{q(\mathbf{z}_{d,n})} + \sum_{k=1}^{K} \ln p(\boldsymbol{\phi}_k) +$$

$$\sum_{d=1}^{D} \sum_{n=1}^{N} \langle \ln p(\mathbf{z}_{d,n} | \boldsymbol{\theta}_d) \rangle_{q(\mathbf{z}_{d,n})} + \sum_{d=1}^{D} \ln p(\boldsymbol{\theta}_d) + \text{const.} \tag{5.139}$$

与此前一样，从现在开始，我们来看一下各个更新表达式的具体计算。

首先，从式（5.138）可以看出，在隐性变量 $\mathbf{Z}$ 的近似后验分布中，可以对其每个元素 $\mathbf{z}_{d,n}$ 进行独立计算。其中，第 1 项的计算如式（5.140）所示。

$$\langle \ln p(\mathbf{w}_{d,n}|\mathbf{z}_{d,n}, \boldsymbol{\Phi}) \rangle_{q(\boldsymbol{\Phi})} = \sum_{k=1}^{K} z_{d,n,k} \sum_{v=1}^{V} w_{d,n,v} \langle \ln \phi_{k,v} \rangle \tag{5.140}$$

第 2 项的计算如式（5.141）所示。

$$\langle \ln p(\mathbf{z}_{d,n}|\boldsymbol{\theta}_d) \rangle_{q(\boldsymbol{\theta}_d)} = \sum_{k=1}^{K} z_{d,n,k} \langle \ln \theta_{d,k} \rangle \tag{5.141}$$

如果将这两个式子相加，并考虑到 $\sum_{k=1}^{K} z_{d,n,k} = 1$ 的限制条件，$\mathbf{z}_{d,n}$ 的后验分布则可以表现为如式（5.142）和式（5.143）所示的 K 维类分布。

$$q(\mathbf{z}_{d,n}) = \mathrm{Cat}(\mathbf{z}_{d,n}|\boldsymbol{\eta}_{d,n}) \tag{5.142}$$

式中

$$\eta_{d,n,k} \propto \exp\left\{ \sum_{v=1}^{V} w_{d,n,v} \langle \ln \phi_{k,v} \rangle + \langle \ln \theta_{d,k} \rangle \right\}$$

$$\left(\mathrm{s.t.} \quad \sum_{k=1}^{K} \eta_{d,n,k} = 1 \right) \tag{5.143}$$

接下来计算参数变量的近似后验分布。由式（5.139）可知，可以分别独立进行参数变量 $\boldsymbol{\Theta}$ 和 $\boldsymbol{\Phi}$ 的近似分布的计算。首先，如果只考虑与 $\boldsymbol{\theta}_d$ 相关的项的话，则可以得到如式（5.144）和式（5.145）所示的结果。

$$\sum_{n=1}^{N} \langle \ln p(\mathbf{z}_{d,n}|\boldsymbol{\theta}_d) \rangle_{q(\mathbf{z}_{d,n})} = \sum_{k=1}^{K} \sum_{n=1}^{N} \langle z_{d,n,k} \rangle \ln \theta_{d,k} \tag{5.144}$$

$$\ln p(\boldsymbol{\theta}_d) = \sum_{k=1}^{K} (\alpha_k - 1) \ln \theta_{d,k} + \mathrm{const.} \tag{5.145}$$

如果考虑 $\sum_{k=1}^{K} \theta_{d,k} = 1$ 的限制条件的话，则可以得到如式（5.146）和式（5.147）所示的 Dirichlet 分布的近似后验分布。

$$q(\boldsymbol{\Theta}) = \prod_{d=1}^{D} \mathrm{Dir}(\boldsymbol{\theta}_d|\hat{\boldsymbol{\alpha}}_d) \tag{5.146}$$

其中，

$$\hat{\alpha}_{d,k} = \sum_{n=1}^{N} \langle z_{d,n,k} \rangle + \alpha_k \tag{5.147}$$

同理，也可以进行参数变量 $\boldsymbol{\Phi}$ 的近似后验分布的计算。在此，如果取出关于参数变量 $\boldsymbol{\Phi}$ 的必要项，则可以得到如式（5.148）及式（5.149）所示的结果。

$$\sum_{d=1}^{D} \sum_{n=1}^{N} \langle \ln p(\mathbf{w}_{d,n}|\mathbf{z}_{d,n}, \boldsymbol{\Phi}) \rangle_{q(\mathbf{z}_{d,n})}$$

$$= \sum_{k=1}^{K} \sum_{d=1}^{D} \sum_{n=1}^{N} \langle z_{d,n,k} \rangle \sum_{v=1}^{V} w_{d,n,v} \ln \phi_{k,v} \tag{5.148}$$

并且

$$\ln p(\boldsymbol{\Phi}) = \sum_{k=1}^{K} \sum_{v=1}^{V} (\beta_v - 1) \ln \phi_{k,v} + \text{const.} \tag{5.149}$$

对于参数变量 $\boldsymbol{\Phi}$，由于其每个分量的取值均没有 $k = 1, \cdots, K$ 限制，所以参数变量 $\boldsymbol{\Phi}$ 的各个分布表达式都可以分解为 K 个独立的项。其中，对于每一个元素 ϕ_k，如果考虑到 $\sum_{v=1}^{V} \phi_{k,v} = 1$ 的限制条件的话，则可以得到如式（5.150）和式（5.151）所示的 V 维 Dirichlet 分布的近似后验分布。

$$q(\boldsymbol{\phi}_k) = \text{Dir}(\boldsymbol{\phi}_k | \hat{\boldsymbol{\beta}}_k) \tag{5.150}$$

式中

$$\hat{\beta}_{k,v} = \sum_{d=1}^{D} \sum_{n=1}^{N} \langle z_{d,n,k} \rangle w_{d,n,v} + \beta_v \tag{5.151}$$

至此，我们求得了所有近似后验分布的解析结果，并且可以得到如式（5.152）～式（5.154）所示的期望值计算结果。

$$\langle \ln \phi_{k,v} \rangle = \psi(\hat{\beta}_{k,v}) - \psi(\sum_{v'=1}^{V} \hat{\beta}_{k,v'}) \tag{5.152}$$

$$\langle \ln \theta_{d,k} \rangle = \psi(\hat{\alpha}_{d,k}) - \psi(\sum_{k'=1}^{K} \hat{\alpha}_{d,k'}) \tag{5.153}$$

$$\langle z_{d,n,k} \rangle = \eta_{d,n,k} \tag{5.154}$$

与其他所有模型中的变分推论算法一样，算法的整体流程是，首先初始化各变分参数 $\hat{\beta}_{k,v}$、$\hat{\alpha}_{d,k}$ 以及 $\eta_{d,n,k}$，然后对于各个变量的分布通过相应的更新表达式进行反复更新。

5.4.3 折叠式吉布斯采样

在此，我们来进行 LDA 模型折叠式吉布斯采样法的推导。在混合模型中，考虑通过随机模型边缘分布的计算来导出消去了参数的新模型，进而推导出对隐性变量逐一地进行样本抽取的方法。在 LDA 模型中也能够以完全相同的步骤进行这种算法的推导。如图 5.11 所示，给出的是在 LDA 模型中通过边缘分布计算，实现了参数 $\boldsymbol{\Theta}$ 及 $\boldsymbol{\Phi}$ 消除的模型图表示。

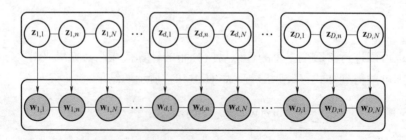

图 5.11　通过边缘分布计算实现了参数消除的模型

与第 4 章中对于混合模型折叠式吉布斯采样的情况相同，由于参数边缘化消除的影响，使得相应参数的子节点互相具有依存关系，从而形成一个完全图。在图 5.11 的表示中，为了使得外观上看起来比较简洁，没有将构成完全图的节点全部用线连接起来，而是通过椭圆的虚线进行圈围，以此来表示圈围内节点之间形成了一个完全图。目标是一边参照这个图模型，一边致力于隐性变量 $\mathbf{z}_{d,n}$ 条件分布的详细计算。在此，引入 $\mathbf{Z}_{d,\backslash n}$、$\mathbf{Z}_{\backslash d}$ 两个新的表示。其中，$\mathbf{Z}_{d,\backslash n}$ 表示从文本 d 的隐性变量集合 $\mathbf{Z}_d$ 中消去 $\mathbf{z}_{d,n}$ 后得到的子集，$\mathbf{Z}_{\backslash d}$ 被定义为从整体隐性变量 $\mathbf{Z}$ 中消去文档 d 的隐性变量集合 $\mathbf{Z}_d$ 后得到的子集。因此，可以有 $\mathbf{Z} = \{\mathbf{z}_{d,n}, \mathbf{Z}_{d,\backslash n}, \mathbf{Z}_{\backslash d}\}$。此外，关于文本集合的子集 $\mathbf{W}_{d,\backslash n}$ 及 $\mathbf{W}_{\backslash d}$ 也采用同样的表示。在如图 5.11 所示的边缘分布计算得到的模型中，通过这样的表示，可以像如式（5.155）～式（5.160）所示的那样，进行 $\mathbf{z}_{d,n}$ 的条件分布的计算。

$$p(\mathbf{z}_{d,n}|\mathbf{Z}_{d,\backslash n}, \mathbf{Z}_{\backslash d}, \mathbf{W})$$

$$\propto p(\mathbf{w}_{d,n}, \mathbf{W}_{d,\backslash n}, \mathbf{W}_{\backslash d}, \mathbf{z}_{d,n}, \mathbf{Z}_{d,\backslash n}, \mathbf{Z}_{\backslash d}) \tag{5.155}$$

$$= p(\mathbf{w}_{d,n}|\mathbf{W}_{d,\backslash n}, \mathbf{W}_{\backslash d}, \mathbf{z}_{d,n}, \mathbf{Z}_{d,\backslash n}, \mathbf{Z}_{\backslash d}) \cdot \tag{5.156}$$

$$p(\mathbf{W}_{d,\backslash n}|\mathbf{W}_{\backslash d}, \mathbf{z}_{d,n}, \mathbf{Z}_{d,\backslash n}, \mathbf{Z}_{\backslash d}) \cdot \tag{5.157}$$

$$p(\mathbf{W}_{\backslash d}|\mathbf{z}_{d,n}, \mathbf{Z}_{d,\backslash n}, \mathbf{Z}_{\backslash d}) \cdot \tag{5.158}$$

$$p(\mathbf{z}_{d,n}|\mathbf{Z}_{d,\backslash n}, \mathbf{Z}_{\backslash d}) \cdot \tag{5.159}$$

$$p(\mathbf{Z}_{d,\backslash n}, \mathbf{Z}_{\backslash d}) \cdot \tag{5.160}$$

上述计算第 2 行的结果，是通过条件分布的定义，并忽略分母项而得到的以分子项表示的同时分布。从第 3 行开始的多行，均为简单采用条件分布的积来分解同时分布而得到的结果。在此，同时分布被分解成了 5 个具体的项。如果考虑到概率参数的独立性的话，这 5 个项则还可以进行进一步简化，以下逐个进行详细分析。

首先是如式（5.156）所示关于 $\mathbf{w}_{d,n}$ 的条件分布项，但该项已经不能进一步简化了。考虑到马尔可夫覆盖，由于 $\mathbf{w}_{d,n}$、$\mathbf{W}_{d,\backslash n}$ 以及 $\mathbf{W}_{\backslash d}$ 构成了一个完全图，因此不能从条件中消除。同样，由于 $\mathbf{z}_{d,n}$ 是直接的父节点，所以不能删除。而且 $\mathbf{Z}_{d,\backslash n}$ 和 $\mathbf{Z}_{\backslash d}$ 也是共同父节点，因此也无法删除。

其次，来看如式（5.157）所示的 $\mathbf{W}_{d,\backslash n}$ 的条件分布项。如式（5.161）所示，在此，$\mathbf{z}_{d,n}$ 项可以从条件中消去。

$$p(\mathbf{W}_{d,\backslash n}|\mathbf{W}_{\backslash d}, \mathbf{z}_{d,n}, \mathbf{Z}_{d,\backslash n}, \mathbf{Z}_{\backslash d})$$

$$= p(\mathbf{W}_{d,\backslash n}|\mathbf{W}_{\backslash d}, \mathbf{Z}_{d,\backslash n}, \mathbf{Z}_{\backslash d}) \tag{5.161}$$

关于这一点，如果思考一下图 5.11 所示的图模型，从节点 $\mathbf{w}_{d,n}$ 消去后的情况，就很容易理解。当节点 $\mathbf{z}_{d,n}$ 和 $\mathbf{w}_{d,n}$ 被消去的状态下，它们和 $\mathbf{W}_{d,\backslash n}$ 内的任意一个节点都不构成父子节点关系。

关于如式（5.158）和式（5.159）所示的剩余的两个条件分布，同样可以进行这样的节点删除，同时通过马尔可夫覆盖来确认其独立性的话，则可以得到如式（5.162）和式（5.163）所示的简化表达式。

$$p(\mathbf{W}_{\backslash d}|\mathbf{z}_{d,n}, \mathbf{Z}_{d,\backslash n}, \mathbf{Z}_{\backslash d}) = p(\mathbf{W}_{\backslash d}|\mathbf{Z}_{\backslash d}) \tag{5.162}$$

$$p(\mathbf{z}_{d,n}|\mathbf{Z}_{d,\backslash n}, \mathbf{Z}_{\backslash d}) = p(\mathbf{z}_{d,n}|\mathbf{Z}_{d,\backslash n}) \tag{5.163}$$

根据以上这些结果，再来寻找与 $\mathbf{z}_{d,n}$ 无关的项。首先是如式（5.160）所示的项，这里本来就没有 $\mathbf{z}_{d,n}$，所以可以全部删除。同样，如式（5.157）和式（5.158）所示的项最后也消除了 $\mathbf{z}_{d,n}$，所以也不需要这些项了。对这些结果进行归纳的话，最终可以将 $\mathbf{z}_{d,n}$ 的条件分布表示为如式（5.164）所示的形式。

$$p(\mathbf{z}_{d,n}|\mathbf{Z}_{d,\backslash n}, \mathbf{Z}_{\backslash d}, \mathbf{W})$$

$$\propto p(\mathbf{w}_{d,n}|\mathbf{W}_{d,\backslash n}, \mathbf{W}_{\backslash d}, \mathbf{z}_{d,n}, \mathbf{Z}_{d,\backslash n}, \mathbf{Z}_{\backslash d})p(\mathbf{z}_{d,n}|\mathbf{Z}_{d,\backslash n}) \tag{5.164}$$

由此可见，所得到的结果已经变得非常简化了。接下来需要进行的是这两个项的分别求取，并对计算结果进行 $z_{d,n,k} = 1$ 的规格化，就可以得到进行隐性变量 $\mathbf{z}_{d,n}$ 的样本抽取的离散分布（类分布）。

如果以参数 $\boldsymbol{\theta}_d$ 的边缘分布形式给出 $p(\mathbf{z}_{d,n}|\mathbf{Z}_{d,\backslash n})$ 的话，则会得到如式（5.165）所示的表示。

$$p(\mathbf{z}_{d,n}|\mathbf{Z}_{d,\backslash n}) = \int p(\mathbf{z}_{d,n}|\boldsymbol{\theta}_d)p(\boldsymbol{\theta}_d|\mathbf{Z}_{d,\backslash n})\mathrm{d}\boldsymbol{\theta}_d \tag{5.165}$$

这是在只消去第 n 个隐性变量 $\mathbf{z}_{d,n}$ 的情况下，根据 Dirichlet 后验分布 $p(\boldsymbol{\theta}_d|\mathbf{Z}_{d,\backslash n})$ 计算得出的预测分布。因此，可以得到如式（5.166）和式（5.167）所示的结果。

$$p(\mathbf{z}_{d,n}|\mathbf{Z}_{d,\backslash n}) = \mathrm{Cat}(\mathbf{z}_{d,n}|\hat{\boldsymbol{\alpha}}_{d,\backslash n}) \tag{5.166}$$

式中

$$\hat{\alpha}_{d,\backslash n,k} \propto \sum_{n' \neq n} z_{d,n',k} + \alpha_k$$

$$\left(\mathrm{s.t.} \quad \sum_{k=1}^{K} \hat{\alpha}_{d,\backslash n,k} = 1\right) \tag{5.167}$$

接下来进行另一项的计算。虽然项 $p(\mathbf{w}_{d,n}|\mathbf{W}_{d,\backslash n}, \mathbf{W}_{\backslash d}, \mathbf{z}_{d,n}, \mathbf{Z}_{d,\backslash n}, \mathbf{Z}_{\backslash d})$ 的外观也很复杂，但其计算的思想是相同的。为了简单起见，只选择某一个特定 $k(z_{d,n,k} = 1)$ 的情况，以此时的隐性变量的值进行计算。如果也将这个式子看作是关于 $\mathbf{w}_{d,n}$ 的预测分布的话，则可以表示为如式（5.168）所示的形式。

$$p(\mathbf{w}_{d,n}|\mathbf{W}_{d,\backslash n}, \mathbf{W}_{\backslash d}, z_{d,n,k} = 1, \mathbf{Z}_{d,\backslash n}, \mathbf{Z}_{\backslash d})$$

$$= \int p(\mathbf{w}_{d,n}|z_{d,n,k} = 1, \boldsymbol{\phi}_k)p(\boldsymbol{\phi}_k|\mathbf{W}_{d,\backslash n}, \mathbf{W}_{\backslash d}, \mathbf{Z}_{d,\backslash n}, \mathbf{Z}_{\backslash d})\mathrm{d}\boldsymbol{\phi}_k \tag{5.168}$$

在此，也是在观测到除 $\mathbf{w}_{d,n}$ 及 $\mathbf{z}_{d,n}$ 以外的所有变量的情况下，以 Dirichlet 后验分布的 $p(\boldsymbol{\phi}_k|\mathbf{W}_{d,\backslash n}, \mathbf{W}_{\backslash d}, \mathbf{Z}_{d,\backslash n}, \mathbf{Z}_{\backslash d})$，来进行 $\mathbf{w}_{d,n}$ 预测分布的计算。因此，当 $z_{d,n,k} = 1$ 时，可以得到如式（5.169）和式（5.170）所示的结果。

$$p(\mathbf{w}_{d,n}|\mathbf{W}_{d,\backslash n}, \mathbf{W}_{\backslash d}, z_{d,n,k} = 1, \mathbf{Z}_{d,\backslash n}, \mathbf{Z}_{\backslash d}) = \mathrm{Cat}(\mathbf{w}_{d,n}|\hat{\boldsymbol{\beta}}_{d,\backslash n}^{(k)}) \tag{5.169}$$

式中

$$\hat{\beta}_{d,\backslash n,v}^{(k)} \propto \sum_{(d',n') \neq (d,n)} \langle z_{d',n',k} \rangle w_{d',n',v} + \beta_v$$

$$\left(\text{s.t.} \quad \sum_{v=1}^{V} \hat{\beta}_{d,\backslash n,v}^{(k)} = 1 \right) \tag{5.170}$$

实际上，$\mathbf{w}_{d,n}$ 是作为数据被给出的，因此对于某一个 v，只考虑 $w_{d,n,v}=1$ 的情况即可。通过如式（5.166）以及（5.169）所示结果的综合，可以得到如式（5.171）所示的分布。

$$p(z_{d,n,k}=1|\mathbf{Z}_{d,\backslash n}, \mathbf{Z}_{\backslash d}, w_{d,n,v}=1, \mathbf{W}_{d,\backslash n}, \mathbf{W}_{\backslash d}) \propto \hat{\beta}_{d,\backslash n,v}^{(k)} \hat{\alpha}_{d,\backslash n,k} \tag{5.171}$$

如果对所有的 $k=1,\cdots,K$ 的情况进行这样的计算，并将所得的结果进行归一的规格化的话，就可以得到进行变量 $\mathbf{z}_{d,n}$ 样本抽取的 K 维类分布。

5.4.4　LDA 模型的应用与扩展

LDA 模型在文本数据中的应用包括使用主题比率 $\boldsymbol{\Theta}$ 的文本聚类、分类、推荐等。另外，也有在给出某个检索单词 $\mathbf{w}$ 时，进行 $\mathbf{w}$ 出现概率最高的文本检索的应用方法。在这里，LDA 模型的意义在于，单词 $\mathbf{w}$ 在某个文本中生成的概率是通过主题 $\boldsymbol{\Phi}$ 和其比率 $\boldsymbol{\Theta}$ 来决定的，所以即使是 $\mathbf{w}$ 没有出现过的文本，也可以以其内容进行有意义的检索。

中提出了各种各样的模型扩展方案，在肯定基于贝叶斯推论的机器学习抽象的灵活性方面，包含了很多非常有益的启示。作为扩展模型表现能力的方法，有诸如在单词间引入马尔可夫性等。据此，可以考虑对 bag of words 表示中被忽略的单词间的相关性（惯用语等）进行推论。另外，对于按时间顺序排列的文本集合，通过具有时间依存关系主题的应用，也有将主题的单词分布变迁进行模型化，以此形式进行 LDA 模型的扩展。还有，通过使用被称为中华料理店过程（Chinese restaurant process）的随机过程，也提出了从数据中自动推论出主题个数 K 的方法，甚至是主题的层次结构的推论方法。

另外，不是只把单词的罗列作为信息来处理，还提出了将各种追加数据编入模型的扩展模型方法。例如，有通过将论文的原数据（作者信息等）与主题比率相关联，从而实现多个作者间相似性的分析应用等。

除此之外，LDA 模型也广泛应用于文本数据以外的领域。在计算机视觉领域，将图像数据及其附带的文字标注进行模型化，除了实现输入图像文字标注的自动添加应用外，还有使用被称为 visual word 的应用，通过图像中的部分补丁来分析图像的构成。另外，在生命信息学中，也有采用和 LDA 模型相同的方法对遗传信息数据进行模型分析的应用实例。更多的详细情况请参见参考文献 [26，32]。

5.5　张量分解

本节主要介绍在项目（书和电影，餐厅等）推荐系统（recommender system）等应用中经常使用的张量分解（tensor factorization）。在机器学习领域，张量多单指 $R_{n,m,k}$ 这样的多维数组，大多作为二维数组矩阵的扩展来处理。在此，首先介绍使用矩阵分解的协同过滤

（collaborative fltering）的思想，并且将其扩展到张量的情况中，并尝试进行推论算法的推导。由于本节中介绍的思想与线性降维的模型有很深的关联，因此建议预先进行一下相关内容的阅读。

5.5.1 协同过滤

在被称为协同过滤的推荐技术的框架中，利用用户的商品购买记录和定量评价（ration）（用户对商品的定量评价值）数据，预测用户对什么样的潜在商品感兴趣。一般来说，协同过滤可以分为基于存储的方法和基于模型的方法两大类。基于存储的方法是通过使用某种方法计算不同用户 i 和 j 之间的相似度 $\mathrm{Sim}(i,j)$，进而推荐用户可能感兴趣的商品的方法。与此不同的是，作为基于模型的推荐方法，需要了解以下介绍的张量分解，以及此前介绍的线性降维和非负值矩阵因子分解。

例如，如图 5.12a 所示，给出了一个虚构的用户与商品相对应的定量评价数据。

	商品1	商品2	商品3	商品4	商品5	商品6	商品7	商品8
用户1	1			1			5	
用户2	1	3				4		4
用户3	4		5	2	3			2
用户4	4				4	5		2
用户5	3		3	1		3		1

a)

	商品1	商品2	商品3	商品4	商品5	商品6	商品7	商品8
用户1	1	1	2	1	4	5	5	5
用户2	1	3	2	1	3	4	4	4
用户3	4	3	5	2	3	4	2	2
用户4	4	3	5	2	4	5	3	2
用户5	3	2	3	1	2	3	2	1

b)

图 5.12 通过矩阵分解的推荐

对于一个用户 n，对商品 m 的定量评价值的取值为 $R_{n,m} \in \mathbb{R}$，例如，假设是由如式（5.172）所示的过程进行决定和生成的。

$$R_{n,m} = \sum_{d=1}^{D} U_{d,n} V_{d,m} + \epsilon_{n,m} \tag{5.172}$$

式中，$\mathbf{U}_{:,n} \in \mathbb{R}^D$ 以及 $\mathbf{V}_{:,m} \in \mathbb{R}^D$ 分别为用户 n 以及商品 m 的特征向量。

直观地说，$\mathbf{U}_{:,n}$ 表示用户 n 的嗜好，$\mathbf{V}_{:,m}$ 表示商品所具有的特征。这两个向量的方向性是一致的，而且是各向量越大，则从模型给出的定量评价结果 $R_{n,m}$ 越高。但是，为了允许某种程度的例外，还附加了干扰项 $\epsilon_{n,m}$。另外，如果用矩阵来表示的话，则可以将式 (5.172) 以矩阵 $\mathbf{R} \in \mathbb{R}^{N \times M}$，$\mathbf{U} \in \mathbb{R}^{D \times N}$ 以及 $\mathbf{V} \in \mathbb{R}^{D \times M}$ 重新表示为如式 (5.173) 所示的形式。

$$\mathbf{R} \approx \mathbf{U}^{\top} \mathbf{V} \tag{5.173}$$

在给出被观测到的定量评价 $\mathbf{R}$ 的情况下，如果能够求出用户的嗜好 $\mathbf{U}$ 以及商品的特征 $\mathbf{V}$ 的话，则可以通过这些信息来进行未观测的定量评价值的预测和内插。另外，从矩阵 $\mathbf{R}$ 推论 $\mathbf{U}$ 和 $\mathbf{V}$ 的后验分布的问题可以看出，线性降维和非负值矩阵因子分解的结构及进行过程中所采用的方法，在本质上是相同的。

在如图 5.12 所示的例子中可以看出，用户 1 和用户 2 之间，以及用户 3 和用户 4 之间有相似的定量评价倾向。另外，对于用户 5，似乎有对很多商品均给予严格定量评价的倾向。实际上，如果采用 5.1 节中介绍的模型和缺失值内插的思想，尝试进行定量评价预测的话，则可以得到如图 5.12b 所示的结果[⊖]。在这里，子空间的维度设定为 $D = 2$。从商品 7 的内插结果来看，尽管用户 1 和用户 2 的定量评价很高，但用户 3，用户 4 和用户 5 的内插结果是比较低的预测值。这是因为矩阵分解在低维空间中提取了每个用户不同喜好的倾向。另外，关于用户 5，定量评价历史的倾向被强烈反映出来，未定量评价的预测值因此也被预测得比较低。

采用以这样的矩阵分解（或者降维）为基础的模型，通过推论的进行，可以提取出潜在商品的特征和对于它们的用户的嗜好。不是直接参照各个项目的内容或定量评价信息，而是完全通过购买履历和定量评价的数据进行推荐，是这个方法的要点。

到目前为止，所进行的解释都是使用矩阵分解的协同过滤随机模型进行的。从现在开始，将这个思想扩展到三维矩阵中。大多数情况下，不单单要考虑用户和商品的定量评价结果，还需要考虑该定量评价和商品的购买是什么时候进行的，因此需要将时间戳也作为可以利用的数据包含在内。如果能为模型提供这些时间序列的附加信息的话，就能考虑商品不同时期的趋势等信息，从而期待能够进行更加精准的推荐。为此，在下面介绍的基于张量分解的协同过滤中，如图 5.13 所示的那样，通过时间方向索引 $k = 1, \cdots, K$ 的加入，采用三维矩阵 $\mathbf{R} \in \mathbb{R}^{N \times M \times K}$ 来表示定量评价数据。并且，考虑如式 (5.174) 所示的那样，通过 3 个矩阵的分解来实现矩阵 $\mathbf{R}$ 的近似。

$$R_{n,m,k} = \sum_{d=1}^{D} U_{d,n} V_{d,m} S_{d,k} + \epsilon_{n,m,k} \tag{5.174}$$

这里的 $\mathbf{U}$ 和 $\mathbf{V}$ 与此前的意义相同，分别表示对于潜在的特征 d 的用户嗜好及商品特征，新引入的 $S_{d,k} \in \mathbb{R}$ 表示在时刻 k 特征 d 的流行度。在张量分解中，要实现的目标是从观测数

⊖　在此，实际的内插值均为实数，图 5.12b 中所示的整数表示预测变量的期望值。

据 $\mathbf{R}$ 中提取潜在的矩阵 $\mathbf{U}$，$\mathbf{V}$ 以及 $\mathbf{S}$。

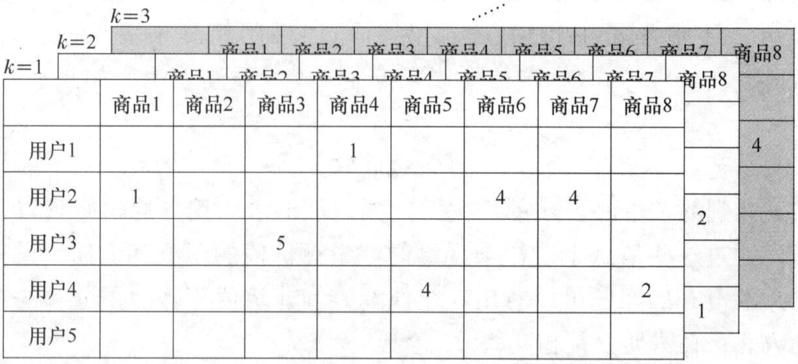

图 5.13 通过张量进行的定量评价值的表示

5.5.2 模型

在这里，决定采用参考文献［29］所介绍的，考虑了时间方向趋势变化的协同过滤模型。基于之前的介绍，如果采用一维高斯分布实现上述介绍的思想，进行具有时间序列信息的数据表示，则可以得到如式（5.175）所示的模型。

$$p(R_{n,m,k}|\mathbf{U}_{:,n},\mathbf{V}_{:,m},\mathbf{S}_{:,k},\lambda) = \mathcal{N}\left(R_{n,m,k}\Big|\sum_{d=1}^{D} U_{d,n}V_{d,m}S_{d,k},\lambda^{-1}\right) \tag{5.175}$$

式中，$\lambda \in \mathbb{R}^+$ 是高斯分布的精度参数。

另外，假定用户的特征向量 $\mathbf{U}_{:,n} \in \mathbb{R}^D$ 及商品的特征向量 $\mathbf{V}_{:,m} \in \mathbb{R}^D$ 服从如式（5.176）和式（5.177）所示的多维高斯分布。

$$p(\mathbf{U}_{:,n}|\boldsymbol{\mu}_U,\boldsymbol{\Lambda}_U) = \mathcal{N}(\mathbf{U}_{:,n}|\boldsymbol{\mu}_U,\boldsymbol{\Lambda}_U^{-1}) \tag{5.176}$$

$$p(\mathbf{V}_{:,m}|\boldsymbol{\mu}_V,\boldsymbol{\Lambda}_V) = \mathcal{N}(\mathbf{V}_{:,m}|\boldsymbol{\mu}_V,\boldsymbol{\Lambda}_V^{-1}) \tag{5.177}$$

式中，$\boldsymbol{\mu}_U \in \mathbb{R}^D$ 以及 $\boldsymbol{\Lambda}_U \in \mathbb{R}^{D \times D}$ 为用户的特征向量的均值参数和精度参数。

关于 $\mathbf{V}_{:,m}$ 的分布模型也是如此。另外，关于 $\mathbf{S} \in \mathbb{R}^{D \times K}$，因为想要提取时间方向的趋势，因此假定为如式（5.178）所示的具有马尔可夫性的高斯分布。

$$p(\mathbf{S}|\boldsymbol{\mu}_S,\boldsymbol{\Lambda}_S) = \mathcal{N}(\mathbf{S}_{:,1}|\boldsymbol{\mu}_S,\boldsymbol{\Lambda}_S^{-1})\prod_{k=2}^{K} \mathcal{N}(\mathbf{S}_{:,k}|\mathbf{S}_{:,k-1},\boldsymbol{\Lambda}_S^{-1}) \tag{5.178}$$

像这样的时间序列的建模与 5.4 节中介绍的一阶马尔可夫链的思想相同。但是，在此采用的不是类分布，而是通过高斯分布的采用，使得时间相邻的变量之间具有依存关系。

即使直接在上述分布中设定适当的参数值，也可以实现推荐系统的构建。但是为了配合观测数据学习的灵活进行，这里可以从数据中进行各个参数的推论。也就是说，在如式（5.175)所示的模型中，首先为参数λ设定如式（5.179）所示的伽马先验分布，对于除

此以外的 $\mathbf{U}$，$\mathbf{V}$ 以及 $\mathbf{S}$ 的参数，设定如式（5.180）～式（5.182）所示的高斯-Wishart 先验分布。

$$p(\lambda) = \mathrm{Gam}(\lambda|a,b) \tag{5.179}$$

$$p(\boldsymbol{\mu}_U, \boldsymbol{\Lambda}_U) = \mathcal{N}(\boldsymbol{\mu}_U|\mathbf{m}_U, (\beta_U \boldsymbol{\Lambda}_U)^{-1}) \mathcal{W}(\boldsymbol{\Lambda}_U|\nu_U, \mathbf{W}_U) \tag{5.180}$$

$$p(\boldsymbol{\mu}_V, \boldsymbol{\Lambda}_V) = \mathcal{N}(\boldsymbol{\mu}_V|\mathbf{m}_V, (\beta_V \boldsymbol{\Lambda}_V)^{-1}) \mathcal{W}(\boldsymbol{\Lambda}_V|\nu_V, \mathbf{W}_V) \tag{5.181}$$

$$p(\boldsymbol{\mu}_S, \boldsymbol{\Lambda}_S) = \mathcal{N}(\boldsymbol{\mu}_S|\mathbf{m}_S, (\beta_S \boldsymbol{\Lambda}_S)^{-1}) \mathcal{W}(\boldsymbol{\Lambda}_S|\nu_S, \mathbf{W}_S) \tag{5.182}$$

为了便于此后的近似推论的计算，在此所进行的这些分布的设定，都是以分布的共轭性为基础进行选择的。

于是，包含以上所有参数的同时分布可以表示为如式（5.183）所示的形式。

$$p(\mathbf{R}, \mathbf{U}, \mathbf{V}, \mathbf{S}, \lambda, \boldsymbol{\mu}_U, \boldsymbol{\mu}_V, \boldsymbol{\mu}_S, \boldsymbol{\Lambda}_U, \boldsymbol{\Lambda}_V, \boldsymbol{\Lambda}_S)$$

$$= p(\mathbf{R}|\mathbf{U}, \mathbf{V}, \mathbf{S}, \lambda) p(\mathbf{U}|\boldsymbol{\mu}_U, \boldsymbol{\Lambda}_U) p(\mathbf{V}|\boldsymbol{\mu}_V, \boldsymbol{\Lambda}_V) p(\mathbf{S}|\boldsymbol{\mu}_S, \boldsymbol{\Lambda}_S) \cdot \tag{5.183}$$

$$p(\boldsymbol{\lambda}) p(\boldsymbol{\mu}_U, \boldsymbol{\Lambda}_U) p(\boldsymbol{\mu}_V, \boldsymbol{\Lambda}_V) p(\boldsymbol{\mu}_S, \boldsymbol{\Lambda}_S)$$

通过以上的分析，图 5.14 给出了具有详细索引表示的图形模型。

5.5.3　变分推论

在此的目标是，在给定观测数据 $\mathbf{R}$ 时，进行其余变量后验分布的推论。如果将所有的参数概括为 $\boldsymbol{\Theta} = \{\lambda, \boldsymbol{\mu}_U, \boldsymbol{\mu}_V, \boldsymbol{\mu}_S, \boldsymbol{\Lambda}_U, \boldsymbol{\Lambda}_V, \boldsymbol{\Lambda}_S\}$ 的话，则可将所求的后验分布表示为如式（5.184）所示的形式。

$$p(\mathbf{U}, \mathbf{V}, \mathbf{S}, \boldsymbol{\Theta}|\mathbf{R}) = \frac{p(\mathbf{R}, \mathbf{U}, \mathbf{V}, \mathbf{S}, \boldsymbol{\Theta})}{p(\mathbf{R})} \tag{5.184}$$

此时，与线性降维时后验分布计算的情况相同，不能对式（5.184）中分母出现的分布 $p(\mathbf{R})$ 的边缘似然函数进行严密的计算。因此，这里根据变分推论的框架，以如式（5.185）所示的分解形式来实现后验分布的近似。

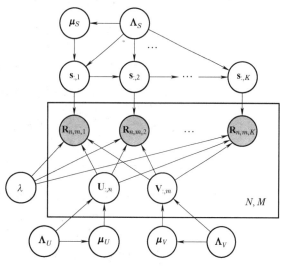

图 5.14　时间序列张量分解的图形模型

$$p(\mathbf{U}, \mathbf{V}, \mathbf{S}, \boldsymbol{\Theta}|\mathbf{R}) \approx q(\mathbf{U}) q(\mathbf{V}) q(\mathbf{S}) q(\boldsymbol{\Theta})$$

$$= q(\mathbf{U}) q(\mathbf{V}) \Big\{ \prod_{k=1}^{K} q(\mathbf{S}_{:,k}) \Big\} q(\boldsymbol{\Theta}) \tag{5.185}$$

关于变量 $\mathbf{S}$，由于存在时间的依存，所以这里也像隐马尔可夫模型完全分解变分推论中的讨论那样，为了简单起见，在此引入了 $q(\mathbf{S}) = \prod_{k=1}^{K} q(\mathbf{S}_{:,k})$ 的分解假定。如果基于如式（5.185）所示的分解假定，使用如式（4.25）所示的平均场近似的话，则各个近似后验分布可以表示为（5.186）～式（5.191）所示的形式。

$$
\ln q(\mathbf{U}) = \sum_{n=1}^{N} \sum_{m=1}^{M} \sum_{k=1}^{K} \langle \ln p(R_{n,m,k}|\mathbf{U}_{:,n}, \mathbf{V}_{:,m}, \mathbf{S}_{:,k}, \boldsymbol{\lambda}) \rangle_{q(\mathbf{V}, \mathbf{S}, \boldsymbol{\lambda})} +
$$
$$
\sum_{n=1}^{N} \langle \ln p(\mathbf{U}_{:,n}|\boldsymbol{\mu}_U, \boldsymbol{\Lambda}_U) \rangle_{q(\boldsymbol{\mu}_U, \boldsymbol{\Lambda}_U)} + \mathrm{const.} \tag{5.186}
$$

$$
\ln q(\mathbf{V}) = \sum_{n=1}^{N} \sum_{m=1}^{M} \sum_{k=1}^{K} \langle \ln p(R_{n,m,k}|\mathbf{U}_{:,n}, \mathbf{V}_{:,m}, \mathbf{S}_{:,k}, \boldsymbol{\lambda}) \rangle_{q(\mathbf{U}, \mathbf{S}, \boldsymbol{\lambda})} +
$$
$$
\sum_{m=1}^{M} \langle \ln p(\mathbf{V}_{:,m}|\boldsymbol{\mu}_V, \boldsymbol{\Lambda}_V) \rangle_{q(\boldsymbol{\mu}_V, \boldsymbol{\Lambda}_V)} + \mathrm{const.} \tag{5.187}
$$

$$
\ln q(\mathbf{S}_{:,1}) = \sum_{n=1}^{N} \sum_{m=1}^{M} \langle \ln p(R_{n,m,1}|\mathbf{U}_{:,n}, \mathbf{V}_{:,m}, \mathbf{S}_{:,1}, \boldsymbol{\lambda}) \rangle_{q(\mathbf{U}, \mathbf{V}, \boldsymbol{\lambda})} +
$$
$$
\langle \ln p(\mathbf{S}_{:,1}|\boldsymbol{\mu}_S, \boldsymbol{\Lambda}_S) \rangle_{q(\boldsymbol{\mu}_S, \boldsymbol{\Lambda}_S)} +
$$
$$
\langle \ln p(\mathbf{S}_{:,2}|\mathbf{S}_{:,1}, \boldsymbol{\Lambda}_S) \rangle_{q(\mathbf{S}_{:,2}, \boldsymbol{\Lambda}_S)} + \mathrm{const.} \tag{5.188}
$$

$$
\ln q(\mathbf{S}_{:,k}) = \sum_{n=1}^{N} \sum_{m=1}^{M} \langle \ln p(R_{n,m,k}|\mathbf{U}_{:,n}, \mathbf{V}_{:,m}, \mathbf{S}_{:,k}, \boldsymbol{\lambda}) \rangle_{q(\mathbf{U}, \mathbf{V}, \boldsymbol{\lambda})} +
$$
$$
\langle \ln p(\mathbf{S}_{:,k}|\mathbf{S}_{:,k-1}, \boldsymbol{\Lambda}_S) \rangle_{q(\mathbf{S}_{:,k-1}, \boldsymbol{\Lambda}_S)} +
$$
$$
\langle \ln p(\mathbf{S}_{:,k+1}|\mathbf{S}_{:,k}, \boldsymbol{\Lambda}_S) \rangle_{q(\mathbf{S}_{:,k+1}, \boldsymbol{\Lambda}_S)} + \mathrm{const.} \tag{5.189}
$$

$$
\ln q(\mathbf{S}_{:,K}) = \sum_{n=1}^{N} \sum_{m=1}^{M} \langle \ln p(R_{n,m,k}|\mathbf{U}_{:,n}, \mathbf{V}_{:,m}, \mathbf{S}_{:,k}, \boldsymbol{\lambda}) \rangle_{q(\mathbf{U}, \mathbf{V}, \boldsymbol{\lambda})} +
$$
$$
\langle \ln p(\mathbf{S}_{:,K}|\mathbf{S}_{:,K-1}, \boldsymbol{\Lambda}_S) \rangle_{q(\mathbf{S}_{:,K-1}, \boldsymbol{\Lambda}_S)} + \mathrm{const.} \tag{5.190}
$$

$$
\ln q(\boldsymbol{\Theta}) = \sum_{n=1}^{N} \sum_{m=1}^{M} \sum_{k=1}^{K} \langle \ln p(R_{n,m,K}|\mathbf{U}_{:,n}, \mathbf{V}_{:,m}, \mathbf{S}_{:,K}, \boldsymbol{\lambda}) \rangle_{q(\mathbf{U}, \mathbf{V}, \mathbf{S})} + \ln p(\boldsymbol{\lambda}) +
$$
$$
\sum_{n=1}^{N} \langle \ln p(\mathbf{U}_{:,n}|\boldsymbol{\mu}_U, \boldsymbol{\Lambda}_U) \rangle_{q(\mathbf{U})} + \ln p(\boldsymbol{\mu}_U, \boldsymbol{\Lambda}_U) +
$$
$$
\sum_{m=1}^{M} \langle \ln p(\mathbf{V}_{:,m}|\boldsymbol{\mu}_V, \boldsymbol{\Lambda}_V) \rangle_{q(\mathbf{V})} + \ln p(\boldsymbol{\mu}_V, \boldsymbol{\Lambda}_V) +
$$
$$
\langle \ln p(\mathbf{S}_{:,1}|\boldsymbol{\mu}_S, \boldsymbol{\Lambda}_S) \rangle_{q(\mathbf{S})} + \sum_{k=2}^{K} \langle \ln p(\mathbf{S}_{:,k}|\mathbf{S}_{:,k-1}, \boldsymbol{\Lambda}_S) \rangle_{q(\mathbf{S})} +
$$
$$
\ln p(\boldsymbol{\mu}_S, \boldsymbol{\Lambda}_S) + \mathrm{const.} \tag{5.191}
$$

其中，关于变量 $\mathbf{S}$ 的分解，根据 $k=1$，$2 \leqslant k \leqslant K-1$ 以及 $k=K$ 的三种情况，分别进行了表示。

首先，考虑对式（5.186）中与 $\mathbf{U}_{:,n}$ 相关的项进行整理，可以得到如式（5.192）和式

（5.193）所示的结果。

$$\sum_{m=1}^{M}\sum_{k=1}^{K}\langle\ln\mathcal{N}(R_{n,m,k}|\sum_{d=1}^{D}U_{d,n}V_{d,m}S_{d,k},\lambda^{-1})\rangle_{q(V_{:,m},S_{:,k},\lambda)}$$

$$=-\frac{1}{2}\Bigg\{\sum_{d=1}^{D}\sum_{d'=1}^{D}U_{d,n}U_{d',n}\langle\lambda\rangle\sum_{m=1}^{M}\sum_{k=1}^{K}\langle V_{d,m}V_{d',m}\rangle\langle S_{d,k}S_{d',k}\rangle-$$

$$2\sum_{d=1}^{D}U_{d,n}\langle\lambda\rangle\sum_{m=1}^{M}\sum_{k=1}^{K}R_{n,m,k}\langle V_{d,m}\rangle\langle S_{d,k}\rangle\Bigg\}+\mathrm{const.} \tag{5.192}$$

并且

$$\langle\ln\mathcal{N}(\mathbf{U}_{:,n}|\boldsymbol{\mu}_U,\boldsymbol{\Lambda}_U^{-1})\rangle_{q(\boldsymbol{\mu}_U,\boldsymbol{\Lambda}_U)}$$

$$=-\frac{1}{2}\Big\{\mathbf{U}_{:,n}^{\top}\langle\boldsymbol{\Lambda}_U\rangle\mathbf{U}_{:,n}-2\mathbf{U}_{:,n}^{\top}\langle\boldsymbol{\Lambda}_U\boldsymbol{\mu}_U\rangle\Big\}+\mathrm{const.} \tag{5.193}$$

因此，可以将分布$q(\mathbf{U}_{:,n})$归纳为如式（5.194）和式（5.195）所示的D维高斯分布。

$$q(\mathbf{U}_{:,n})=\mathcal{N}(\mathbf{U}_{:,n}|\hat{\boldsymbol{\mu}}_{U_n},\hat{\boldsymbol{\Lambda}}_U^{-1}) \tag{5.194}$$

式中

$$\begin{cases}\hat{\boldsymbol{\Lambda}}_U=\langle\lambda\rangle\sum_{m=1}^{M}\sum_{k=1}^{K}\langle\mathbf{V}_{:,m}\mathbf{V}_{:,m}^{\top}\rangle\circ\langle\mathbf{S}_{:,k}\mathbf{S}_{:,k}^{\top}\rangle+\langle\boldsymbol{\Lambda}_U\rangle\\[2mm]\hat{\boldsymbol{\mu}}_{U_n}=\hat{\boldsymbol{\Lambda}}_U^{-1}\Big\{\langle\lambda\rangle\sum_{m=1}^{M}\sum_{k=1}^{K}R_{n,m,k}\langle\mathbf{V}_{:,m}\rangle\circ\langle\mathbf{S}_{:,k}\rangle+\langle\boldsymbol{\Lambda}_U\boldsymbol{\mu}_U\rangle\Big\}\end{cases} \tag{5.195}$$

式中，运算符。是哈达玛积（Hadamard product），表示相同大小的矩阵和向量的每个元素分别进行的乘法运算。

同理，对于如式（5.187）所示的分布$q(\mathbf{V}_{:,m})$，也可以求得如式（5.196）和式（5.197）所示的D维高斯分布。

$$q(\mathbf{V}_{:,m})=\mathcal{N}(\mathbf{V}_{:,m}|\hat{\boldsymbol{\mu}}_{V_m},\hat{\boldsymbol{\Lambda}}_V^{-1}) \tag{5.196}$$

式中

$$\begin{cases}\hat{\boldsymbol{\Lambda}}_V=\langle\lambda\rangle\sum_{n=1}^{N}\sum_{k=1}^{K}\langle\mathbf{U}_{:,n}\mathbf{U}_{:,n}^{\top}\rangle\circ\langle\mathbf{S}_{:,k}\mathbf{S}_{:,k}^{\top}\rangle+\langle\boldsymbol{\Lambda}_V\rangle\\[2mm]\hat{\boldsymbol{\mu}}_{V_m}=\hat{\boldsymbol{\Lambda}}_V^{-1}\Big\{\langle\lambda\rangle\sum_{n=1}^{N}\sum_{k=1}^{K}R_{n,m,k}\langle\mathbf{U}_{:,n}\rangle\circ\langle\mathbf{S}_{:,k}\rangle+\langle\boldsymbol{\Lambda}_V\boldsymbol{\mu}_V\rangle\Big\}\end{cases} \tag{5.197}$$

接下来考虑具有时间依存关系的变量$\mathbf{S}$的近似分布。关于这一分布，如式（5.188）～式（5.190）所示的那样，需要以$k=1$、$2\leqslant k\leqslant K-1$以及$k=K$三种情况分别计算。在此，可以用如式（5.198）所示的D维高斯分布来给出分布的通用表示。

$$q(\mathbf{S}_{:,k})=\mathcal{N}(\mathbf{S}_{:,k}|\hat{\boldsymbol{\mu}}_{S_k},\hat{\boldsymbol{\Lambda}}_{S_k}^{-1}) \tag{5.198}$$

但是，分布的参数$\hat{\boldsymbol{\mu}}_{S_k}$以及$\hat{\boldsymbol{\Lambda}}_{S_k}$需要在$k$的不同取值情况下分别进行计算，如式（5.199）～式（5.201）所示。

$k=1$时

$$\begin{cases} \hat{\mathbf{\Lambda}}_{S_1} = \langle\lambda\rangle \sum_{n=1}^{N}\sum_{m=1}^{M}\langle\mathbf{U}_{:,n}\mathbf{U}_{:,n}^{\top}\rangle \circ \langle\mathbf{V}_{:,m}\mathbf{V}_{:,m}^{\top}\rangle + 2\langle\mathbf{\Lambda}_S\rangle \\ \hat{\boldsymbol{\mu}}_{S_1} = \hat{\mathbf{\Lambda}}_{S_1}^{-1}\left\{\langle\lambda\rangle \sum_{n=1}^{N}\sum_{m=1}^{M} R_{n,m,1}\langle\mathbf{U}_{:,n}\rangle \circ \langle\mathbf{V}_{:,m}\rangle + \langle\mathbf{\Lambda}_S\boldsymbol{\mu}_S\rangle + \langle\mathbf{\Lambda}_S\rangle\langle\mathbf{S}_{:,2}\rangle\right\} \end{cases} \tag{5.199}$$

$2 \leqslant k \leqslant K-1$ 时

$$\begin{cases} \hat{\mathbf{\Lambda}}_{S_k} = \langle\lambda\rangle \sum_{n=1}^{N}\sum_{m=1}^{M}\langle\mathbf{U}_{:,n}\mathbf{U}_{:,n}^{\top}\rangle \circ \langle\mathbf{V}_{:,m}\mathbf{V}_{:,m}^{\top}\rangle + 2\langle\mathbf{\Lambda}_S\rangle \\ \hat{\boldsymbol{\mu}}_{S_k} = \hat{\mathbf{\Lambda}}_{S_k}^{-1}\left\{\langle\lambda\rangle \sum_{n=1}^{N}\sum_{m=1}^{M} R_{n,m,k}\langle\mathbf{U}_{:,n}\rangle \circ \langle\mathbf{V}_{:,m}\rangle + \langle\mathbf{\Lambda}_S\rangle(\langle\mathbf{S}_{:k-1}\rangle + \langle\mathbf{S}_{:k+1}\rangle)\right\} \end{cases} \tag{5.200}$$

$k = K$ 时

$$\begin{cases} \hat{\mathbf{\Lambda}}_{S_K} = \langle\lambda\rangle \sum_{n=1}^{N}\sum_{m=1}^{M}\langle\mathbf{U}_{:,n}\mathbf{U}_{:,n}^{\top}\rangle \circ \langle\mathbf{V}_{:,m}\mathbf{V}_{:,m}^{\top}\rangle + \langle\mathbf{\Lambda}_S\rangle \\ \hat{\boldsymbol{\mu}}_{S_K} = \hat{\mathbf{\Lambda}}_{S_K}^{-1}\left\{\langle\lambda\rangle \sum_{n=1}^{N}\sum_{m=1}^{M} R_{n,m,K}\langle\mathbf{U}_{:,n}\rangle \circ \langle\mathbf{V}_{:,m}\rangle + \langle\mathbf{\Lambda}_S\rangle\langle\mathbf{S}_{:,K-1}\rangle\right\} \end{cases} \tag{5.201}$$

最后，进行转移参数近似分布的计算。因为选择了共轭先验分布，因此这些近似分布也可以按照固有的程序进行计算。从式（5.191）可知，$q(\lambda)$，$q(\boldsymbol{\mu}_U, \mathbf{\Lambda}_U)$，$q(\boldsymbol{\mu}_V, \mathbf{\Lambda}_V)$ 以及 $q(\boldsymbol{\mu}_S, \mathbf{\Lambda}_S)$ 可以分别作为独立的分布进行计算。首先，$\ln q(\lambda)$ 可以整理为如式（5.202）所示的形式。

$$\ln q(\lambda) = \left(\frac{1}{2}NMK + a - 1\right)\ln\lambda - \left\{\frac{1}{2}\sum_{n=1}^{N}\sum_{m=1}^{M}\sum_{k=1}^{K}\langle(R_{m,n,k} - \sum_{d=1}^{D} U_{d,n}V_{d,m}S_{d,k})^2\rangle + b\right\}\lambda + \text{const.} \tag{5.202}$$

因此，参数 λ 的后验分布与先验分布均为相同的伽马分布，并可以求得如式（5.203）和式（5.204）所示的结果。

$$q(\lambda) = \text{Gam}(\lambda|\hat{a}, \hat{b}) \tag{5.203}$$

式中
$$\begin{cases} \hat{a} = \frac{1}{2}NMK + a \\ \hat{b} = \frac{1}{2}\sum_{n=1}^{N}\sum_{m=1}^{M}\sum_{k=1}^{K}\langle(R_{m,n,k} - \sum_{d=1}^{D} U_{d,n}V_{d,m}S_{d,k})^2\rangle + b \end{cases} \tag{5.204}$$

在此，式（5.204）中的期望值计算如果按式（5.205）所示进行展开的话，即可以归入到各个变量的期望值计算中。

$$\langle(R_{m,n,k} - \sum_{d=1}^{D} U_{d,n}V_{d,m}S_{d,k})^2\rangle$$

$$= \sum_{d=1}^{D}\sum_{d'=1}^{D}\langle U_{d,n}U_{d',n}\rangle\langle V_{d,m}V_{d',m}\rangle\langle S_{d,k}S_{d',k}\rangle -$$

$$2R_{n,m,k}\sum_{d=1}^{D}\langle U_{d,n}\rangle\langle V_{d,m}\rangle\langle S_{d,k}\rangle + R_{n,m,k}^2 \tag{5.205}$$

接下来，进行参数分布 $q(\boldsymbol{\mu}_U,\boldsymbol{\Lambda}_U)$ 以及 $q(\boldsymbol{\mu}_V,\boldsymbol{\Lambda}_V)$ 的计算。在此，如果将 $\mathbf{U}_{:,n}$ 及 $\mathbf{V}_{:,m}$ 分别视为通过观测数据进行推论的相应多维高斯分布期望值的话，则可以得到与第 3 章中式（3.132）所示完全相同的结果。因此，所进行的参数分布计算，可以分别得到如式（5.206）～式（5.209）所示 D 维高斯-Wishart 分布的结果。

$$q(\boldsymbol{\mu}_U,\boldsymbol{\Lambda}_U) = \mathcal{N}(\boldsymbol{\mu}_U|\hat{\mathbf{m}}_U,(\hat{\beta}_U\boldsymbol{\Lambda}_U)^{-1})\mathcal{W}(\boldsymbol{\Lambda}_U|\hat{\nu}_U,\hat{\mathbf{W}}_U) \tag{5.206}$$

式中

$$\begin{cases} \hat{\beta}_U = N + \beta_U \\[2mm] \hat{\mathbf{m}}_U = \dfrac{1}{\hat{\beta}_U}\Big(\sum_{n=1}^{N}\langle\mathbf{U}_{:,n}\rangle + \beta_U\mathbf{m}_U\Big) \\[3mm] \hat{\nu}_U = N + \nu_U \\[2mm] \hat{\mathbf{W}}_U^{-1} = \sum_{n=1}^{N}\langle\mathbf{U}_{:,n}\mathbf{U}_{:,n}^{\top}\rangle + \beta_U\mathbf{m}_U\mathbf{m}_U^{\top} - \hat{\beta}_U\hat{\mathbf{m}}_U\hat{\mathbf{m}}_U^{\top} + \mathbf{W}_U^{-1} \end{cases} \tag{5.207}$$

以及

$$q(\boldsymbol{\mu}_V,\boldsymbol{\Lambda}_V) = \mathcal{N}(\boldsymbol{\mu}_V|\hat{\mathbf{m}}_V,(\hat{\beta}_V\boldsymbol{\Lambda}_V)^{-1})\mathcal{W}(\boldsymbol{\Lambda}_V|\hat{\nu}_V,\hat{\mathbf{W}}_V) \tag{5.208}$$

式中

$$\begin{cases} \hat{\beta}_V = M + \beta_V \\[2mm] \hat{\mathbf{m}}_V = \dfrac{1}{\hat{\beta}_V}\Big(\sum_{m=1}^{M}\langle\mathbf{V}_{:,m}\rangle + \beta_V\mathbf{m}_V\Big) \\[3mm] \hat{\nu}_V = M + \nu_V \\[2mm] \hat{\mathbf{W}}_V^{-1} = \sum_{m=1}^{M}\langle\mathbf{V}_{:,m}\mathbf{V}_{:,m}^{\top}\rangle + \beta_V\mathbf{m}_V\mathbf{m}_V^{\top} - \hat{\beta}_V\hat{\mathbf{m}}_V\hat{\mathbf{m}}_V^{\top} + \mathbf{W}_V^{-1} \end{cases} \tag{5.209}$$

最后，进行分布 $q(\boldsymbol{\mu}_S,\boldsymbol{\Lambda}_S)$ 的计算，从而实现式（5.191）所示的计算。该计算可以先进行 $q(\boldsymbol{\mu}_S|\boldsymbol{\Lambda}_S)$ 的求取，然后通过 $\ln q(\boldsymbol{\Lambda}_S) = \ln q(\boldsymbol{\mu}_S,\boldsymbol{\Lambda}_S) - \ln q(\boldsymbol{\mu}_S|\boldsymbol{\Lambda}_S)$ 进行所求分布的计算，最终可以得到如式（5.210）和式（5.211）所示的结果。

$$q(\boldsymbol{\mu}_S,\boldsymbol{\Lambda}_S) = \mathcal{N}(\boldsymbol{\mu}_S|\hat{\mathbf{m}}_S,(\hat{\beta}_S\boldsymbol{\Lambda}_S)^{-1})\mathcal{W}(\boldsymbol{\Lambda}_S|\hat{\nu}_S,\hat{\mathbf{W}}_S) \tag{5.210}$$

式中

$$\begin{cases} \hat{\beta}_S = 1 + \beta_S \\[2mm] \hat{\mathbf{m}}_S = \dfrac{1}{\hat{\beta}_S}(\langle\mathbf{S}_{:,1}\rangle + \beta_S\mathbf{m}_S) \\[3mm] \hat{\nu}_S = K + \nu_S \\[2mm] \hat{\mathbf{W}}_S^{-1} = \langle S_1 S_1^{\top}\rangle + \sum_{k=2}^{K}\{\langle\mathbf{S}_{:,k}\mathbf{S}_{:,k}^{\top}\rangle + \langle\mathbf{S}_{:,k-1}\mathbf{S}_{:,k-1}^{\top}\rangle - \\[3mm] \qquad\qquad \langle\mathbf{S}_{:,k-1}\mathbf{S}_{:,k}^{\top}\rangle - \langle\mathbf{S}_{:,k}\mathbf{S}_{:,k-1}^{\top}\rangle\} + \\[2mm] \qquad\qquad \beta_S\mathbf{m}_S\mathbf{m}_S^{\top} - \hat{\beta}_S\hat{\mathbf{m}}_S\hat{\mathbf{m}}_S^{\top} + \mathbf{W}_S^{-1} \end{cases} \tag{5.211}$$

在此需要注意的是，根据时间方向的分解假定，与时刻 $k-1$ 和 k 相关的期望值，可以通过 $\langle \mathbf{S}_{:,k-1}\mathbf{S}_{:,k}^\top \rangle = \langle \mathbf{S}_{:,k-1} \rangle \langle \mathbf{S}_{:,k}^\top \rangle$ 这样的分解来进行计算。

综上所述，所有近似后验分布的更新表达式均得到了明确的结果，因此也可以将计算中所需的期望值以如式（5.212）～式（5.224）所示的解析表达式给出。

$$\langle \lambda \rangle = \frac{\hat{a}}{\hat{b}} \tag{5.212}$$

$$\langle \mathbf{U}_{:,n} \rangle = \hat{\boldsymbol{\mu}}_{U_n} \tag{5.213}$$

$$\langle \mathbf{U}_{:,n}\mathbf{U}_{:,n}^\top \rangle = \hat{\boldsymbol{\mu}}_{U_n}\hat{\boldsymbol{\mu}}_{U_n}^\top + \hat{\boldsymbol{\Lambda}}_U^{-1} \tag{5.214}$$

$$\langle \boldsymbol{\Lambda}_U \rangle = \hat{\nu}_U \hat{\mathbf{W}}_U \tag{5.215}$$

$$\langle \boldsymbol{\Lambda}_U \boldsymbol{\mu}_U \rangle = \hat{\nu}_U \hat{\mathbf{W}}_U \hat{\mathbf{m}}_U \tag{5.216}$$

$$\langle \mathbf{V}_{:,m} \rangle = \hat{\boldsymbol{\mu}}_{V_m} \tag{5.217}$$

$$\langle \mathbf{V}_{:,m}\mathbf{V}_{:,m}^\top \rangle = \hat{\boldsymbol{\mu}}_{V_m}\hat{\boldsymbol{\mu}}_{V_m}^\top + \hat{\boldsymbol{\Lambda}}_V^{-1} \tag{5.218}$$

$$\langle \boldsymbol{\Lambda}_V \rangle = \hat{\nu}_V \hat{\mathbf{W}}_V \tag{5.219}$$

$$\langle \boldsymbol{\Lambda}_V \boldsymbol{\mu}_V \rangle = \hat{\nu}_V \hat{\mathbf{W}}_V \hat{\mathbf{m}}_V \tag{5.220}$$

$$\langle \mathbf{S}_{:,k} \rangle = \hat{\boldsymbol{\mu}}_{S_k} \tag{5.221}$$

$$\langle \mathbf{S}_{:,k}\mathbf{S}_{:,k}^\top \rangle = \hat{\boldsymbol{\mu}}_{S_k}\hat{\boldsymbol{\mu}}_{S_k}^\top + \hat{\boldsymbol{\Lambda}}_{S_k}^{-1} \tag{5.222}$$

$$\langle \boldsymbol{\Lambda}_S \rangle = \hat{\nu}_S \hat{\mathbf{W}}_S \tag{5.223}$$

$$\langle \boldsymbol{\Lambda}_S \boldsymbol{\mu}_S \rangle = \hat{\nu}_S \hat{\mathbf{W}}_S \hat{\mathbf{m}}_S \tag{5.224}$$

除此之外，如式（5.178）所示的那样，通过线性高斯分布链进行隐性变量时间序列表示的模型被称为线性动态系统（linear dynamical system）。这样的模型也可以被视为如式（5.70）所示采用隐马尔可夫模型进行状态序列分布表示的连续值版本。这些时间序列模型也被统称为状态空间模型（state-space model）。对于在此所进行的线性动态系统，如果不进行如式（5.185）所示的时间序列的分解假定，根据消息传递算法，也可以直接通过近似分布 $q(\mathbf{S})$ 进行边缘分布的求取。由于该推导过程多少有些复杂，因此在这里加以省略不做介绍。诸如我们熟知的卡尔曼滤波器（Kalman filter）以及卡尔曼平滑器（Kalman smoother）等，均为通过这种消息传递算法得到的消息传递应用模型。相关的详细内容请参见参考文献 [1]。

5.5.4 缺失值的内插

在实际的推荐系统中，由于并非所有的用户都对所有的商品进行了定量评价，所以给定 $\mathbf{R}$ 中的大部分元素都是具有缺失值的。因此，为了实现商品推荐的目标，也需要进行这些缺失值的推定。其中，最简单的缺失值推定方法，是原封不动地照搬线性降维中介绍的缺失值内插思想，对于具有缺失值的项 $R_{n,m,k}$，通过如式（5.225）所示的设定，以与其他变量相同的方式进行近似分布的计算。

$$\ln q(R_{n,m,k})$$

$$= \langle \ln \mathcal{N}(R_{n,m,k} \mid \sum_{d=1}^{D} U_{d,n} V_{d,m} S_{d,k}, \lambda^{-1}) \rangle_{q(\mathbf{U},\mathbf{V},\mathbf{S},\lambda)} + \text{const.} \tag{5.225}$$

式中，定量评价预测精度的期望值为 $\langle \lambda \rangle = \hat{a}/\hat{b}$。

　　如果对式（5.204）进行仔细观察的话，则可以看出，分母中出现的 $\hat{b}$ 依存于定量评价值与模型表现定量评价值之间误差平方期望值的总和，如式（5.226）所示。

$$\sum_{n=1}^{N} \sum_{m=1}^{M} \sum_{k=1}^{K} \langle (R_{n,m,k} - \sum_{d=1}^{D} U_{d,n} V_{d,m} S_{d,k})^2 \rangle \tag{5.226}$$

　　也就是说，如式（5.226）所示的值越大，则模型越无法很好地实现定量评价的预测，结果会使得定量评价的预测精度变低。在此进行的模型中，对于所有的定量评价值 $R_{n,m,k}$ 仅设定了唯一的一个精度参数 λ。当然，也可以采用诸如 $\lambda_{n,m}$ 等形式的精度参数设定，从而以不同的预测精度来实现不同用户和商品的定量评价推论。如果能够很好地使用这样的模型得到预测精度信息的话，即使定量评价的预测平均值 $\langle R_{n,m,k} \rangle$ 本身稍微低一些，也可以实现具有较大不确定性商品的推荐。对用户来说，这种推荐也可能会是新的发现。

　　最后，关于其他变量的近似分布，在 $R_{n,m,k}$ 具有缺失值的情况下，如果通过如式（5.227）和式（5.228）所示的各期望值计算的话，则可以简单地进行更新表达式的修正。

$$\langle R_{n,m,k} \rangle = \sum_{d=1}^{D} \langle U_{d,n} \rangle \langle V_{d,m} \rangle \langle S_{d,k} \rangle \tag{5.227}$$

$$\langle R_{n,m,k}^2 \rangle = \langle R_{n,m,k} \rangle^2 + \langle \lambda \rangle^{-1} \tag{5.228}$$

5.6　logistic 回归

　　本节介绍从输入变量 $\mathbf{x}$ 直接学习离散标签数据 $\mathbf{y}$ 的模型——logistic 回归（logistic regression）。在第 3 章的最后部分，通过线性回归模型实现了未知连续值的预测。并且，在线性回归模型中可以严密地计算参数的后验分布和给定新数据情况下的预测分布。但是，logistic 回归与线性回归的情况不同，由于内部包含有非线性的变量转换，所以不能像线性回归模型那样进行解析计算，因此也需要通过变分推论来进行。这里要介绍的变分推论的使用方法，并不是像线性降维和 LDA 模型中那样，通过后验分布的分解进行平均场近似的研究，而是通过高斯分布的后验分布的近似和利用梯度信息的优化研究。这个技术在随后的神经网络模型的学习中也同样要加以应用。

5.6.1　模型

　　在第 1 章简单介绍的模型中，输出值 $\mathbf{y}_n$ 被限定为 0 和 1 的 2 个值。在此，对前述模型进行一般化，考虑将输入值 $\mathbf{x}_n \in \mathbb{R}^M$ 分类为 D 个不同的类，一般化模型为每一个输入分配一个相应的类输出。也就是说，这里假设多维向量 $\mathbf{y}_n \in \{0,1\}^D$，且满足 $\sum_{d=1}^{D} y_{n,d} = 1$，其值由如式（5.229）所示的类分布输出。

$$p(\mathbf{Y}|\mathbf{X}, \mathbf{W}) = \prod_{n=1}^{N} p(\mathbf{y}_n|\mathbf{x}_n, \mathbf{W})$$

$$= \prod_{n=1}^{N} \mathrm{Cat}(\mathbf{y}_n|f(\mathbf{W}, \mathbf{x}_n)) \tag{5.229}$$

式中，矩阵 $\mathbf{W} \in \mathbb{R}^{M \times D}$ 是该模型的参数，在此，假定 $\mathbf{W}$ 的各元素 $w_{m,d}$ 为如式（5.230）所示的高斯先验分布。

$$p(\mathbf{W}) = \prod_{m=1}^{M} \prod_{d=1}^{D} \mathcal{N}(w_{m,d}|0, \lambda^{-1}) \tag{5.230}$$

另外，对于式（5.229）中的非线性函数 f，在此使用如式（5.231）所示的 D 维 softmax 函数来表示。

$$f(\mathbf{W}, \mathbf{x}_n) = \mathrm{SM}(\mathbf{W}^{\top}\mathbf{x}_n) \tag{5.231}$$

式（5.230）中，各维度 d 的定义如式（5.232）所示。

$$f_d(\mathbf{W}, \mathbf{x}_n) = \mathrm{SM}_d(\mathbf{W}^{\top}\mathbf{x}_n)$$

$$= \frac{\exp(\mathbf{W}_{:,d}^{\top}\mathbf{x}_n)}{\sum_{d'=1}^{D} \exp(\mathbf{W}_{:,d'}^{\top}\mathbf{x}_n)} \tag{5.232}$$

式中，$\mathbf{W}_{:,d} \in \mathbb{R}^M$ 是矩阵 $\mathbf{W}$ 的第 d 个列向量。

从式（5.232）可以看出，softmax 函数 $\mathrm{SM}(\cdot)$ 通过指数函数 $\exp(\cdot)$，将各个 D 维实数值的输入转换为一个非负值，并通过 $\sum_{d=1}^{D} \mathrm{SM}_d(\mathbf{W}^{\top}\mathbf{x}_n) = 1$ 的运算返回一个被规格化的函数值。通过这种变换的进行，使得以线性模型表示的 $\mathbf{W}^{\top}\mathbf{x}_n$ 可以作为类分布的参数。

5.6.2　变分推论

Logistic 回归的目标是在给出由一组输出值和输入值组成的训练数据 $\{\mathbf{X}, \mathbf{Y}\}$ 时，推论出参数 $\mathbf{W}$ 的后验分布，从而在给定新输入数据 $\mathbf{x}_*$ 的情况下进行对应输出值 $\mathbf{y}_*$ 的预测。如果使用贝叶斯定理，参数 $\mathbf{W}$ 的后验分布则可以表示为如式（5.233）所示的形式。

$$p(\mathbf{W}|\mathbf{Y}, \mathbf{X}) = \frac{p(\mathbf{Y}|\mathbf{X}, \mathbf{W})p(\mathbf{W})}{p(\mathbf{Y}|\mathbf{X})} \tag{5.233}$$

但是，由于如式（5.232）所示的 softmax 函数引入到分布 $p(\mathbf{Y}|\mathbf{X}, \mathbf{W})$ 中的非线性，使得参数 $\mathbf{W}$ 的后验分布不能进行概率分布的解析求取。因此在 logistic 回归模型的后验分布推论中提出了各种各样的方法，其中代表性的方法有拉普拉斯近似（Laplace approximation）、使用局部函数近似的方法，除此之外还有哈密顿-蒙特卡罗（Hamiltonian-Monte Carlo）等取样方法。在此，将以参考文献 [4] 中介绍的比较简单的实现为基础，介绍以容易实现数据维度缩放的高斯分布作为后验分布的近似方法。也就是说，作为参数 $\mathbf{W}$ 的近似后验分布，事先假定如式（5.234）所示的 $M \times D$ 个一维高斯分布。

$$q(\mathbf{W}; \boldsymbol{\eta}) = \prod_{m=1}^{M} \prod_{d=1}^{D} \mathcal{N}(w_{m,d}|\mu_{m,d}, \sigma_{m,d}^2) \tag{5.234}$$

式中，$\mu_{m,d}$ 以及 $\sigma_{m,d}$ 为这个近似分布的变分参数；$\boldsymbol{\eta}$ 为整理了所有的变分参数的综合参数表示。

从而像下面进行的那样，变分推论的目标是将这个预先设定的近似分布和如式（5.233）所示的实际后验分布的 KL 散度进行如式（5.235）所示的关于变分参数最小化的优化。

$$\boldsymbol{\eta}_{\text{opt.}} = \underset{\boldsymbol{\eta}}{\text{argmin}} \, \text{KL}[q(\mathbf{W}; \boldsymbol{\eta})||p(\mathbf{W}|\mathbf{Y}, \mathbf{X})] \tag{5.235}$$

到目前为止，线性降维和 LDA 模型使用的基于平均场近似的变分推论中，通过进行如式（4.15）所示的分解假定，可以通过各个近似分布变分参数的更新表达式的求取，从而实现各个参数的循环求解。与此不同的是，在 logistic 回归中，一般无法得到这种解析的相互更新过程。因此，通过关于变分参数 $\boldsymbol{\eta}$ 的偏微分，按照梯度法（gradient method）实现如式（5.235）所示的 KL 散度的最小化（关于梯度法的介绍请参见附录 A.3）。

让我们再详细看一下如式（5.235）所示的 KL 散度。如果采用期望值表示进行展开的话，则可以得到如式（5.236）所示的结果。

$$\begin{aligned}
&\text{KL}[q(\mathbf{W}; \boldsymbol{\eta})||p(\mathbf{W}|\mathbf{Y}, \mathbf{X})] \\
&= \langle \ln q(\mathbf{W}; \boldsymbol{\eta}) \rangle_{q(\mathbf{W}; \boldsymbol{\eta})} - \langle \ln p(\mathbf{W}) \rangle_{q(\mathbf{W}; \boldsymbol{\eta})} - \\
&\quad \sum_{n=1}^{N} \langle \ln p(\mathbf{y}_n|\mathbf{x}_n, \mathbf{W}) \rangle_{q(\mathbf{W}; \boldsymbol{\eta})} + \text{const.}
\end{aligned} \tag{5.236}$$

其中，所得结果中的前两项是单纯地对高斯分布取对数的期望值，所以能够像之前的模型进行了多次的计算那样，根据高斯近似分布 $q(\mathbf{W}; \boldsymbol{\eta})$ 可以解析地进行期望值的计算，计算结果可以表示为参数 $\boldsymbol{\eta}$ 的函数。除此之外，所得结果中的最后一项为似然函数的期望值项，由于内部包含了非线性函数，所以不能进行期望值的解析计算。另外，如果使用第 2 章中介绍的如式（2.14）所示的简单的蒙特卡罗法，则虽然期望值可以使用 $\mathbf{W}$ 的样本进行近似，但是在这种情况下，结果不表现为 $\boldsymbol{\eta}$ 的函数，因此不能使用梯度信息的最优化。

在此，通过被称为再参数化（re-parameterization trick）的方法应用，从如式（5.236）所示的结果中进行近似梯度的求取。为了表示的简化，根据计算的需要，将矩阵 $\mathbf{W}$ 的某个元素的下标进行省略，记为 $w = w_{m,d}$，对应的变分参数也设为 μ，σ。从而使得通过高斯分布得到的样本值 $\tilde{w} \sim \mathcal{N}(w|\mu, \sigma^2)$ 一般来说也可以采用如式（5.237）和式（5.238）所示的形式来表示。

$$\tilde{w} = \mu + \sigma \tilde{\epsilon} \tag{5.237}$$

式中
$$\tilde{\epsilon} \sim \mathcal{N}(\epsilon|0, 1) \tag{5.238}$$

于是，采用式（5.237）所决定的函数和如式（5.238）所示的无未知参数的高斯分布来重新进行样本 w 的表示，如果通过 1 个样本 $\tilde{\mathbf{W}}$ 对如式（5.236）所示的结果进行近似表示的话，则可以得到如式（5.239）所示的结果。

$$\mathrm{KL}[q(\mathbf{W};\boldsymbol{\eta})||p(\mathbf{W}|\mathbf{Y},\mathbf{X})]$$

$$\approx \ln q(\tilde{\mathbf{W}};\boldsymbol{\eta}) - \ln p(\tilde{\mathbf{W}}) - \sum_{n=1}^{N} \ln p(\mathbf{y}_n|\mathbf{x}_n,\tilde{\mathbf{W}}) + \mathrm{const.}$$

$$= g(\tilde{\mathbf{W}},\boldsymbol{\eta}) \tag{5.239}$$

式中，$\tilde{\mathbf{W}}$ 的定义如式（5.237）所示，是变分参数 $\boldsymbol{\eta}$ 的函数。

因此，通过这一近似结果，得到了以变分参数函数 $g(\tilde{\mathbf{W}},\boldsymbol{\eta})$ 近似表示的 KL 散度[⊖]。接下来，如果对函数 $g(\tilde{\mathbf{W}},\boldsymbol{\eta})$ 分别通过参数 $\boldsymbol{\mu}$ 以及 σ 进行偏微分的话，则可以得到 KL 散度在各参数方向上的近似梯度。

此外，为了满足参数 σ 必须为正值的限制条件，在这里进行 $\sigma = \ln(1+\exp(\rho))$ 的参数置换，进行实数值参数 ρ 的优化。亦即，各参数变量的梯度可以通过如式（5.240）和式（5.241）所示的形式来计算。

$$\Delta_\mu = \frac{\partial g(\tilde{\mathbf{W}},\boldsymbol{\eta})}{\partial \mu} \tag{5.240}$$

$$\Delta_\rho = \frac{\partial g(\tilde{\mathbf{W}},\boldsymbol{\eta})}{\partial \sigma} \frac{\partial \sigma}{\partial \rho} \tag{5.241}$$

如果再引入参数 $\gamma > 0$ 作为梯度法中的学习率（learning rate）的话，则可以得到如式（5.242）和式（5.243）所示的变分推论的更新表达式。

$$\mu \leftarrow \mu - \gamma\Delta_\mu \tag{5.242}$$

$$\rho \leftarrow \rho - \gamma\Delta_\rho \tag{5.243}$$

剩下的工作就是梯度的具体计算。从如式（5.240）和式（5.241）所示的表达式，可以得到如式（5.244）～式（5.246）所示的计算结果。

$$\frac{\partial g(\tilde{\mathbf{W}},\boldsymbol{\eta})}{\partial \mu} = \frac{\partial}{\partial \mu} \ln q(\tilde{\mathbf{W}};\boldsymbol{\eta}) - \frac{\partial}{\partial \mu} \ln p(\tilde{\mathbf{W}}) - \sum_{n=1}^{N} \frac{\partial}{\partial \tilde{w}} \ln p(\mathbf{y}_n|\mathbf{x}_n,\tilde{\mathbf{W}}) \tag{5.244}$$

$$\frac{\partial g(\tilde{\mathbf{W}},\sigma)}{\partial \sigma} = \frac{\partial}{\partial \sigma} \ln q(\tilde{\mathbf{W}};\boldsymbol{\eta}) - \frac{\partial}{\partial \sigma} \ln p(\tilde{\mathbf{W}}) - \sum_{n=1}^{N} \frac{\partial}{\partial \tilde{w}} \ln p(\mathbf{y}_n|\mathbf{x}_n,\tilde{\mathbf{W}})\tilde{\epsilon} \tag{5.245}$$

$$\frac{\partial \sigma}{\partial \rho} = \frac{1}{1+\exp(-\rho)} \tag{5.246}$$

其中，对 $\ln q(\tilde{\mathbf{W}};\boldsymbol{\eta})$ 及 $\ln p(\tilde{\mathbf{W}})$ 各个参数偏微分计算，可以求得如式（5.247）～式（5.250）所示的结果。

$$\frac{\partial}{\partial \mu} \ln q(\tilde{\mathbf{W}};\boldsymbol{\eta}) = 0 \tag{5.247}$$

⊖ 在式（5.239）第 2 行的前两个项中，可以实现期望值的解析计算。但是，根据参考文献 [4，22]，由于式（5.239）采用的是同一样本 $\tilde{\mathbf{W}}$ 进行的表示，如果采用全部的样本进行评价的话，则意味着近似散度的梯度会有所降低。

$$\frac{\partial}{\partial \mu} \ln p(\tilde{\mathbf{W}}) = -\lambda \tilde{w} \tag{5.248}$$

$$\frac{\partial}{\partial \sigma} \ln q(\tilde{\mathbf{W}}; \boldsymbol{\eta}) = -\frac{1}{\sigma} \tag{5.249}$$

$$\frac{\partial}{\partial \sigma} \ln p(\tilde{\mathbf{W}}) = -\lambda \tilde{w} \tilde{\epsilon} \tag{5.250}$$

另外，关于似然项 $\ln p(\mathbf{y}_n | \mathbf{x}_n, \tilde{\mathbf{W}})$ 的微分计算，可以先将误差函数 E_n 重新定义为如式 (5.251) 所示的形式。

$$\mathrm{E}_n = -\ln p(\mathbf{y}_n | \mathbf{x}_n, \tilde{\mathbf{W}}) \tag{5.251}$$

从而可以将所求的微分计算表示为如式 (5.252) 所示的形式。

$$\frac{\partial}{\partial \tilde{w}} \ln p(\mathbf{y}_n | \mathbf{x}_n, \tilde{\mathbf{W}}) = -\frac{\partial}{\partial \tilde{w}} \mathrm{E}_n \tag{5.252}$$

这个误差函数微分的计算，可以通过如式 (5.229) 所示分布的似然函数，以及附录 A.2 中式 (A.33) 所示的 softmax 函数的微分表达式来进行，计算结果如式 (5.253) 所示。

$$\frac{\partial}{\partial \tilde{w}_{m,d}} \mathrm{E}_n = \{\mathrm{SM}_d(\tilde{\mathbf{W}}^\top \mathbf{x}_n) - y_{n,d}\} x_{n,m} \tag{5.253}$$

5.6.3　离散值的预测

在 5.6.2 节中，通过再参数化策略的应用，对如式 (5.235) 所示的目标函数进行了近似梯度法的极小值优化，从而可以得到参数的近似后验分布 $q(\mathbf{W}; \boldsymbol{\eta}_{\mathrm{opt.}})$。在此，采用所得到的参数近似后验分布，在给定新输入 $\mathbf{x}_*$ 的情况下，像如式 (5.254) 所示的那样，尝试进行对应输出 $\mathbf{y}_*$ 的预测分布的近似计算。

$$p(\mathbf{y}_* | \mathbf{Y}, \mathbf{x}_*, \mathbf{X}) = \int p(\mathbf{y}_* | \mathbf{x}_*, \mathbf{W}) p(\mathbf{W} | \mathbf{Y}, \mathbf{X}) \mathrm{d}\mathbf{W}$$

$$\approx \int p(\mathbf{y}_* | \mathbf{x}_*, \mathbf{W}) q(\mathbf{W}; \boldsymbol{\eta}_{\mathrm{opt.}}) \mathrm{d}\mathbf{W} \tag{5.254}$$

其中，在如式 (5.254) 所示的分布 $p(\mathbf{y}_* | \mathbf{x}_*, \mathbf{W})$ 中，由于非线性函数 SM 的存在，所以无法进行解析的积分计算，需要进一步采用近似方法来实现输出 $\mathbf{y}_*$ 的预测。在此，单纯地采用蒙特卡罗法来进行 $\mathbf{y}_*$ 的趋势调查。如果样本数为 L 的话，从近似后验分布可以得到如式 (5.255) 所示的参数实现值 $\mathbf{W}^{(1)}, \cdots, \mathbf{W}^{(L)}$。

$$\mathbf{W}^{(l)} \sim q(\mathbf{W}; \boldsymbol{\eta}_{\mathrm{opt.}}) \tag{5.255}$$

如果假定类的数量 $D = 2$ 的话，通过这些参数的样本，可以分别画出 $\mathbf{y}_*$ 取值为 0 的概率和取值为 1 的概率同为的 0.5 的分界线。如图 5.15 所示，其中图 5.15a 所示是输入维度 $M = 2$ 时，在给定多个数据点的情况下，通过二维平面给出的 10 个左右可能的分界线。通过这些参数样本，像如式 (5.256) 所示的那样，进行最终的预测值的推定。

$$\langle \mathbf{y}_* \rangle \approx \frac{1}{L} \sum_{l=1}^{L} \mathrm{SM}(\mathbf{W}^{(l)^\top} \mathbf{x}_*) \tag{5.256}$$

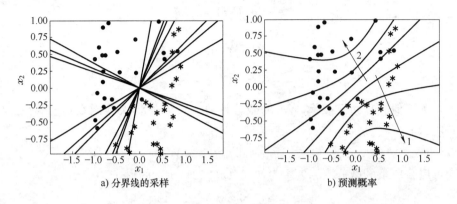

a) 分界线的采样　　　　　　　b) 预测概率

图 5.15　参数的抽样及预测概率

此外，如果对平面上的各 $\mathbf{x}_*$ 进行评估的话，则可以画出如图 5.15b 所示的等高线，其中直线 1 和 2 均指向概率高处，即曲线颜色越深，其指向 * 及 • 的概率越高。直观地说，通过对图 5.15a 所示的 L 条直的边界线的综合，得到的概率等高线是如图 5.15b 所示的非直线的曲线。特别需要注意的是，在数据较少的区域，存在着概率更加接近（取值为 0 或 1 的概率均接近 0.5）的倾向。

5.7　神经网络

神经网络（neural network）与本书介绍的线性回归和 logistic 回归一样，也是从输入 $\mathbf{x}$ 直接推定预测值 $\mathbf{y}$ 的随机模型，这里使用神经网络处理连续值的回归算法。神经网络与如式（3.143）所示的线性回归模型不同，其主要特征之一是能够从数据中进行学习，从而实现从输入 $\mathbf{x}$ 到输出 $\mathbf{y}$ 的预测的非线性函数。当然，在线性回归中，也可以对输入数据 $\mathbf{x}$ 应用二次函数等非线性函数，或者也可以应用驱使提取更广义特征量的非线性变换 ϕ。但是，在这种情况下，这些变换的本身并不参加学习，只是通过参数 $\mathbf{w}$ 对变换后的值进行线性地修正。在神经网络中，通过使这种特征量转换的非线性函数 ϕ 自身具有参数，从而可以进行学习，因此可以针对数据构建更加灵活的回归算法。

另外，与本书之前介绍的很多模型一样，我们决定把神经网络也作为完全的贝叶斯模型来处理，全部采用概率的（近似）推论来进行学习模型和预测模型的求解。与根据极大似然估计和 MAP 推定得到的一般神经网络相比，其优点是能够自然地抑制过拟合，可以定量地处理预测的不确定性和自信的程度。并且，在此介绍的以变分推论为基础的学习法，通过与被称为误差逆传播法（back propagation）的梯度定量评价方法进行结合，可以适用与 logistic 回归学习中介绍的变分推论完全相同的方法。

5.7.1　模型

在这里，我们决定使用更简单的两层神经网络。设输入值为$\mathbf{x}_n \in \mathbb{R}^M$，输出值为$\mathbf{y}_n \in \mathbb{R}^D$，如果根据高斯分布进行模型化，则可以得到如式（5.257）所示的表示。

$$
p(\mathbf{Y}|\mathbf{X}, \mathbf{W}) = \prod_{n=1}^{N} p(\mathbf{y}_n|\mathbf{x}_n, \mathbf{W})
$$

$$
= \mathcal{N}(\mathbf{y}_n|f(\mathbf{W}, \mathbf{x}_n), \lambda_y^{-1}\mathbf{I}_D) \tag{5.257}
$$

式中，λ_y为固定的精度参数；非线性函数f的定义如式（5.258）所示。

$$
f(\mathbf{W}, \mathbf{x}_n) = \mathbf{W}^{(2)\top}\mathrm{Tanh}(\mathbf{W}^{(1)\top}\mathbf{x}_n) \tag{5.258}
$$

在贝叶斯学习中，为想要进行学习的量全部引入相应的概率分布。这里，对于模型的参数$\mathbf{W}^{(1)} \in \mathbb{R}^{M \times K}$以及$\mathbf{W}^{(2)} \in \mathbb{R}^{K \times D}$，为其各个元素简单假定如式（5.259）和式（5.260）所示的高斯先验分布。

$$
p(w_{m,k}^{(1)}) = \mathcal{N}(w_{m,k}^{(1)}|0, \lambda_w^{-1}) \tag{5.259}
$$

$$
p(w_{k,d}^{(2)}) = \mathcal{N}(w_{k,d}^{(2)}|0, \lambda_w^{-1}) \tag{5.260}
$$

另外，Tanh（·）被定义为如式（5.261）所示的函数。

$$
\mathrm{Tanh}(a) = \frac{\exp(a) - \exp(-a)}{\exp(a) + \exp(-a)} \tag{5.261}
$$

该函数是一个进行非线性变换的函数，其曲线如图 5.16 所示。由此可以看出该函数是一个双曲正切的 S 型函数（参见附录 A.2）。

但是，如式（5.258）所示，Tanh 函数的输入$\mathbf{W}^{(1)\top}\mathbf{x}_n$是一个$K$维向量，这种情况下，简单采用式（5.261）对向量的各个元素值分别进行评价。

此外，决定参数$\mathbf{W}^{(1)}$及$\mathbf{W}^{(2)}$维度的模型参数K，在神经网络领域被解释为隐藏神经元的个数。如图 5.17 所示，在不同K值的情况下，给出了不同神经网络模型示例的函数曲线。如果引入$\mathbf{W}_{:,k}^{(1)} \in \mathbb{R}^M$，$\mathbf{W}_k^{(2)\top} \in \mathbb{R}^D$的表示，则非线性函数$f$可以表示为如式（5.262）所示的形式。

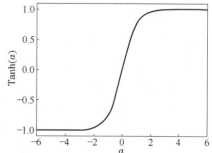

图 5.16　Tanh 函数

$$
f(\mathbf{W}, \mathbf{x}_n) = \sum_{k=1}^{K} \mathbf{W}_k^{(2)\top}\mathrm{Tanh}(\mathbf{W}_{:,k}^{(1)\top}\mathbf{x}_n) \tag{5.262}
$$

由图 5.17 可以看出，在$K = 1$时，神经网络模型的表现只是对 Tanh 函数进行了简单的缩放。但当$K > 1$时，通过多个不同的 Tanh 函数的叠加，成为表现力丰富的函数，函数$f(\mathbf{W}, \mathbf{x}_n)$为高斯分布均值向量的模型化。理论上来说假设$K \to \infty$时，将如众所周知的那样，神经网络可以表现任意一个平滑的非线性函数。

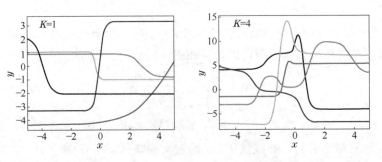

图 5.17 对应不同先验分布的神经网络的示例

除此之外，如果将式（5.258）中的非线性变换函数 Tanh 替换为 softmax 函数，并且用类分布来代替作为观测模型的高斯分布的话，就可以构建用于多元分类的神经网络。还有，如果将所得到的多元分类神经网络的非线性变换部分，亦即原本为 ${\mathbf{W}_k^{(2)}}^\top \mathrm{Tanh}(\cdot)$ 的部分替换为恒等变换，则可以复原 5.6 节介绍的多元 logistic 回归。关于这些模型的变换问题，本书中不作深入地探讨。实际上，在线性回归模型中，如果将输入变量也同时作为要预测的隐性变量的话，则可以得到与线性降维相同的模型。同时，如果将神经网络的输入变量也同时作为要预测的隐性变量的话，就可以得到被称为自动编码器（autoencoder）的非线性降维方法。

5.7.2 变分推论

在这一小节中，考虑神经网络模型的参数 $\mathbf{W} = \{\mathbf{W}^{(1)}, \mathbf{W}^{(2)}\}$ 后验分布的推论问题。在此采用的研究方法与 logistic 回归中讨论的一样，尝试利用对角高斯分布进行后验分布 $q(\mathbf{W}; \boldsymbol{\eta})$ 的近似。这里的 $\boldsymbol{\eta}$ 是变分参数的集合，并在此假定参数 $\mathbf{W}$ 的元素的总数为 $MK + KD$ 个，所有元素的分布均为一维高斯分布。通过这样假设，变分推论中应该最小化的目标函数的近似表达式则与式（5.239）所示的表示完全相同。

这里也考虑使用基于如式（5.237）所示的高斯分布的再参数化策略的最小化函数 $g(\tilde{\mathbf{W}}, \boldsymbol{\eta})$。关于先验分布的设定以及后验分布的近似，我们设定了与 logistic 回归相同的假设，所以神经网络的学习中必需的新的计算，只是如式（5.263）所示的那样，对似然函数对 $\tilde{\mathbf{W}}$ 的微分进行估算。

$$\frac{\partial}{\partial \tilde{w}} \ln p(\mathbf{y}_n | \mathbf{x}_n, \tilde{\mathbf{W}}) = -\frac{\partial}{\partial \tilde{w}} \mathrm{E}_n \tag{5.263}$$

在此，设定的误差函数为 $\mathrm{E}_n = -\ln p(\mathbf{y}_n | \mathbf{x}_n, \tilde{\mathbf{W}})$。如果对式（5.263）进行展开，并采用复合函数的微分的话，则各个层的参数的微分可以表示为如（5.264）和式（5.265）所示的形式。

$$\frac{\partial}{\partial \tilde{w}_{k,d}^{(2)}} \mathrm{E}_n = \lambda_y \delta_d^{(2)} z_k \tag{5.264}$$

$$\frac{\partial}{\partial \tilde{w}_{m,k}^{(1)}} \mathrm{E}_n = \lambda_y \delta_k^{(1)} x_{n,m} \tag{5.265}$$

式中，各个符号的意义如式（5.266）～式（5.268）所示。

$$z_k = \mathrm{Tanh}\Big(\sum_{m=1}^{M} \tilde{w}_{m,k}^{(1)} x_{n,m}\Big) \tag{5.266}$$

$$\delta_d^{(2)} = f_d(\tilde{\mathbf{W}}, \mathbf{x}_n) - y_{n,d} \tag{5.267}$$

$$\delta_k^{(1)} = (1 - z_k^2) \sum_{d=1}^{D} \tilde{w}_{k,d}^{(2)} \delta_d^{(2)} \tag{5.268}$$

在实现上，首先使用从近似分布中取样的权重和输入数据来进行如式（5.266）所示的计算。然后依次进行如式（5.267）所示的误差 $\delta_d^{(2)}$ 的计算，再应用该计算结果进行如式（5.268）所示误差 $\delta_k^{(1)}$ 的计算。在以这种复合函数的微分为基础的梯度计算方法中，由于误差 δ 从网络的输出端按顺序传播到输入端，所以被称为误差逆传播（back propagation）法。

另外，在神经网络的学习中，经常需要大量的训练数据，通常情况下，一下使用所有数据进行的似然函数梯度计算，效果并不理想。因此，实践中经常采用逐个、逐次给出数据进行梯度计算的随机梯度下降法（stochastic gradient descent）。在变分推论中使用随机梯度下降法时，有必要如式（5.269）所示的那样，对与先验分布以及近似分布相关项的影响进行抑制。

$$\frac{\partial}{\partial \boldsymbol{\eta}} g_n(\tilde{\mathbf{W}}, \boldsymbol{\eta}) = \frac{1}{N}\Big\{ \frac{\partial}{\partial \boldsymbol{\mu}} \ln q(\tilde{\mathbf{W}}; \boldsymbol{\eta}) - \frac{\partial}{\partial \boldsymbol{\mu}} \ln p(\tilde{\mathbf{W}}) \Big\} - \frac{\partial}{\partial \tilde{\mathbf{W}}} \ln p(\mathbf{y}_n | \mathbf{x}_n, \tilde{\mathbf{W}}) \tag{5.269}$$

随机梯度下降法与一次性投入所有数据的批量学习（batch learning）相比，计算速度更快、内存效率也更高。此外，由于通过每个数据点的梯度计算，还具有容易避开局部最优解（local optimum）的优点。

5.7.3 连续值的预测

在此，通过学习得到的近似后验分布 $q(\mathbf{W}; \boldsymbol{\eta}_{\mathrm{opt.}})$ 的应用，进行新的输出数据 $\mathbf{y}_*$ 的预测。这里也不能直接解析地求得预测分布 $p(\mathbf{y}_* | \mathbf{Y}, \mathbf{x}_*, \mathbf{X})$，所以需要通过来自近似后验分布的几个样本的获取，进行图形化的预测。图 5.18 所示是首先通过 $N = 50$

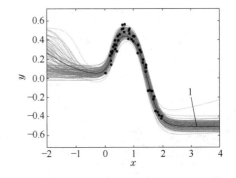

图 5.18　通过学习后的神经网络进行的预测

个一维输入数据**X**和输出数据**Y**对变分推论的近似后验分布进行学习后，再通过 $L = 100$ 的样本**W**给出的预测函数的结果。

其中，蓝色 1 表示的是直接采用近似后验分布中得到的样本平均值来计算的预测函数。从结果可以看出，越是没有观测到数据的区域，预测越不准确。对于这种没有数据的区域的预测，由于参数**W**的先验分布的设定，参数 K 的取值以及非线性函数 f 的选择等预定因素的不同，预测的结果也会大不相同。

参考 5.2　贝叶斯学习的未来

本书通过"模型 $\times$ 推论"的组合来把握机器学习算法的原理，并且采用这种一贯性的研究解决方法对所有的相关问题进行了解释和说明。今后，贝叶斯学习的研究和应用的发展前景会怎样呢？

从确切的意义上来说，可以认为贝叶斯学习所进行的是具有不确定性系统的行为分析。首先，需要对所研究的系统建立一个确定的模型；其次列举出系统在不同条件下的部分特征；再通过系统中不感兴趣部分的边缘化整理，尝试进行诸如未知变量的取值、数据潜在模型建立等和未知现象行为分布的了解。通过这个分析框架的应用，不仅可以进行传感器和网络数据的解析，还可以对各种因素相互交错的社会现象，甚至包括人类的脑活动等都可以进行任意粒度、视点的分析。

与此同时，以云计算和分布式处理为代表的，大量数据获取和处理的计算环境也在逐年进行进化。与此相对应的是，大规模、非线性的高效模型学习将成为今后的重要课题。这个主题现在正在被积极地讨论和应用，特别是在深度学习领域表现得尤为突出。

因此，鉴于贝叶斯学习所具有的广阔适用范围和对大量数据复杂模型的高效计算能力，如果能够将这两个特点进行很好的结合，则可以解决以往无法进行的大规模且综合性的复杂问题。此外，在深度学习和优化理论中也培养出了高效的计算技术，如果将贝叶斯学习和这些计算技术结合起来，必将进一步拓展出令人兴奋的新的应用领域。

附录 A　相关计算的补充

A.1　基本的矩阵计算

在此，最低限度地对本书使用的基本矩阵计算进行一个必要的说明。参考文献 [23] 可以作为一个方便的有关矩阵计算的指南，那里大量给出了有关矩阵、向量相关的微分和与拓展矩阵演算相关的公式。

A.1.1　转置

对于一个 $M \times N$ 的矩阵 $\mathbf{A}$，将第 m 行第 n 列的元素与第 n 行第 m 列的元素进行互换，所得到 $N \times M$ 的矩阵称为 $\mathbf{A}$ 的转置（transpose），记为 $\mathbf{A}^\top$。根据转置定义，如式（A.1）和（A.2）所示的等式成立。

$$(\mathbf{A} + \mathbf{B})^\top = \mathbf{A}^\top + \mathbf{B}^\top \tag{A.1}$$

$$(\mathbf{AB})^\top = \mathbf{B}^\top \mathbf{A}^\top \tag{A.2}$$

使如式（A.3）所示等式成立的矩阵 $\mathbf{A}$ 被称为对称矩阵（symmetric matrix）。

$$\mathbf{A} = \mathbf{A}^\top \tag{A.3}$$

对称矩阵的例子，可以举出多维高斯分布的协方差矩阵等。

A.1.2　逆矩阵

矩阵 $\mathbf{A}^{-1}$ 被称为 N 维方阵的逆矩阵（inverse matrix），满足式（A.4）所示的等式。

$$\mathbf{A}\mathbf{A}^{-1} = \mathbf{A}^{-1}\mathbf{A} = \mathbf{I}_N \tag{A.4}$$

式中，$\mathbf{I}_N$ 为一个 N 维的单位矩阵。

根据逆矩阵和转置的定义，如式（A.5）和式（A.6）所示的等式成立。

$$(\mathbf{AB})^{-1} = \mathbf{B}^{-1}\mathbf{A}^{-1} \tag{A.5}$$

$$(\mathbf{A}^\top)^{-1} = (\mathbf{A}^{-1})^\top \tag{A.6}$$

从转置的逆矩阵就是逆矩阵的转置这一结果可知，多维高斯分布协方差矩阵的逆矩阵，即精度矩阵也是一个对称矩阵。

式（A.7）被称为 Wooodbury 公式（Wooodbury formula）。如果用于多维高斯分布的推论计算等的话，这将是一个非常方便的逆矩阵公式。

$$(\mathbf{A} + \mathbf{UBV})^{-1} = \mathbf{A}^{-1} - \mathbf{A}^{-1}\mathbf{U}(\mathbf{B}^{-1} + \mathbf{VA}^{-1}\mathbf{U})^{-1}\mathbf{VA}^{-1} \tag{A.7}$$

另外，还经常利用式（A.8）所示公式。

$$(\mathbf{A} + \mathbf{BC})^{-1} = \mathbf{A}^{-1} - \mathbf{A}^{-1}\mathbf{B}(\mathbf{I} + \mathbf{CA}^{-1}\mathbf{B})^{-1}\mathbf{CA}^{-1} \tag{A.8}$$

在式（A.8）中，如果将矩阵 $\mathbf{B}$ 和 $\mathbf{C}$ 分别用向量 $\mathbf{b}$ 和 $\mathbf{c}^\top$ 进行替换的话，则得到如式（A.9）所示的 Sherman－Morrison 公式（Sherman-Morrison formula）。

$$(\mathbf{A} + \mathbf{bc}^\top)^{-1} = \mathbf{A}^{-1} - \frac{\mathbf{A}^{-1}\mathbf{bc}^\top\mathbf{A}^{-1}}{1 + \mathbf{c}^\top\mathbf{A}^{-1}\mathbf{b}} \tag{A.9}$$

这意味着，在进行矩阵 $(\mathbf{A} + \mathbf{bc}^\top)^{-1}$ 的求取时，如果事先已经有 $\mathbf{A}^{-1}$ 的计算结果的话，那么就可以避开耗费时间的逆矩阵计算。这种通过矩阵 $\mathbf{A}$ 的逆矩阵进行的更新方法也是我们所知道的 rank－1 更新（rank－1 update）。在遇到具有大尺寸矩阵的逆矩阵计算时，采用这种更新算法能够实现高速计算。

A.1.3   矩阵的迹

函数 $\mathrm{Tr}(\mathbf{A})$ 被称为方阵 $\mathbf{A}$ 的迹（trace）。如式（A.10）所示，函数 $\mathrm{Tr}(\mathbf{A})$ 的值即为方阵对角线元素的累加和。

$$\mathrm{Tr}(\mathbf{A}) = \sum_{n=1}^{N} A_{n,n} \tag{A.10}$$

根据迹的定义，对于方阵 $\mathbf{A}$ 和 $\mathbf{B}$，如式（A.11）～式（A.13）所示的等式成立。

$$\mathrm{Tr}(\mathbf{A}) = \mathrm{Tr}(\mathbf{A}^\top) \tag{A.11}$$

$$\mathrm{Tr}(\mathbf{A} + \mathbf{B}) = \mathrm{Tr}(\mathbf{A}) + \mathrm{Tr}(\mathbf{B}) \tag{A.12}$$

$$\mathrm{Tr}(\mathbf{AB}) = \mathrm{Tr}(\mathbf{BA}) \tag{A.13}$$

A.1.4   方阵的行列式

$|\mathbf{A}|$ 被称为方阵 $\mathbf{A}$ 的行列式（determinant），对其值进行求取的计算如式（A.14）所示。

$$|\mathbf{A}| = \prod_{n=1}^{N} \lambda_n \tag{A.14}$$

式中，λ_n 为方阵 $\mathbf{A}$ 的特征值。

方阵 $\mathbf{A}$ 的行列式具有如式（A.15）～式（A.19）所示的性质。

$$|c\mathbf{A}| = c^N|\mathbf{A}| \tag{A.15}$$

$$|\mathbf{A}^\top| = |\mathbf{A}| \tag{A.16}$$

$$|\mathbf{AB}| = |\mathbf{A}||\mathbf{B}| \tag{A.17}$$

$$|\mathbf{A}^{-1}| = |\mathbf{A}|^{-1} \tag{A.18}$$

$$|\mathbf{I}_N + \mathbf{CD}^\top| = |\mathbf{I}_M + \mathbf{C}^\top\mathbf{D}| \tag{A.19}$$

A.1.5   正定值矩阵

特征值全部为正的对称阵称为正定值矩阵（positive definite matrix）。对称阵 $\mathbf{A}$ 为正定值矩阵的充分必要条件为，对于任意一个非零向量 $\mathbf{x}$，式（A.20）成立。

$$\mathbf{x}^\top \mathbf{A} \mathbf{x} > 0 \tag{A.20}$$

作为正定值矩阵的例子，可以举出高斯分布的精度矩阵 $\mathbf{\Lambda}$。另外，正定值矩阵的逆矩阵也可以成为正定值矩阵，所以协方差矩阵 $\mathbf{\Sigma} = \mathbf{\Lambda}^{-1}$ 也是一个正定值矩阵。

另外，由于正定值矩阵 $\mathbf{A}$ 的所有特征值均为正，所以式（A.21）成立。

$$|\mathbf{A}| > 0 \tag{A.21}$$

A.2　特殊函数

A.2.1　gamma 函数和 digamma 函数

gamma 函数（gamma function）$\Gamma(\cdot)$ 是将阶乘一般化的函数，对正的实数 $x \in \mathbb{R}^+$ 有如式（A.22）所示的定义。

$$\Gamma(x) = \int t^{x-1} \mathrm{e}^{-t} \mathrm{d}t \tag{A.22}$$

作为 gamma 函数，具有如式（A.23）和式（A.24）所示的重要性质。

$$\Gamma(x+1) = x\Gamma(x) \tag{A.23}$$
$$\Gamma(1) = 1 \tag{A.24}$$

因此对于自然数 n，式（A.25）成立。

$$\Gamma(n+1) = n! \tag{A.25}$$

由 gamma 函数性质可知，有时其取值可能会非常大，所以在实际的编程实现过程中，为方便起见，通常都对 gamma 函数进行取对数的处理。在许多程序设计语言中都具有以 lgamma() 和 gammaln() 命名的函数，以实现该操作。

digamma 函数（digamma function）$\psi(\cdot)$ 的定义如式（A.26）所示，是对 gamma 函数的对数进行微分的操作。

$$\psi(x) = \frac{\mathrm{d}}{\mathrm{d}x} \ln \Gamma(x) \tag{A.26}$$

关于 digamma 函数，在许多程序设计语言中给出了以 digamma() 命名的函数。

A.2.2　sigmoid 函数和 softmax 函数

sigmoid 函数（sigmoid function）$\mathrm{Sig}(\cdot)$ 对实数值输入 $a \in \mathbb{R}$ 的定义如式（A.27）所示。

$$\mathrm{Sig}(a) = \frac{1}{1 + \exp(-a)} \tag{A.27}$$

如图 1.2 所示，sigmoid 函数是一个将实数域的连续输入压缩到区间（0，1）的非线性函数。

Tanh 函数（tanh function）或双曲正切函数（hyperbolic tangent function）$\mathrm{Tanh}(\cdot)$ 也

是一个以实数值 $a \in \mathbb{R}$ 为输入的非线性函数，其定义如式（A.28）所示。

$$\mathrm{Tanh}(a) = \frac{\exp(a) - \exp(a)}{\exp(a) + \exp(-a)} \tag{A.28}$$

另外，在 sigmoid 函数 $\mathrm{Sig}(\cdot)$ 和双曲正切 Tanh 函数之间，如式（A.29）所示的等式成立。

$$\mathrm{Tanh}(a) = 2\mathrm{Sig}(2a) - 1 \tag{A.29}$$

因此，Tanh 函数和 sigmoid 函数之间就是一个简单的缩放关系。

softmax 函数（softmax function）$\mathrm{SM}(\cdot)$ 是一个扩展的 K 维 sigmoid 函数。如果其输入变量为 $\mathbf{a} \in \mathbb{R}^K$，那么 softmax 函数输出向量的第 k 个元素的定义如式（A.30）所示。

$$\mathrm{SM}_k(\mathbf{a}) = \frac{\exp(a_k)}{\sum_{k'=1}^{K} \exp(a_{k'})} \tag{A.30}$$

当 $K = 2$ 时，会得到与式（A.27）所示的 sigmoid 函数相同的结果。

在第 5 章介绍的 logistic 回归和神经网络学习中，需要用到这些非线性函数的微分计算。输入值为 $a \in \mathbb{R}$ 的 sigmoid 函数以及 Tanh 函数的微分分别如式（A.31）和式（A.32）所示。

$$\frac{\partial \mathrm{Sig}(a)}{\partial a} = \mathrm{Sig}(a)(1 - \mathrm{Sig}(a)) \tag{A.31}$$

$$\frac{\partial \mathrm{Tanh}(a)}{\partial a} = 1 - \mathrm{Tanh}(a)^2 \tag{A.32}$$

另外，$\mathbf{a} \in \mathbb{R}^K$ 的 softmax 函数的第 k 个输出元素 $\mathrm{SM}_k(\mathbf{a})$，对其第 k' 个输入元素 $a_{k'}$ 微分时，则得如式（A.33）所示的结果。

$$\frac{\partial \mathrm{SM}_k(\mathbf{a})}{\partial a_{k'}} = \begin{cases} \mathrm{SM}_k(\mathbf{a})(1 - \mathrm{SM}_k(\mathbf{a})) & k = k' \\ -\mathrm{SM}_k(\mathbf{a})\mathrm{SM}_{k'}(\mathbf{a}) & \text{其他} \end{cases} \tag{A.33}$$

A.3　梯度法

基于给定的限制条件，通过数值计算进行某个函数的最小值或最大值求取的方法被称为优化（optimization）。在此，我们要进行的是一个以多维向量 $\mathbf{x} \in \mathbb{R}^D$ 作为输入的函数 $f(\mathbf{x})$ 的最小化问题。另外，我们将利用函数 $f(\mathbf{x})$ 的梯度信息进行的优化方法称为梯度法（gradient method）。作为梯度法的例子，我们在此介绍最快下降法（steepest descent method）和坐标下降法（coordinate descent method）。

A.3.1　函数的梯度

函数 $f(\mathbf{x})$ 的梯度（gradient）∇f 的定义如式（A.34）所示。

$$\nabla f(\mathbf{x}) = \begin{bmatrix} \partial f(\mathbf{x})/\partial x_1 \\ \vdots \\ \partial f(\mathbf{x})/\partial x_D \end{bmatrix} \tag{A.34}$$

梯度∇f表示在点$\mathbf{x}$的欧几里得距离附近，函数值的变化趋势。

A.3.2 最速下降法

从某一给定的初始值$\mathbf{x} = \mathbf{x}_0$开始，如果能够根据函数梯度给出的信息，使变量$\mathbf{x}$朝着梯度函数值急剧变小的方向进行更新的话，就可以找到函数的局部最小值，如式（A.35）所示。

$$\mathbf{x} \leftarrow \mathbf{x} - \gamma \nabla f(\mathbf{x}) \tag{A.35}$$

式中，γ为学习率，一般是一个预先设定的某一较小的正数值。

如果预先设定的学习率γ的值较大，那么在一次的更新中，$\mathbf{x}$将会产生一个大幅的移动，因此能够提高学习的速度。但是，如果$\mathbf{x}$移动的步幅过大，也会使得函数值的变化增大，有可能会使得优化过程发散。因此，通常情况下，都会进行γ的多次改变，再根据算法的运行情况，以经验来进行γ的确定。作为简单的解决方案还有直线搜索法（line search），这种方法是每次$\mathbf{x}$更新之前，通过γ值的各种改变，考察移动后函数值$f(\mathbf{x} - \gamma \nabla f(\mathbf{x}))$的大小，并从中选出函数值最小的点来对$\mathbf{x}$进行更新。另外，利用函数微分为手段的优化方法还有自然梯度下降法（natural gradient descent）、牛顿-拉夫森法（Newton-Raphson iteration）、共轭梯度法（conjugate gradient method）等。除此之外，依赖函数微分进行优化的算法的缺点是，容易陷入函数的局部最优解，所以目前也经常采用诸如模拟退火法（simulated annealing）和随机梯度下降法（stochastic gradient descent）这样的优化算法，这是一类在优化过程中加入了随机噪声的方法。以梯度法为代表的这些方法都可以应用在基于 KL 散度最小化的变分推论算法上。

A.3.3 坐标下降法

坐标下降法是将多维向量$\mathbf{x}$的元素分割为几个区域，然后对每一个区域i进行数值更新，如式（A.36）所示。

$$\mathbf{x}^{(i)} \leftarrow \mathbf{x}^{(i)} - \gamma \frac{\partial f(\mathbf{x})}{\partial \mathbf{x}^{(i)}} \tag{A.36}$$

另外，如果对向量$\mathbf{x}$元素的区域分割适当的话，有可能会使得各个$\mathbf{x}^{(i)}$的偏微分为 0 时的最小解$\mathbf{x}_*^{(i)}$变得能够求解。在这种情况下，则不需要学习率γ，各个$\mathbf{x}^{(i)}$就可以通过如式（A.37）和式（A.38）所示的解析式算法进行更新。

$$\mathbf{x}^{(i)} \leftarrow \mathbf{x}_*^{(i)} \tag{A.37}$$

$$\left(\text{s.t.} \quad \frac{\partial f(\mathbf{x})}{\partial \mathbf{x}^{(i)}} \Big|_{\mathbf{x}_*^{(i)}} = 0 \right) \tag{A.38}$$

针对以高斯混合模型和 LDA 模型为主要代表的所有随机模型，本书通过平均场近似推导出了变分推论算法，这些算法就是将近似后验分布与实际后验分布之间的 KL 散度作为目标函数 f 的坐标下降法的例子。

A.4 边缘似然度下限

A.4.1 边缘似然度和 ELBO

在第 4 章介绍的变分推论即为近似后验分布和实际后验分布之间的 KL 散度的最小化问题。另一方面，变分推论也可以解释为边缘似然度下限最大化的算法。

下面我们考察一下具有观测数据 $\mathbf{X}$ 和未观测变量 $\mathbf{Z}$ 的随机模型 $p(\mathbf{X}, \mathbf{Z})$。如果假设 $\mathbf{Z}$ 的某些概率分布为 $q(\mathbf{Z})$ 的话，那么这个模型的边缘似然度 $p(\mathbf{X})$ 的对数，可以如式（A.39）所示，求得其下限。

$$
\begin{aligned}
\ln p(\mathbf{X}) &= \ln \int p(\mathbf{X}, \mathbf{Z}) \mathrm{d}\mathbf{Z} \\
&= \ln \int q(\mathbf{Z}) \frac{p(\mathbf{X}, \mathbf{Z})}{q(\mathbf{Z})} \mathrm{d}\mathbf{Z} \\
&\geqslant \int q(\mathbf{Z}) \ln \frac{p(\mathbf{X}, \mathbf{Z})}{q(\mathbf{Z})} \mathrm{d}\mathbf{Z} \\
&= \mathcal{L}[q(\mathbf{Z})]
\end{aligned}
\tag{A.39}
$$

其中，式（A.39）的第三行是运用了式（A.40）所示的 Jensen 不等式（Jensen's inequality）所得出的结果。

$$
f\left(\int y(x) p(x) \mathrm{d}x\right) \geqslant \int f(y(x)) p(x) \mathrm{d}x
\tag{A.40}
$$

式中，$y(x)$ 为任意函数；$f(x)$ 为任意的上凸函数；$p(x)$ 为任意的概率分布。

如式（A.39）所示的边缘似然度下限 $\mathcal{L}[q(\mathbf{Z})]$ 称为任意概率分布 $q(\mathbf{Z})$ 对应的 ELBO（evidence lower bound）。在复杂的随机模型中，由于边缘似然度无法进行精确的计算，因此可以通过 $q(\mathbf{Z})$ 所对应的 $\mathcal{L}[q(\mathbf{Z})]$，这一更大的值来进行代替，从而实现对数边缘似然度 $\ln p(\mathbf{X})$ 的近似计算。像这种将所计算出的 $\mathcal{L}[q(\mathbf{Z})]$ 用作对数边缘似然度的替代，也常用于如 3.5.3 节介绍的模型选择上。

另外，对数边缘似然度和 ELBO 的差可表示为概率分布 $q(\mathbf{Z})$ 和实际后验分布 $p(\mathbf{Z}|\mathbf{X})$ 之间的 KL 散度，如式（A.41）所示。

$$
\ln p(\mathbf{X}) - \mathcal{L}[q(\mathbf{Z})] = \mathrm{KL}[q(\mathbf{Z})\|p(\mathbf{Z}|\mathbf{X})]
\tag{A.41}
$$

在给定了数据和模型的情况下，边缘似然度是一个由数据和模型直接决定的定值。所以，通过 $q(\mathbf{Z})$ 进行的式（A.41）中的 KL 散度的最小化与 $q(\mathbf{Z})$ 对应的下限 $\mathcal{L}[q(\mathbf{Z})]$ 的最大化是等价的。在此，需要注意的是，这并不是对边缘似然度自身的最大化。

A. 4. 2　泊松混合分布的例子

在这里，作为一个例子，对第 4 章中介绍的泊松混合模型对应的 ELBO 进行计算，来进一步考察变分推论。对如式（4.46）所示的近似分布，如果以分解的形式进行表示的话，则可得到如式（A.42）所示的 ELBO。

$$\mathcal{L}[q] = \sum_{n=1}^{N} \langle \ln p(x_n|\mathbf{s}_n, \boldsymbol{\lambda}) \rangle_{q(\mathbf{s}_n)q(\boldsymbol{\lambda})} + \sum_{n=1}^{N} \langle \ln p(\mathbf{s}_n|\boldsymbol{\pi}) \rangle_{q(\mathbf{s}_n)q(\boldsymbol{\pi})} -$$

$$\sum_{n=1}^{N} \langle \ln q(\mathbf{s}_n) \rangle_{q(\mathbf{s}_n)} - \mathrm{KL}[q(\boldsymbol{\lambda})||p(\boldsymbol{\lambda})] - \mathrm{KL}[q(\boldsymbol{\pi})||p(\boldsymbol{\pi})] \tag{A.42}$$

其中，各项均可以通过类分布、γ 分布以及 Dirichlet 分布等的基本期望值计算来进行求取。而且，各个近似分布 $q(\mathbf{S})$、$q(\boldsymbol{\lambda})$、$q(\boldsymbol{\pi})$ 均为预先假设的参数分布。如将式（A.42）进行变分参数最大化，就可以导出变分推论的更新表达式。

此外，如果再深入挖掘一下式（A.42），就可以在某种程度上解释基于贝叶斯学习的变分推论计算法为什么不容易过拟合了。在变分推论中，下限 $\mathcal{L}[q]$ 均通过各个近似分布 $q(\mathbf{S})$、$q(\boldsymbol{\lambda})$、$q(\boldsymbol{\pi})$ 实现了最大化。如式（A.42）所示的最初的 3 个期望值项，由于掺入了潜在变量变得有些复杂，但是基本上显示了我们期待的数据最大化的参数和分布 $q(\mathbf{S})$。实际上，只将这 3 项最大化的计算法与被称为 EM 算法（Expectation Maximization algorithm）的最优推论法一致。另外，需要注意的是，如式（A.42）所示的 2 个负的 KL 散度项，它们起到防止近似分布 $q(\boldsymbol{\lambda})$、$q(\boldsymbol{\pi})$ 大幅度地偏离先验分布 $q(\boldsymbol{\lambda})$、$q(\boldsymbol{\pi})$ 的作用，亦即极端拟合数据的近似分布表示在变分推论框架中自然地受到了约束。在机器学习中，类似的思想还有参数的正则化（regularization），但是，正如我们所知的那样，在贝叶斯学习框架中，获得高精度后验分布的近似表现这一目的，自然发挥了防止过拟合的作用。

参 考 文 献

[1] M. J. Beal. *Variational algorithms for approximate Bayesian inference*. PhD thesis, University College London, 2003.

[2] C. M. Bishop. *Pattern recognition and machine learning*. Springer, 2006.

[3] D. M. Blei, A. Y. Ng, and M. I. Jordan. Latent Dirichlet allocation. *Journal of machine learning research*, 3:993–1022, 2003.

[4] C. Blundell, J. Cornebise, K. Kavukcuoglu, and D. Wierstra. Weight uncertainty in neural networks. In *International Conference on Machine Learning*, pages 1613–1622, 2015.

[5] A. T. Cemgil. Bayesian inference for nonnegative matrix factorisation models. *Computational Intelligence and Neuroscience*, 2009.

[6] Y. Gal. *Uncertainty in deep learning*. PhD thesis, University of Cambridge, 2016.

[7] A. Gelman, J. B. Carlin, H. S. Stern, D. B. Dunson, A. Vehtari, and D. B. Rubin. *Bayesian data analysis*, volume 2. CRC press, 2014.

[8] Z. Ghahramani. Bayesian non-parametrics and the probabilistic approach to modelling. *Philosophical Transactions of the Royal Society A*, 371(1984):20110553, 2013.

[9] Z. Ghahramani and M. J. Beal. Variational inference for Bayesian mixtures of factor analysers. In *Advances in neural information processing systems*, pages 449–455, 2000.

[10] Z. Ghahramani and T. L. Griffiths. Infinite latent feature models and the Indian buffet process. In *Advances in neural information processing systems*, pages 475–482, 2006.

[11] Z. Ghahramani and G. E. Hinton. Variational learning for switching state-space models. *Neural computation*, 12(4):831–864, 2000.

[12] T. L. Griffiths and M. Steyvers. Finding scientific topics. *Proceedings of the National academy of Sciences*, 101(suppl 1):5228–5235, 2004.

[13] T. L. Griffiths, M. Steyvers, D. M. Blei, and J. B. Tenenbaum. Integrating topics and syntax. In *Advances in neural information processing systems*, pages 537–544, 2005.

[14] M. D. Hoffman, D. M. Blei, C. Wang, and J. Paisley. Stochastic variational inference. *Journal of machine learning research*, 14:1303–1347, 2013.

[15] M. I. Jordan, Z. Ghahramani, T. S. Jaakkola, and L. K. Saul. An introduction to variatio-

nal methods for graphical models. *Machine learning*, 37(2):183–233, 1999.

[16] H. Kameoka. Non-negative matrix factorization and its variants for audio signal processing. In *Applied Matrix and Tensor Variate Data Analysis*, pages 23–50. Springer, 2016.

[17] A. Krizhevsky, I. Sutskever, and G. E. Hinton. ImageNet classification with deep convolutional neural networks, In *Advances in neural information prosessing systems*, pages 1097–1105, 2012.

[18] D. D. Lee and H. S. Seung. Algorithms for non-negative matrix factorization. In *Advances in neural information prosessing systems*, pages 556–562, 2001.

[19] T. P. Minka. Expectation propagation for approximate Bayesian inference. In *Proceedings of the Seventeenth conference in uncertainty in artificial intelligence*, pages 362–369. Morgan Kaufmann Publishers, 2001.

[20] K. P. Murphy. *Machine learning: a probabilistic perspective*. MIT press, 2012.

[21] R. M. Neal. MCMC using Hamiltonian dynamics. In *Handbook of Markov Chain Monte Carlo*, pages 113, CRC Press, 2011.

[22] M. Opper and C. Archambeau. The variational Gaussian approximation revisited. *Neural computation*, 21(3):786–792, 2009.

[23] K. B. Petersen, M. S. Pedersen. The matrix cookbook. *Technical University of Denmark*, 7, 2012.

[24] C. E. Rasmussen and C. K. Williams. *Gaussian processes for machine learning*, MIT press, 2006.

[25] J. Snoek, H. Larochelle, and R. P. Adams. Practical Bayesian optimization of machine learning algorithms. In *Advances in neural information processing systems*, pages 2951–2959, 2012.

[26] M. Steyvers and T. Griffiths. Probabilistic topic models. In *Handbook of latent semantic analysis*, 427(7):424–440, Erlbaum, 2007.

[27] C. Szepesvári. Algorithms for reinforcement learning. *Synthesis lectures on artificial intelligence and machine learning*, 4(1):1–103, Morgan and Claypool, 2010.

[28] H. M. Wallach. Topic modeling: beyond bag-of-words. In *Proceedings of the 23rd international conference on machine learning*, pages 977–984, 2006.

[29] L. Xiong, X. Chen, T.-K. Huang, J. Schneider, and J. G. Carbonell. Temporal collaborative filtering with Bayesian probabilistic tensor factorization. In *Proceedings of the 2010 SIAM International Conference on Data Mining*, pages 211–222, 2010.

[30] キャメロン・デビッドソン゠ピロン（著），玉木徹（訳）. Python で体験するベイズ推論. 森北出版，

2017.

[31]　金森敬文，鈴木大慈，竹内一郎，佐藤一誠．機械学習のための連続最適化．講談社，2016.

[32]　佐藤一誠．トピックモデルによる統計的潜在意味解析．コロナ社，2015.

[33]　杉山将．機械学習のための確率と統計．講談社，2015.

[34]　中島伸一．変分ベイズ学習．講談社，2016.